半导体科学与技术丛书

硅基氮化镓外延材料与芯片

李国强 著

科学出版社

北 京

内 容 简 介

本书共 8 章。其中，第 1 章介绍 Si 基 GaN 材料与芯片的研究意义，着重分析了 GaN 材料的性质和 Si 基 GaN 外延材料与芯片制备的发展历程。第 2 章从 Si 基 GaN 材料的外延生长机理出发，依次介绍了 GaN 薄膜、零维 GaN 量子点、一维 GaN 纳米线和二维 GaN 生长所面临的技术难点及对应的生长技术调控手段。第 3~7 章依次介绍了 Si 基 GaN LED 材料与芯片、Si 基 GaN 高电子迁移率晶体管、Si 基 GaN 肖特基二极管、Si 基 GaN 光电探测芯片和 Si 基 GaN 光电解水芯片的工作原理、技术瓶颈、制备工艺以及芯片性能调控技术，并介绍了上述各种 Si 基 GaN 芯片的应用与发展趋势。第 8 章对 Si 基 GaN 集成芯片技术进行了阐述。

本书可用作高等学校半导体、微电子、光电子、材料科学与工程等学科专业的教辅用书；也可供上述相关领域，特别是 Si 基 GaN 材料及芯片领域的科研工作者及从业人员参考。

图书在版编目(CIP)数据

硅基氮化镓外延材料与芯片 / 李国强著. -- 北京：科学出版社, 2025. 1.
(半导体科学与技术丛书). -- ISBN 978-7-03-080958-2

Ⅰ. TN304.2; TN43

中国国家版本馆 CIP 数据核字第 2025UA3164 号

责任编辑：周　涵　田轶静／责任校对：彭珍珍
责任印制：张　伟／封面设计：陈　敬

科学出版社 出版

北京东黄城根北街 16 号
邮政编码：100717
http://www.sciencep.com

北京中科印刷有限公司印刷

科学出版社发行　各地新华书店经销
*

2025 年 1 月第 一 版　开本：720 × 1000　1/16
2025 年 1 月第一次印刷　印张：17 3/4
字数：354 000
定价：**158.00 元**
(如有印装质量问题，我社负责调换)

《半导体科学与技术丛书》编委会

《半导体科学与技术丛书》出版说明

半导体科学与技术在 20 世纪科学技术的突破性发展中起着关键的作用，它带动了新材料、新器件、新技术和新的交叉学科的发展创新，并在许多技术领域引起了革命性变革和进步，从而产生了现代的计算机产业、通信产业和 IT 技术。而目前发展迅速的半导体微/纳电子器件、光电子器件和量子信息又将推动 21 世纪的技术发展和产业革命。半导体科学技术已成为与国家经济发展、社会进步以及国防安全密切相关的重要的科学技术。

新中国成立以后，在国际上对中国禁运封锁的条件下，我国的科技工作者在老一辈科学家的带领下，自力更生，艰苦奋斗，从无到有，在我国半导体的发展历史上取得了许多"第一个"的成果，为我国半导体科学技术事业的发展，为国防建设和国民经济的发展做出过有重要历史影响的贡献。目前，在改革开放的大好形势下，我国新一代的半导体科技工作者继承老一辈科学家的优良传统，正在为发展我国的半导体事业、加快提高我国科技自主创新能力、推动我们国家在微电子和光电子产业中自主知识产权的发展而顽强拼搏。出版这套《半导体科学与技术丛书》的目的是总结我们自己的工作成果，发展我国的半导体事业，使我国成为世界上半导体科学技术的强国。

出版《半导体科学与技术丛书》是想请从事探索性和应用性研究的半导体工作者总结和介绍国际和中国科学家在半导体前沿领域，包括半导体物理、材料、器件、电路等方面的进展和所开展的工作，总结自己的研究经验，吸引更多的年轻人投入和献身到半导体研究的事业中来，为他们提供一套有用的参考书或教材，使他们尽快地进入这一领域中进行创新性的学习和研究，为发展我国的半导体事业做出自己的贡献。

《半导体科学与技术丛书》将致力于反映半导体学科各个领域的基本内容和最新进展，力求覆盖较广阔的前沿领域，展望该专题的发展前景。丛书中的每一册将尽可能讲清一个专题，而不求面面俱到。在写作风格上，希望作者们能做到以大学高年级学生的水平为出发点，深入浅出，图文并茂，文献丰富，突出物理内容，避免冗长公式推导。我们欢迎广大从事半导体科学技术研究的工作者加入到丛书的编写中来。

愿这套丛书的出版既能为国内半导体领域的学者提供一个机会，将他们的累累硕果奉献给广大读者，又能对半导体科学和技术的教学和研究起到促进和推动作用。

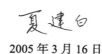

2005 年 3 月 16 日

序

　　半导体是现代工业的核心基石，支撑着人工智能、信息通信、智能制造、国防装备等现代化产业发展。经过 70 余年的发展，半导体材料先后经历了以 Si 为代表的第一代半导体，以 GaAs、InP 为代表的第二代半导体和以 GaN、SiC 为代表的第三代半导体。与以 Si 为代表的第一代半导体及以 GaAs、InP 为代表的第二代半导体相比，Si 基 GaN 结合了 Si 材料易于集成、高热导性、低成本的优势和 GaN 材料强击穿场强、高电子饱和速度、高热稳定性、高抗辐照的优势，在制备高频、高温、高功率电子器件及集成芯片等方面展现出独特的优势。可以预见，高性能 Si 基 GaN 芯片将在高速通信、新能源、电动汽车、人工智能、航空航天等领域有着广泛的应用前景，对我国经济发展与国防建设具有重要意义。

　　目前，Si 基 GaN 外延材料位错密度高、芯片效率低、传统装备精度低且工艺稳定性差等技术难题限制了 Si 基 GaN 芯片性能的提升与规模化应用。为解决上述问题，李国强教授团队从"材料生长、结构设计、芯片制作"这三个关键点，开展了系统的研究与攻关。他率先提出脉冲激光沉积 (PLD) 低温外延结合金属有机物化学气相沉积 (MOCVD) 或分子束外延 (MBE) 高温外延的两步生长法，实现了低应力、低缺陷密度的 Si 衬底上 GaN 外延材料的生长；在此基础上，设计了 Si 基 GaN 芯片的多种新型异质外延结构，增强了芯片的载流子输运特性，提升了芯片性能。同时，提出了多种 Si 基 GaN 芯片制作新工艺，发明/改造了多套芯片制作关键装备，大幅度提升了多种芯片性能及生产效率。

　　李国强教授长期从事 Si 基 GaN 外延材料生长与芯片制备研究，自 2004 年从西北工业大学博士毕业后，先后在东京大学和牛津大学做研究，2010 年回国后，在华南理工大学发光材料与器件国家重点实验室建立课题组，具有丰富的国内外科研工作经历。李教授承担了国家重点研发计划、国家自然科学基金等多项国家级及省部级科研项目，取得了丰硕的成果。同时，李教授在国际知名期刊上发表了大量的研究论文，授权了相当数量的国内外专利，相关成果得到学术界及产业界同行的认可与高度评价。李教授团队研发的 Si 基 GaN LED 芯片、Si 基 GaN HEMT 芯片、Si 基 GaN 光电探测芯片及 Si 基 GaN 集成芯片，已在多家知名企业及国家重大工程中实现批量化生产和规模化应用，推动了 Si 基 GaN 技术的进步。

　　该书是李国强教授团队近二十年的成果总结，重点阐述了 Si 基 GaN 外延材

料生长及 Si 基 GaN 芯片制作所面临的挑战，并详细阐述了相应的解决方案，对
目前国内外 Si 基 GaN 外延材料与芯片的技术路线进行了深入分析。该书逻辑清
晰、内容广泛、资料翔实、图文并茂，具有较强的科学性、系统性、实用性与前
瞻性。我很高兴向同行研究人员推荐此书，并作序。我相信，该书的出版将对从
事 Si 基 GaN 材料与芯片及相关领域的科研与工程人员提供很好的借鉴与指导。

沈政昌

2025 年 1 月

前　　言

　　半导体是信息技术的核心,是支撑经济社会发展和保障国家安全的战略性、基础性和先导性产业,对于推动国家科技进步和产业发展具有不可替代的作用,其发展水平和规模已成为衡量一个国家核心竞争力的重要标志。以 GaN 为代表的第三代半导体具有宽禁带、高电子饱和速度、高击穿场强、高热稳定以及抗辐照等特性,在功率电子芯片、射频芯片以及光电子芯片等领域发挥着至关重要的作用。与此同时,Si 衬底成本较低、制备工艺成熟、尺寸大,并能与 Si 基半导体集成电路工艺兼容,从而实现高度集成。因此,Si 衬底上生长的 GaN 所制作的芯片表现出低成本、易集成、高性能等优势,在高速通信、电动汽车、人工智能、航空航天等民用及国防领域有着广阔的应用前景。

　　目前,Si 基 GaN 外延材料与芯片仍面临 Si 衬底上异质外延 GaN 材料位错密度高、芯片效率低以及工艺稳定性差等问题,Si 基 GaN 芯片性能有待进一步提升。为解决上述关键问题,作者系统地开展了 Si 基 GaN 外延材料与芯片的应用基础研究与关键技术攻关。首先,在外延材料生长方面,作者提出了一种脉冲激光沉积 (PLD) 低温外延结合金属有机物化学气相沉积 (MOCVD) 或分子束外延 (MBE) 高温外延的两步生长法,有效控制了 Si 基 GaN 外延材料的应力,显著降低了外延材料的缺陷密度。其次,在芯片结构设计方面,作者设计了多种新型异质外延结构的 Si 基 GaN 芯片,调控了载流子输运特性,提升了发光二极管 (LED) 芯片、高电子迁移率晶体管、肖特基二极管、光电探测芯片、光电解水芯片以及 GaN 集成芯片等多种芯片的效率。最后,在芯片制作方面,作者发明/改造的多套芯片制作关键设备,以及探索出的芯片制作新工艺,大幅度提升了多种芯片的性能及生产效率。

　　作者基于前期多年的研究经历,深入剖析了 Si 基 GaN 外延材料及其芯片所面临的科学技术问题,全面系统地从物理基础、材料生长、芯片设计以及芯片制备等方面阐述了 Si 基 GaN 外延材料与芯片的技术路线、发展态势及应用。在此基础上,结合团队在 Si 基 GaN 外延材料与芯片方面取得的突破性、创新性成果,深入研究了高质量 Si 基 GaN 外延材料生长机制以及 Si 基 GaN LED、高电子迁移率晶体管、肖特基二极管、光电探测芯片和光电解水芯片及 Si 基 GaN 集成芯片的制备技术及其性能调控手段。

　　在本书的撰写过程中,作者所在课题组的成员,如王文樑、陈亮、江弘胜、罗添友、邓曦、谢少华、雷蕾、杨涛、曹犇、唐鑫、王俊锟等为全书的资料收集及校对整理工作付出了辛苦的劳动，在此表示衷心的感谢。同时，对本书所引用和参考的众多文献的作者致以深切的谢意。特别感谢中国工程院沈政昌院士、周廉院士、赵连城院士和中国科学院刘胜院士在本书撰写过程中给予的支持与鼓励。感谢国家重点研发计划、国家自然科学基金、广东省重点领域研发计划等项目对本书研究工作的支持。

　　由于半导体材料与芯片技术发展迅速且作者学识有限，书中有不妥之处在所难免，敬请广大读者批评指正。

李国强

2024 年 10 月

目　　录

第 1 章　Si 基 GaN 材料与芯片的研究意义

半导体技术，作为现代工业的核心支柱，是人工智能、信息通信、智能制造、国防装备及嵌入式系统等现代化产业的基石，在全球科技竞逐中占据着举足轻重的地位。掌握领先的半导体技术，意味着在全球产业链中占据战略高地，享有更多话语权与利益分配权。在当前大国博弈加剧、贸易环境复杂多变的背景下，中国加速半导体技术的发展具有双重战略意义：其一，它是破解关键技术受制于人的"卡脖子"困局的关键，有助于突破美国等西方国家封锁，减少外部依赖，增强国家安全；其二，它是提升中国国际竞争力的必由之路，通过科技创新驱动，半导体技术的飞跃将引领整个科技产业实现高质量发展，为中国在全球科技版图中赢得一席之地。

对于中国自身而言，半导体领域的突破是实现高质量发展的迫切需求。在全面建设社会主义现代化国家的征程中，高质量发展已成为首要任务，要求我们必须摆脱传统经济增长方式，依靠科技创新驱动生产力的深刻变革。半导体技术作为新质生产力的代表，其研发与应用不仅局限于芯片制造，更广泛渗透于高端设备制造与智能化生产流程，是推动产业升级、提升产品技术含量与市场竞争力的重要引擎。因此，大力发展半导体技术，不仅是攻克"卡脖子"难题的必由之路，更是推动中国经济社会高质量发展的核心动力，为中国走向世界科技强国奠定坚实基础。

1.1　半导体材料的分类

半导体材料作为半导体技术的基础，是一类在导电性能上介于导体和绝缘体之间的材料。导体、半导体和绝缘体材料的本质区别在于它们的能带结构与电子填充能带的情况不同，图 1.1 给出了它们的典型能带结构，其中条纹状图案表示电子填充能带的情况。电子导电的原理是其在外电场的作用下，能量状态和分布情况发生改变。以金属为例，导体被电子填充的最高能带通常是半满带，在外电场作用下，半满带中的电子能量状态与分布情况均发生改变，参与导电，使得导体具有良好的导电性。与之相对的，在绝对零度时，半导体和绝缘体被电子填充的最高能带是满带，其中的电子不参与导电。当外界条件 (如温度、光照等) 发生变化时，原本位于满带的部分电子能够吸收足够的能量，从而发生跃迁，进入空带中，此时满带中剩余的大量电子和跃迁到空带中的电子都参与导电。因此，半导体在常温条件下便展现出一定的导电性能。相较之下，绝缘体由于其满带到空带的距离 (禁带宽度，E_g) 相对较大 (一般情况下，认为 $E_g > 6$ eV 的材料为绝缘体)，电子难以获得足够能量实现跃迁，故绝缘体在常温下导电性能极弱。基于上述半导体的能带结构特性，其导电性能可以通过掺杂、温度、光照等外部条件进行调控，因而广泛应用于各种电子元器件当中。

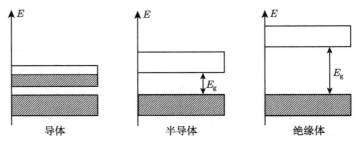

图 1.1   导体、半导体和绝缘体的典型能带结构图

根据化学组成，半导体可以分为元素半导体和化合物半导体。

元素半导体是指由单一化学元素组成的半导体材料。作为半导体技术的先驱，其起源可追溯至对化学元素周期律的深入探索。目前共发现有 12 种元素具有半导体性质，包括硅 (Si)、锗 (Ge)、硼 (B)、碲 (Te)、碘 (I)、碳 (C)、磷 (P)、砷 (As)、硫 (S)、硒 (Se)、锑 (Sb)、锡 (Sn)。最为典型的元素半导体是 Si 和 Ge。这两种元素位于元素周期表的金属与非金属交界区域，具有独特的物理和化学性质，这使得它们成为半导体材料的基础。Si 是目前应用最广泛的半导体材料，它的电子结构使其能够容易地通过掺杂 (如掺入 P 或 B) 来控制其导电性，实现从绝缘体到导体的转变。Si 基半导体器件，如晶体管、集成电路等，是现代电子工业的基石。虽然 Ge 具有与 Si 相近的核外电子排布，但由于其性能不如硅稳定，且成本较高，所以在现代电子工业中的应用逐渐减少。然而，在某些特定的应用领域，Ge 仍然具有较高的价值。尽管众多元素展现出不俗的导电潜能，但多数元素在稳定性或加工可行性上存在显著短板，这极大地限制了半导体候选元素的范围。以 As、Sb、Sn 为例，它们虽具备半导体特性，却因状态不稳定 (即在金属态与半导体态间变动) 而在实际应用中受到局限。同样，B、C、Te 等元素则由于内在性质或制备工艺的复杂性，利用率相对较低。值得注意的是，尽管面临挑战，但某些元素半导体如超纯 Te 单晶 [1]，仍作为新兴半导体材料展现出独特价值。

化合物半导体是由两种或两种以上元素通过化学键结合而成的。在化合物半导体中，最为基础且研究得最为深入的是由两种元素组成的二元化合物半导体。常见的二元化合物半导体包括 IV-IV 族化合物，如碳化硅 (SiC)；III-V 族化合物，如氮化镓 (GaN)、砷化镓 (GaAs)、磷化铟 (InP) 等；II-VI 族化合物，如

氧化锌 (ZnO)、硫化锌 (ZnS)、碲化镉 (CdTe) 等；IV-VI 族化合物，如硫化铅 (PbS)、硒化铅 (PbSe) 等。这些材料具有众多优异的物理性能，在高频、高速、大功率电子器件以及光电子器件中具有重要应用。例如，GaAs 具有高载流子迁移率，是制造功率放大器及高效太阳电池的理想材料 [2]；SiC 具有良好的耐高温特性，可以应用于 Si 器件难以工作的高温环境中 [3]。由三种及三种以上元素组成的半导体称为三元及多元化合物半导体，它们可以由两种或更多的二元半导体形成混晶而组成，并且，通过调整化合物中的元素种类和比例，可以进一步优化半导体材料的性能。例如，AlGaAs 是制造激光器、太阳能电池等器件的关键材料 [4,5]；InGaAs 则广泛用于制造红外探测器等 [6,7]。同时，一些复杂的三元系化合物半导体材料，如 CuGaSe$_2$ 等 [8]，也在电子科学技术中发挥着重要作用，展现了化合物半导体材料多样而丰富的应用潜力。

如果从发展历程及禁带宽度的角度来看，半导体材料又可以分为第一、第二、第三乃至第四代半导体材料。表 1.1 给出了几种代表性材料的物理性质。半导体技术的辉煌历程始于 1947 年，其标志为第一支 Ge 基晶体管的诞生。Ge 作为历史最悠久的半导体材料，与后来引领集成电路与太阳能电池革命的 Si 材料并称为第一代半导体材料。这一代材料作为集成电路技术的基石，广泛应用于计算机、移动通信、家用电器等电子设备的芯片制造中。Si 基半导体器件凭借其技术成熟度、成本效益及高可靠性，成为现代电子信息产业不可或缺的核心组件，同时，在太阳能领域，单晶与多晶 Si 太阳能电池也以其高效稳定的转换性能展现出独特优势 [9,10]。

表 1.1　常见半导体材料性质

材料	Si	Ge	GaAs	InP	4H-SiC	GaN
禁带宽度 E_g/ eV	1.12	0.67	1.42	1.35	3.26	3.45
电子迁移率 μ_e / [cm^2/(V·s)]	1400	3900	8500	4600	900	1000
击穿场强 E_c/ (MV/cm)	0.3	0.1	0.4	0.5	3	3.3
热导率 κ / [W/(cm·K)]	1.5	0.6	0.5	0.7	4.9	2.0
电子饱和速度 v_{sat} / ($\times 10^7$ cm/s)	1.0	0.6	2.0	3.0	2.0	2.7
熔点 T_m/K	1683	1210	1511	1343	2380	>2700

20 世纪 70 年代，随着通信技术的飞速发展，对高速、高频、大功率电子器件的需求急剧增长，研究焦点转向了具有更高电子饱和速度的化合物半导体。GaAs 与 InP 凭借高击穿电压、出色的热稳定性及优异的光电子特性脱颖而出，成为第二代半导体材料的代表。GaAs 以其卓越的高频性能，在高频晶体管、功率放大器 [11,12] 等领域大放异彩，成为移动通信、卫星通信等行业的关键支撑材料。此外，第二代半导体材料还广泛应用于高效光电池、光电传感器、高速光电探测器等光电器件制造 [13-16]，展现了其在光电领域的广泛应用潜力。

20 世纪末，随着雷达、无线通信技术的不断进步，人们对器件频率与功率的要求进一步提升，促使研究转向禁带宽度超过 2 eV 的宽禁带半导体。GaN 与 SiC 作为第三代半导体材料的杰出代表，凭借更宽的禁带、更高的击穿场强及电子饱和速度迅速崛起并广泛应用于微波/毫米波大功率器件领域。特别是 GaN，能与 InN、AlN 等 Ⅲ 族氮化物形成合金，覆盖从可见光至深紫外波段的宽光谱范围，在光电子器件中有着广泛应用 [17,18]。GaN 基 LED 的高亮度、长寿命、低功耗特性正引领着照明、显示、通信等领域的革新 [19,20]。此外，Ⅲ 族氮化物的自发极化和压电极化效应使得 AlGaN/GaN[21]、InAlN/GaN[22] 等异质结能在界面处产生具有高载流子面密度、高迁移率的二维电子气 (2DEG)。因此，GaN 高电子迁移率晶体管 (HEMT) 在高频大功率应用中展现出比 SiC 金属氧化物半导体场效应晶体管 (MOSFET) 更优越的性能。而 SiC 则在智能电网、新能源汽车、轨道交通等领域发挥关键作用，显著提升了能源转换效率与设备可靠性。同时，第三代半导体材料的抗辐射、耐高温特性也使其在航空航天与国防领域展现出重要的应用价值。

随着科技浪潮的不断推进，迈入 21 世纪后，信息技术、物联网，以及可再生能源等领域迅猛发展，人们对半导体材料提出了新的挑战与需求，特别是对能承载更高速度、更高频率、更大功率的需求激增。以氧化镓 (Ga_2O_3)、金刚石 (diamond) 等为代表的第四代半导体材料，凭借其超宽的禁带宽度、极高的击穿电场强度、出色的热导率以及卓越的抗辐射能力逐渐崭露头角。Ga_2O_3 以其独特的晶体结构和物理化学性质，成为高频、高功率电子器件的理想选择 [23]，其应用范围涵盖了 5G/6G 通信基站、卫星互联网及深空探测等前沿领域，为高速数据传输与远距离通信提供了强有力的支撑。同时，金刚石作为自然界中最硬的材料，其半导体形态展现出了无与伦比的热稳定性和化学惰性，非常适合在高温、高压、强辐射等极端环境下工作 [24]，因此被视为未来核能、航空航天及深地探测等关键领域的关键材料。此外，第四代半导体材料在光电器件领域也展现出巨大的应用潜力。它们不仅能够制造出高效太阳能电池，还能应用于高性能的光电探测器、激光器和 LED 照明等领域，推动了光电技术的进一步革新。

综上所述，四代半导体材料在各自的应用领域中发挥着不可替代的作用，推动了电子产业的不断发展和进步。随着技术的不断进步和应用领域的不断拓展，这些材料的应用前景将更加广阔。

1.2   GaN 的结构与性质

GaN 常见的晶体结构为纤锌矿和闪锌矿，其中纤锌矿是常态下的稳态结构，闪锌矿是亚稳态结构。纤锌矿 GaN 属于六方晶系，所属空间群为 $P6_3mc$。其中

Ga 原子和 N 原子都以六方最密堆积的方式排列，密排面为 (0001) 面，并且六方最密堆积的 Ga 原子和 N 原子在 a 轴和 b 轴上互相对齐，沿 c 轴错开 $3c/8$ 相互嵌套构成 GaN 晶体结构，Ga 原子面和 N 原子面沿 c 轴交替排列，如图 1.2 所示，其晶胞参数为 $a = 3.189$ Å，$c = 5.185$ Å。同为 III 族氮化物，具有相似晶体结构的 InN 的晶胞参数为 $a = 3.533$ Å，$c = 5.693$ Å，AlN 的晶胞参数为 $a = 3.112$ Å，$c = 4.982$ Å。它们之间形成的三元合金的晶胞参数可以通过以下公式计算：

$$a\left(\mathrm{A}_x\mathrm{B}_{1-x}\mathrm{N}\right) = x \cdot a\left(\mathrm{AN}\right) + (1-x) \cdot a(\mathrm{BN}) \tag{1.1}$$

$$c\left(\mathrm{A}_x\mathrm{B}_{1-x}\mathrm{N}\right) = x \cdot c\left(\mathrm{AN}\right) + (1-x) \cdot c(\mathrm{BN}) \tag{1.2}$$

式中，AN 和 BN 代表两种 III 族氮化物材料；x 为三元合金中 AN 的组分。

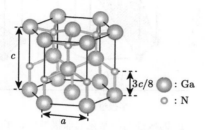

图 1.2   纤锌矿 GaN 的结构示意图

从 GaN 的结构图中还看到每个 Ga/N 原子都与周围的四个 N/Ga 原子成键构成四面体结构，并且 GaN 晶体是非中心对称的。这种非中心对称性导致 Ga 原子和 N 原子的正负电荷中心无法重合，沿 c 轴产生极性，产生自发极化效应。当晶体沿 [0001] 方向生长时，平行于 c 轴方向的 Ga—N 键所连的两个原子中 Ga 原子在下，材料表面会以 Ga 原子面终止，材料呈现 Ga 极性。晶体沿 [000$\bar{1}$] 方向生长时则具有相反的极性，称为 N 极性。由于 Ga 原子仅有三个价电子，作为终止面时价电子都与相邻的三个 N 原子成键。而 N 原子多出来的两个电子会在表面留下悬挂键。上述差异造成两种极性 GaN 的物理化学性质差异。Ga 极性 GaN 表面平整度良好，耐腐蚀；N 极性 GaN 表面易形成六角形台阶，且会被碱性溶液腐蚀。除了极性 GaN 以外，还有非极性和半极性的 GaN。平行于 c 轴的面是非极性面，常见的有 a 面 (($11\bar{2}0$) 面) 和 m 面 (($1\bar{1}00$) 面)。介于极性面和非极性面之间的面则被称为半极性面，图 1.3 展示了几种常见的非极性面和半极性面。在材料外延生长难度、晶体质量和材料极化特性的综合考量下，Ga 极性面的 GaN 是目前应用最多的。

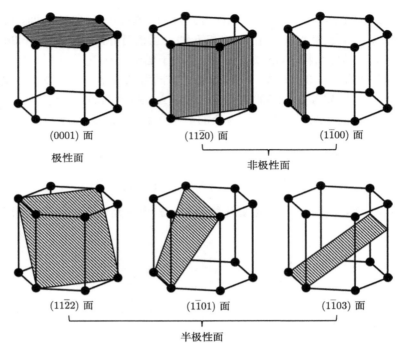

(0001) 面　　　　　　$(11\bar{2}0)$ 面　　　　　　$(1\bar{1}00)$ 面

极性面　　　　　　　　　　　　非极性面

$(11\bar{2}2)$ 面　　　　　　$(1\bar{1}01)$ 面　　　　　　$(1\bar{1}03)$ 面

半极性面

图 1.3　GaN 的极性面与常见的非极性面、半极性面

　　表 1.2 给出了以 GaN 等为代表的三种 Ⅲ 族氮化物的基本物理性质。室温下,
InN、GaN 和 AlN 的禁带宽度约为 0.7 eV、3.45 eV 和 6.2 eV。当它们之间形成
多元合金材料时,可以实现禁带宽度在 0.7 ~6.2 eV 范围内连续可调,覆盖光谱中
从红外到深紫外的超广阔范围。因此,基于 Ⅲ 族氮化物的光电器件可以满足多波
段的应用需求,具有重大的研究价值。对于多元合金 $Al_xIn_yGa_{1-x-y}N$ 而言,其
禁带宽度由其中 AlN、InN、GaN 的组分所决定,可以由以下公式计算[25]:

$$E_g\left(Al_xIn_yGa_{1-x-y}N\right) = x \cdot E_g\left(AlN\right) + y \cdot E_g\left(InN\right) + \left(1-x-y\right) \cdot E_g\left(GaN\right)$$

$$- b_{Al} \cdot x\left(1-x\right) - b_{In} \cdot y\left(1-y\right) \tag{1.3}$$

其中, x 和 y 分别是 AlN 和 InN 的组分, 而 b_{Al} 和 b_{In} 则是禁带宽度弯曲系数,
会随着材料组分的改变发生变化,通常会选取一些经验性的数值。

　　在载流子输运特性方面, InN 不仅是 Ⅲ 族氮化物中最优的, 也优于其他常
见的半导体材料。Swartz 等于 2004 年报道了 InN 在 200 K 温度下实现了 4000
$cm^2/(V \cdot s)$ 的超高电子迁移率[26], 且其电子有效质量是三种 Ⅲ 族氮化物中最小
的。此外, InN 在室温条件下还具有超高的电子饱和速度 $(4.2 \times 10^7 \ cm/s)$, 高
于 $GaN(2.7 \times 10^7 \ cm/s)$ 和 $AlN(2.0 \times 10^7 \ cm/s)$。

表 1.2 Ⅲ 族氮化物的基本物理性质

性质	InN	GaN	AlN
禁带宽度 E_g/eV	约 0.7	约 3.45	约 6.2
电子迁移率 μ_e/[cm^2/ (V·s)]	4000	1000	135
电子有效质量/m_0	0.11	0.2	0.27
击穿场强 E_c/(MV/cm)	2.0	3.3	11.7
热导率 κ/[W/(cm·K)]	0.8	2.0	3.0
热膨胀系数 $(\Delta a/a\Delta T)/(\times 10^{-6}\ \text{K}^{-1})$	—	5.59	4.2
热膨胀系数 $(\Delta c/c\Delta T)/(\times 10^{-6}\ \text{K}^{-1})$	—	3.17	5.3
电子饱和速度 v_{sat}/($\times 10^7$ cm/s)	4.2	2.7	2.0

1.3 GaN 制备的难点

然而, GaN 材料的发展面临着一个严峻问题: 缺乏作为同质外延衬底的 GaN 单晶。目前最常用的单晶生长方法是熔体生长法, 该方法可以使处于熔点以下的晶体材料从其熔体中凝固形成单晶, 具有可大尺寸制备、生长速度快、晶体纯度高、完整性好等优点。然而, GaN 具有高熔点 (> 2700 K), 常压下温度在 1200 K 时, GaN 就会分解为 N_2 和 Ga 金属。图 1.4 给出了 GaN 分解时的氮气饱和蒸气压随晶体温度变化的曲线, 从图中可以看出, 为了使 GaN 在温度到达熔点的时候保持稳定, 需要在生长环境中为其提供 GPa 级的氮分压。因此, GaN 的单晶生长必须同时满足高温和高压两项苛刻的条件。而目前工业生产中常用的块体单晶生长技术 (例如生长 Si 单晶的提拉法以及生长 GaAs 单晶的布里奇曼 (Bridgman) 法) 都无法满足 GaN 单晶的生长条件。目前, GaN 同质外延衬底大都由成本高昂的氢化物气相外延技术 (HVPE) 所制备。HVPE 通常以镓的氯化物 $GaCl_3$ 作为镓源, 以 NH_3 作为氮源, 反应前驱体需要以 1000 ℃ 的温度在衬底上生长出 GaN 晶体。虽然该技术生长的 GaN 晶体质量比较好且生长速度快, 但较高的反应温度对生产设备提出了更高的要求, 也提高了生产成本, 导致生长的 GaN 单晶价格昂贵, 因此, GaN 材料的生长通常会利用异质外延技术。而异质外延中衬底材料与 GaN 之间的晶格失配和热失配会在 GaN 外延薄膜中引入应力, 产生位错甚至裂纹, 使得 GaN 材料质量降低, 导致器件性能退化。这就要求衬底的晶格常数和热膨胀系数与 GaN 接近。另一方面, 衬底材料的热导率、机械强度和物理化学稳定性都会影响最终器件的性能以及稳定性。同时, 出于成本考虑, 衬底应在可实现大尺寸制备的前提下具有低廉的价格。综上所述, 衬底材料的选择是 GaN 异质外延的一个关键点。

目前, GaN 异质外延常用的衬底材料有碳化硅 (SiC)、蓝宝石和 Si, 表 1.3 给出了三种衬底的基本物理性质。其中, SiC 是获得高质量 GaN 外延薄膜的最佳选择, 其与 GaN 之间的晶格失配度是三种衬底材料之中最低的, 仅为 3.5%, 热

失配值为 -25.5%。并且，在这三种衬底材料中 SiC 具有最高的热导率，有利于提升器件的散热性能，增强其可靠性。SiC 还具有优异的导电性能，可以直接在其背面制备底电极，实现 LED 等多种传统半导体器件所常用的垂直结构。尽管 SiC 从性能上可视为 GaN 异质外延的理想衬底材料，但其作为一种层状材料，具有阶梯状的表面形貌，在外延 GaN 的过程中可能在外延层中引入大量缺陷，降低材料质量并致使器件性能退化[28]。此外，SiC 应用于 GaN 异质外延的致命缺陷还在于其较高的制备成本和较差的机械加工性能，严重限制了大规模工业化生产的前景。

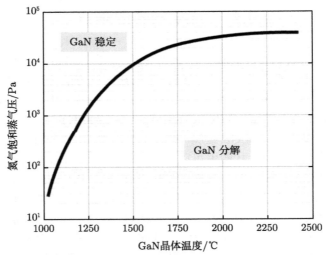

图 1.4 GaN 分解时氮气饱和蒸气压与晶体温度的关系[27]

表 1.3 三种 GaN 异质外延衬底的基本物理性质

性质	SiC	蓝宝石	Si
热导率 $\kappa/[\mathrm{W}/(\mathrm{cm\cdot K})]$	4.9	0.35	1.48
热膨胀系数 $(\Delta a/a\Delta T)/(\times 10^{-6}\ \mathrm{K}^{-1})$	3.0~3.8	7.5	2.59
GaN/衬底热失配/%	25	-25.5	56
GaN/衬底晶格失配/%	3.5	13.9	-16.9
成本	高	中	低

相比之下，蓝宝石衬底在工业化方面体现出了可大尺寸生产、耐磨损、强度大、硬度高等优点，已经具备非常成熟的生产技术。然而，蓝宝石较差的导热性能对 GaN 一项重要应用——功率器件而言是毁灭性的，其较差的导电性能也意味着蓝宝石基 GaN 器件无法采用传统半导体器件的垂直结构，必须在芯片的外延材料一侧沉积电极，形成横向结构芯片。与传统的垂直结构芯片相比，横向结构

芯片需要更为复杂的制备工艺, 这也提高了制造成本。并且, 横向结构芯片的电流传输性能较差, 应用在光电器件中也会减小受光/发光面积, 综合性能弱于垂直结构芯片。在进行 GaN 外延的过程中, 蓝宝石与 GaN 间较大的晶格失配 (13.9%) 和热失配 (−25.5%) 也会带来许多问题。晶格失配在 GaN 外延层中产生的张应力会以位错缺陷的形式被释放, 产生的大量位错缺陷会降低芯片性能。而热失配则会在生长完成后的降温过程中在 GaN 外延层中产生压应力, 可能使衬底或外延层产生裂纹, 影响芯片的良品率以及稳定性。

与 SiC 和蓝宝石相比, Si 衬底凭借其多方面的显著优势脱颖而出。首先, 在物理性质上, Si 衬底展现出了卓越的导热与导电性能, 这一特性对于高性能 GaN 功率器件而言至关重要。Si 衬底优异的导热导电性能确保了这些器件在高功率密度下仍能稳定运行, 有效满足了市场对高效能、高可靠性电子产品的迫切需求。另一方面, Si 作为半导体行业的基石, 其工业发展历程已逾数十年, 积累了丰富的技术经验并发展了成熟的产业链。这种深厚的工业基础使得 Si 晶圆的生产成本得以大幅度降低, 同时能够提供大尺寸、高质量的晶圆片, 这对于大规模生产 GaN 基器件至关重要。此外, 成熟的 Si 工艺平台为 GaN 异质外延与 GaN 器件制备提供了诸多便利, 不仅简化了生产流程, 还促进了 GaN 基器件与现有 Si-CMOS 技术的深度融合与集成。这种集成能力极大地拓宽了 GaN 器件的应用领域, 如射频前端模块、功率管理单元等, 为实现系统级芯片 (SoC) 的集成化、微型化提供了可能。再者, Si 衬底的易去除性也是其一大亮点。在复杂的半导体制造工艺中, 这一特性为后续的器件加工、封装测试等环节带来了极大的便利。例如, 在制备三维集成电路 (3D IC) 或进行多层堆叠封装时, 能够轻松去除 Si 衬底, 有助于实现更紧密的互连和更高的集成密度, 从而进一步提升器件的性能和可靠性。

综上所述, 与以 Si 为代表的第一代半导体及以 GaAs、InP 为代表的第二代半导体相比, Si 基 GaN 结合了 Si 材料易于集成、高热导性、低成本的优势和 GaN 材料强击穿场强、高电子饱和速度、高热稳定性、高抗辐照的优势, 在制备高频、高温、高功率电子器件及集成芯片等方面展现出独特的优势。可以预见, 高性能 Si 基 GaN 芯片将在高速通信、新能源、电动汽车、人工智能、航空航天等领域拥有广泛的应用前景, 在商业化进程中展现出强大的竞争力, 对我国经济发展与国防建设具有重要意义。

1.4 Si 基 GaN 材料与芯片

虽然 Si 基 GaN 在商业化上具有显著的优势, 但是 Si 与 GaN 之间有着较大的晶格失配和热失配。单晶 Si 的原子密堆积面是 Si(111), 具有六重反轴, 与属于六方晶系的纤锌矿 GaN 的 GaN(0001) 面具有相似的原子排列。因此, 在 Si

衬底上外延 GaN 通常选取 Si(111)‖GaN(0001) 的外延关系, 其结构如图 1.5 所示, 二者间的晶格失配和热失配高达 −16.9% 和 56%。晶格失配在 Si 衬底上生长的 GaN 中引入张应力, 而应力释放的过程则伴随着大量位错、晶格畸变以及错误取向晶畴 [29] 的产生。同时, 较大的热失配也会使在 1000 ℃ 以上高温生长的 GaN 外延层在降温过程中产生翘曲和裂痕。此外, 生长过程中的高温还会导致 Ga 和 Si 原子之间发生一种回熔刻蚀现象。从热力学的角度而言, 根据 Ga-Si 相图 (图 1.6), Ga-Si 开始发生共熔的温度在 30 ℃ 左右, 远低于 GaN 的典型生长温度 (1000 ℃)。而 Ga 液滴的形成 (即液相) 及其在生长早期与 Si 的相互作用是回熔刻蚀的主要原因。这种合金共熔现象会导致 Si 和 GaN 无法保持固态晶体的形态, 破坏 GaN 外延层的结构, 严重降低材料质量。

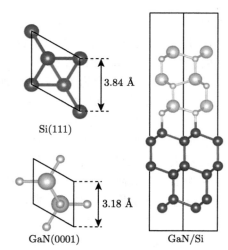

图 1.5　Si(111) 面、GaN(0001) 面原子排布与 GaN/Si 异质界面原子结构示意图

为了克服这些问题, 在 Si 衬底上异质外延 GaN 需要采取一些特殊的策略。为了控制 GaN 和 Si 衬底之间的晶格失配与热失配在 GaN 中产生的位错与裂痕, 目前的主流方案包括: ① 在 Si 衬底上先沉积 Al(Ga)N 缓冲层 [30]。AlN 具有比 GaN 更小的晶格常数, 能在后续生长的 GaN 层中预先引入压应力对抗降温过程中热失配带来的拉伸。研究还表明, 外延生长过程中产生的位错会在 AlGaN 层界面处发生弯曲, 进而促进位错之间的交互, 使位错湮灭从而降低位错密度 [31]。② 在生长 GaN 前先沉积低温 AlN 插入层 [32]。低温 AlN 插入层不仅像 Al(Ga)N 缓冲层一样能通过引入压应力获得无裂纹薄膜, 还能阻断位错的延伸, 降低后续生长的 GaN 外延层中的位错密度。更进一步的, 低温 AlN 插入层通过对 GaN 外延层的应力进行调控, 能够促进 GaN 在生长初期以三维岛的形式成核。后续

生长中，GaN 三维岛合并形成薄膜的过程伴随着位错的弯曲与湮灭，有助于生长出高质量 GaN[33]。③ 利用原位沉积的 SiN 层形成类掩模的结构，诱导调控 GaN 的横向过生长 [34]。通过薄的 SiN 层中的孔洞，GaN 在其上过生长形成小的多面岛。沿着这些小岛的倾斜面，线性位错发生侧向弯曲并与其他位错发生交互作用而湮灭，并形成半环，从而阻止了位错进一步向上传播。而为了防止 GaN 与 Si 之间发生回熔刻蚀，必须在外延 GaN 之前先生长一层不含 Ga 原子的外延层以阻止 Ga 原子与 Si 原子接触，除了前面提到的 AlN 外，常用的缓冲层材料还有 $Al_2O_3^{[35]}$、$ZnO^{[36]}$ 和 $3C\text{-}SiC^{[37]}$ 等。为了进一步释放 Si 基 GaN 的应用潜力，研究人员对其微纳结构进行了设计。在量子限域效应的影响下，GaN 量子点、GaN 纳米线与 GaN 纳米片展现出与 GaN 薄膜所不同的物理特性，在纳米电子学、纳米光电子学等方面具有重要的应用前景。本书第 2 章将对上述 Si 基 GaN 外延生长存在的问题与相应的技术手段进行详细介绍，同时讨论三种微纳结构 GaN 的物理性能优势、生长面临的挑战与解决方案。

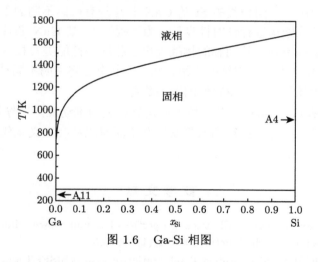

图 1.6　Ga-Si 相图

　　基于 GaN 优异的物理性能与 Si 衬底的优势，目前已实现了多种 Si 基 GaN 芯片。1993 年第一只 GaN 基 LED 的研发填补了蓝光 LED 的空缺 [38]。随着 GaN 基 LED 行业发展，垂直结构的 Si 基 GaN LED 因其电流分布均匀且扩散快的特点在大功率应用中占据了优势地位，目前已广泛应用于汽车照明、景观照明等高端照明领域。在电子器件方面，AlGaN/GaN 异质结构利用自发极化和压电极化效应在界面处产生高迁移率的高浓度二维电子气 (2DEG)，同时具有高击穿场强，目前已在功率和射频电子器件中得到广泛应用。Si 基 GaN HEMT 具有优异的耐压性能、高速开关特性、低导通电阻和良好的高温稳定性，不仅在电动汽车、手机充电器等消费电子市场占据相当大的份额，还在航空航天和高温工业等极端工况条件下有着重要应用。与 Si 基 GaN HEMT 具有相类似结构的 Si 基 GaN 肖特基二极管 (SBD) 同样展现出了耐高温、高压和低导通电阻等优点，是当前最有前景的大功率微波二极管，目前已应用于航空航天、新能源汽车、军用雷达和 5G 基站等领域。在光电器件方面，Si 基 GaN 芯片能充分发挥出 GaN 电子饱和速度高、光电转换量子效率高的优势。Si 基 GaN 光电探测芯片能在不需要滤光系统的情况下实现对紫外到深紫外波段的探测，并且具备低噪声、高速和高灵敏度的特点，其构建的光通信系统比传统的通信方式具有更低的延时和更好的安全性，同时也具备很强的抗干扰能力，可应用于军事通信、智能交通等领域。此外，Si 基 GaN 光电解水芯片凭借 InGaN 纳米柱的高电子迁移率、合适的能带边缘电势与大比表面积等优点，可实现稳定性良好、高效制氢的光电极，有望解决能源危机问题。在集成电路领域，Si 基 GaN 材料体系在制造在严酷环境下工作的数字/模拟电路方面有着 Si 基材料无法比拟的优势，Si 基 GaN 集成芯片可实现反相器、比较器、脉冲宽度调制 (PWM) 信号发生器、基准电压源及保护功能电路等多种应用。不同种类的 Si 基 GaN 芯片具有截然不同的工作原理，需要分别对它们的芯片结构进行针对性设计。为了提升 Si 基 GaN 芯片的关键性能参数，研究人员根据不同芯片面临的挑战提出了相应的性能提升技术。这些内容将在本书的第 3~8 章中进行详细的介绍。此外，书中还将说明不同种类 Si 基 GaN 芯片的具体应用场景，并展望它们的发展趋势。

　　未来，Si 基 GaN 材料与芯片技术的发展将大力推动我国半导体技术的提升，对我国发展新质生产力、推动高质量发展并全面建成社会主义现代化强国具有重大意义。

参 考 文 献

[1] Lkari T, Berger H, Levy F. Electrical properties of vapour grown tellurium single crystals. Materials Research Bulletin, 1986, 21(1): 99-105.

[2] Matsumoto K, Hayashi Y, Kojima T. Integration of a GaAs SISFET and GaAs inversion-base bipolar transistor. Japanese Journal of Applied Physics, 1988, 27(12): 2427-2430.

[3] Kimoto T, Watanabe H. Defect engineering in SiC technology for high-voltage power devices. Applied Physics Express, 2020, 13(12): 120101.

[4] Hayakawa T, Suyama T, Takahashi K, et al. Low current threshold AlGaAs visible laser diodes with an $(AlGaAs)_m(GaAs)_n$ superlattice quantum well. Applied Physics Letters, 1986, 49(11): 636-638.

[5] Hamaker H C, Ford C W, Werthen J G, et al. 26% efficient magnesium-doped AlGaAs/GaAs solar concentrator cells. Applied Physics Letters, 1985, 47(7): 762-764.

[6] Shi C, Mesquida A, Kusters, et al. Investigation on p-InGaAs/n-InGaAs MSM photodetectors. Chinese Journal of Semiconductors, 1993, 14(3): 194-197.

[7] Bowers J E, Burrus C A, McCoy R J. InGaAs PIN photodetectors with modulation response to millimetre wavelengths. Electronic Letters, 1985, 21(18): 812-814.

[8] Islam M M, Ishizuka S, Shibate H, et al. Characterization of defect properties in wide-gap $CuGaSe_2$ thin-film solar-cells. Nanoscience and Nanotechnology Letters, 2018, 10(4): 559-564.

[9] Adachi D, Hernández J L, Yamamoto K. Impact of carrier recombination on fill factor for large area heterojunction crystalline silicon solar cell with 25.1% efficiency. Applied Physics Letters, 2015, 107(23): 233506.

[10] Melskens J, van de Loo B W H, Macco B, et al. Passivating contacts for crystalline silicon solar cells: from concepts and materials to prospects. IEEE Journal of Photovoltaics, 2018, 8(2): 373-388.

[11] Takayama Y, Honjo K. Nonlinearity and intermodulation distortion in microwave power GaAs FET amplifiers. NEC Research and Development, 1979, 55: 29-36.

[12] Ladbrooke P H. Large-signal criteria for the design of GaAs FET distributed power amplifiers. IEEE Transactions on Electron Devices, 1985, 32(9): 1745-1748.

[13] Jalali H B, Sadeghi S, Yuksel I B D, et al. Past, present and future of indium phosphide quantum dots. Nano Research, 2022, 15(5): 4468-4489.

[14] Smirnov K J, Davydoy V V, Glagolev S F, et al. High speed near-infrared range sensor based on InP/InGaAs heterostructures. Journal of Physics: Conference Series, 2018, 1124: 022014.

[15] Peng L, Wang Y, Ren Y, et al. InSb/InP core-shell colloidal quantum dots for sensitive and fast short-wave infrared photodetectors. ACS Nano, 2024, 18(6): 5113-5121.

[16] Barrigón, E, Heurlin M, Bi Z, et al. Synthesis and applications of III-V nanowires. Chemical Reviews, 2019, 119(15): 9170-9220.

[17] Wang T. Topical review: development of overgrown semi-polar GaN for high efficiency green/yellow emission. Semiconductor Science and Technology, 2016, 31(9): 093003.

[18] Zhao S, Nguyen H P T, Kibria M G, et al. III-Nitride nanowire optoelectronics. Progress in Quantum Electronics, 2015, 44: 14-68.

[19] Wasisto H S, Prades J D, Gülink J, et al. Beyond solid-state lighting: miniaturization, hybrid integration, and applications of GaN nano- and micro-LEDs. Applied Physics Letters, 2019, 6(4): 041315.

[20] Li G, Wang W, Yang W, et al. GaN-based light-emitting diodes on various substrates: a critical review. Reports on Progress in Physics, 2016, 79(5): 056501.

[21] Li X, Wang P F, Zhao X, et al. Defect and impurity-center activation and passivation in irradiated AlGaN/GaN HEMTs. IEEE Transactions on Nuclear Science, 2024, 71(1): 80-87.

[22] Guo L, Yang X, Hu A, et al. Hot electron induced non-saturation current behavior at high electric field in InAlN/GaN heterostructures with ultrathin barrier. Scientific Reports, 2016, 6: 37415.

[23] Kaur D, Kumar M. A strategic review on gallium oxide based deep-ultraviolet photode-

tectors: recent progress and future prospects. Advanced Optical Materials, 2021, 9(9): 2002160.

[24]　Dang C, Chou J, Dai B, et al. Achieving large uniform tensile elasticity in microfabricated diamond. Science, 2021, 371(6524): 76-78.

[25]　Verma J K. Polarization and Band Gap Engineered Ⅲ-Nitride Optoelectronic Device Structures. South Bend: University of Notre Dame, 2013.

[26]　Swartz C H, Tompkins R P, Giles N C, et al. Investigation of multiple carrier effects in InN epilayers using variable magneticfield Hall measurements. Journal of Cystal Growth, 2004, 269(9): 29-34.

[27]　李腾坤. GaN 体单晶的氨热法生长及物性研究. 合肥: 中国科学技术大学, 2020.

[28]　Sasaki T, Matsuoka T. Substrate polarity dependence of metal organic vapor phase epitaxy grown GaN on SiC. Journal of Applied Physics, 1988, 64(9): 4531-4535.

[29]　Basu S N, Lei T, Moustakas T D. Microstructures of GaN films deposited on (001) and (111) Si substrates uing electron cyclotron resonance assisted-molecular beam epitaxy. Journal of Materials Research, 1994, 9(9): 2370-2378.

[30]　Lin K L, Chang E Y, Hsiao Y L, et al. Growth of GaN film on 150 mm Si (111) using multilayer AlN/AlGaN buffer by metal-organic vapor phase epitaxy method. Applied Physics Letters, 2007, 91(22): 222111.

[31]　Li Y, Wang W, Li X, et al. Stress and dislocation control of GaN epitaxial films grown on Si substrates and their application in high-performance light-emitting diodes. Journal of Alloys and Compounds, 2019, 771: 1000-1008.

[32]　He Z, Ni Y, Yang F, et al. Investigations of leakage current properties in semi-insulating GaN grown on Si (111) substrate with low-temperature AlN interlayers. Journal of Physics D: Applied Physics, 2014, 47(4): 045103.

[33]　Craven M D, Lim S H, Wu F, et al. Threading dislocation reduction via laterally overgrown nonpolar (11$\bar{2}$0) a-plane GaN. Applied Physics Letters, 2002, 81(7): 1201-1203.

[34]　Markurt T, Lymperakis L, Neugebauer J, et al. Blocking growth by an electrically active subsurface layer: the effect of Si as an antisurfactant in the growth of GaN. Physical Review Letters, 2013, 110(3): 036103.

[35]　Fenwick W E, Melton A, Xu T, et al. Metal organic chemical vapor deposition of crack-free GaN-based light emitting diodes on Si (111) using a thin Al_2O_3 interlayer. Applied Physics Letters, 2009, 94(22): 222105.

[36]　Ji X H, Zhai J W. Growth of GaN films on Si (100) buffered with ZnO by ion-beam-assisted filtered cathodic vacuum arc technique. Journal of Electronic Materials, 2008, 37(5): 573-577.

[37]　Komiyama J, Abe Y, Suzuki S, et al. Stress reduction in epitaxial GaN films on Si using cubic SiC as intermediate layers. Journal of Applied Physics, 2006, 100(3): 033519.

[38]　李国强. 新型衬底上蓝/白光 LED 外延材料与芯片. 北京: 科学出版社, 2014.

第 2 章　Si 基 GaN 材料的外延生长

2.1　Si 基 GaN 薄膜的外延生长

Si 基 GaN 薄膜在半导体科技领域扮演着至关重要的角色。GaN 作为一种优异的半导体材料，展现出诸如宽禁带、高击穿电场强度、快速的饱和电子漂移速度、卓越的热导率以及强大的抗辐照能力等一系列特性，这些特性使其能够充分满足现代电子技术对于高温工作环境、高频操作、高功率输出以及抗辐照能力的严格要求。与此同时，Si 衬底因具备大尺寸、低成本和良好的导热性能等优势，且与 GaN 基材料及器件展现出良好的兼容性，从而在材料集成方面展现出巨大潜力。因此，Si 基 GaN 薄膜在电子器件的制造过程中具有举足轻重的地位，它不仅有助于推动高性能电子器件的研发与实现，同时也对国民经济的稳步发展和国防建设的现代化进程产生了深远的影响。

2.1.1　Si 基 GaN 外延薄膜生长的科学技术难题

如前面指出，高质量的 GaN 单晶较难获得，GaN 材料的生长一般选择异质衬底进行外延生长，因此衬底的选择至关重要。一般而言，衬底的选择需要考虑以下几个主要因素 [1,2]：① 尽量选择晶体结构相同或者相近的材料；② 有尽量小的晶格失配和热失配，减少外延层与衬底间的失配应力；③ 有尽量好的热稳定性和化学稳定性；④ 在考虑到产业化发展的需要时，衬底材料的制备工艺应简单稳定，成本低等。

SiC 衬底是外延生长 GaN 的理想衬底。首先，SiC 与 GaN 间的晶格匹配度最高，有利于 GaN 的异质外延，提升 GaN 薄膜的晶体质量。其次，SiC 的热导率非常高 (490 W/(m·K))，大约是蓝宝石衬底 (25 W/(m·K)) 的 20 倍，有利于大功率 LED、GaN 功率芯片等的散热。此外，SiC 的导电性提供了在衬底背面制作电极的可能性，有效简化了芯片的结构。但是，SiC 材料成本比较昂贵，限制了它在大功率 LED、GaN 功率芯片中的大规模生产。

蓝宝石衬底熔点高，高温的物理和化学性质稳定，且制备技术成熟，价格日趋降低，是应用最广泛的衬底。目前针对蓝宝石衬底上的生长研究较多，技术也较成熟。但是蓝宝石衬底不能导电，且热导率低，同时由于蓝宝石衬底较难剥离，不利于制备垂直结构器件，所以极大地限制了 GaN 基高功率器件的应用与发展。表 2.1 为用于 GaN 外延生长的不同衬底的性能。

表 2.1   用于 GaN 外延生长的不同衬底的性能 [1]

性能	蓝宝石	SiC	Si	GaN
晶格失配/%	16	3.1	−16.9	0
热膨胀系数/($\times 10^{-6}$ K^{-1})	7.5	4.4	2.6	5.6
热导率/[W/(cm·K)]	0.25	4.9	1.6	2.3

　　相比于 SiC 及蓝宝石衬底, Si 衬底具有无可比拟的优势 [1]。第一, Si 是半导体材料中制备技术最成熟、应用最广泛的材料, 容易获得晶体质量高、成本低、尺寸大 (4~12 英寸①) 的 Si 衬底, 表现出巨大的价格优势和市场发展潜力。第二, Si 衬底具有较高的热导率, 约为蓝宝石衬底的 6 倍, 有利于大功率 LED 芯片、GaN 功率芯片的散热。第三, Si 衬底具有将光电器件与 Si 基微电子器件集成的潜在优势。除此之外, Si 衬底还具备高导电性、易去除、易制备垂直器件等一系列优势。尽管 Si 衬底相较于蓝宝石和 SiC 在 GaN 的商业应用上优势显著, 但是在 Si 衬底上外延生长 GaN 材料仍面临诸多困难。

　　首先, Si 基 GaN 外延薄膜生长存在回熔刻蚀的问题 [3,4], 这是 Si 上生长 GaN 普遍存在的问题。在 GaN 的早期生长阶段, 回熔刻蚀在 Si 表面局部出现。当 Ga 与 Si 接触时, 二者在高温条件下无法保持固态晶体的形态, 并导致衬底与 GaN 表面粗糙度增大, 且随着生长时间的增加, 回熔刻蚀在表面和体积上逐渐扩大, 严重受损的样品通常在衬底上形成较深的孔洞, 并寄生沉积在表面, 高度大约为 100 μm, 这导致无法在 Si 衬底上直接生长 GaN 薄膜。图 2.1(c)、(d) 显示了在 Si 衬底表面回熔刻蚀形成的粗糙表面和被破坏的 GaN 与 Si 界面。

　　其次, Si 基 GaN 外延薄膜生长缺陷密度高。GaN 与 Si 之间较大的晶格失配 (16.9%) 会导致 GaN 薄膜中存在高密度 (10^{10} cm^{-2}) 的穿透位错 [1,2], 通常比蓝宝石衬底上 GaN 薄膜的位错密度高一到两个数量级。这些穿透位错会影响芯片性能, 加速芯片退化, 缩短芯片寿命。通常认为, GaN 外延薄膜与 Si 衬底之间较大的晶格失配是产生穿透位错的原因。但事实上, 大部分的穿透位错开始都是沿着垂直于衬底薄膜界面的方向, 不能有效地释放晶格失配应力。对于异质外延, 传统的穿透位错产生模型认为穿透位错起源于由外延层和衬底晶格失配导致的失配位错, 但在 LED、HEMT 等电子器件中, GaN 通过引入低温成核层进行外延生长。成核层高度紊乱, 并且衬底晶体结构多样, 晶格失配大。因此, 对于 GaN 薄膜生长, 科研工作者提出了关于位错起源的一些更加具体的假说。其中, 一种模型认为, 穿透位错起源于薄膜生长过程中不同晶向晶界的合并, 晶界合并产生了倾斜并相互扭曲的亚晶粒结构 [6]。这种模型认为紧密排列的位错阵列在晶界处形成。然而, 另一种模型认为, 位错产生于低温成核层, 随后延伸至长大的薄膜中。其理由是采用透射电子显微镜 (transmission electron microscope, TEM) 所获得

_____

① 1 英寸 =2.54 厘米。

的薄膜的截面图表明，晶界合并中并未发现位错产生 [7]。此外，在 Si 衬底与 Ⅲ 族氮化物薄膜之间容易形成界面层，降低外延层的晶体质量。主要原因是 Si—N 的键能很大，在高温外延生长条件下，Si 衬底很容易与活性氮 (如 MOCVD 中的 NH$_3$，MBE 中的氮等离子体) 反应成键，在 Si 衬底与 Ⅲ 族氮化物薄膜之间形成 SiN$_x$ 界面层，大大增加了高质量外延薄膜生长的难度 [8]。

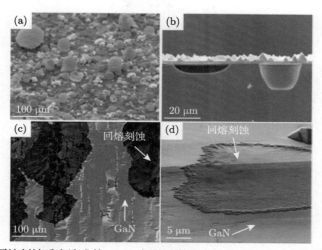

图 2.1　回熔刻蚀反应造成的 GaN 表面恶化以及在 Si 衬底上形成的回熔刻蚀坑

(a) Si 衬底上 GaN 的扫描电子显微镜 (scanning electron microscope，SEM) 俯视图 [4]；(b) Si 衬底上 GaN 的 SEM 截面图 [5]；(c) 肉眼观察 [5]；(d) 光学显微镜观察到的回熔刻蚀照片 [5]

最后，Si 基 GaN 外延薄膜生长应力大。由于 Si 与 GaN 之间的晶格系数失配较大 (−16.9%)，在生长过程中，Si 衬底会对 GaN 薄膜施加一个张应力，在高温情况下，整个 GaN 薄膜处于一个拉伸状态。同时，由于两者的热膨胀系数失配 (54%)，且 Si 的热膨胀系数比 GaN 小，所以当薄膜从高的生长温度降至室温时，Si 衬底的收缩程度比 GaN 小 [9,10]，Si 衬底进一步对 GaN 薄膜进行拉伸。在这两种情况的作用下，Si 衬底会在 GaN 薄膜中引入张应力，从而使 GaN 薄膜产生裂纹 [9]。

针对以上高质量 Si 衬底上 GaN 薄膜制备所面临的局限性，为解决上述 Si 基 GaN 外延生长问题以及实现高晶体质量 GaN 薄膜外延，研究者们开展了细致的研究工作，对 Si 基 GaN 外延薄膜进行位错与应力调控。下面将优先介绍 GaN 薄膜生长的基本模型，然后根据生长模型分别介绍 GaN 薄膜的缺陷及应力调控技术。

2.1.2　GaN 薄膜生长的基本模型

　　GaN 薄膜的生长过程基本上分为两个阶段。第一为材料成核阶段，第二为薄膜横向外延阶段。Si 衬底上外延 GaN 薄膜属于异质外延结构，假设三个界面上的表面张力 (又称比表面能) 分别为 $\sigma_{\alpha\beta}$、$\sigma_{\alpha s}$、$\sigma_{\beta s}$，其示意图如图 2.2 所示[11]。

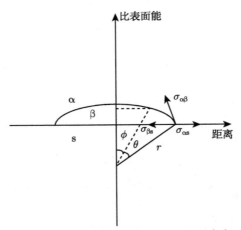

图 2.2　三个界面的表面张力示意图[11]

晶冠体积[12]:

$$V = \int_{r\cos\theta}^{r} \pi \left(r^2 - x^2\right) \mathrm{d}x = \frac{\pi r^2}{3}\left(2 - 3\cos\theta + \cos^3\theta\right) \tag{2.1}$$

体积自由能[12]:

$$\Delta G_{\mathrm{v}} = \frac{\pi r^2}{3}\left(2 - 3\cos\theta + \cos^3\theta\right)\Delta gv \tag{2.2}$$

表面自由能[12]:

$$\Delta G_{\mathrm{s}} = \sigma_{\alpha\beta}\int_{\theta}^{0} 2\pi(r\sin\theta)\cdot r\mathrm{d}\phi + \pi(r\sin\theta)^2\left(\sigma_{\beta s} - \sigma_{\alpha s}\right)$$

$$= 2\pi r^2(1 - \cos\theta)\sigma_{\alpha\beta} + \pi(r\sin\theta)^2\left(\sigma_{\beta s} - \sigma_{\alpha s}\right) \tag{2.3}$$

静力学平衡[12]:

$$\sigma_{\alpha s} = \sigma_{\beta s} + \sigma_{\alpha\beta}\cos\theta \tag{2.4}$$

非均匀成核三维体系自由能[12]:

$$\Delta G_{\mathrm{heter}} = \left(4\pi r^2\sigma_{\alpha\beta} + \frac{4}{3}\pi r^3\Delta gv\right)f\left(\theta\right) \tag{2.5}$$

$$f(\theta) = \frac{1}{4}(2+\cos\theta)(1-\cos\theta)^2 \qquad (2.6)$$

非均匀成核临界曲率半径 [12]：

$$r_{\mathrm{heter}}^* = \frac{-2\sigma_{\alpha\beta}}{\Delta gv} \qquad (2.7)$$

$$\Delta G_{\mathrm{heter}} = \frac{16\pi\sigma_{\alpha\beta}^3}{3\Delta gv^2}f(\theta) \qquad (2.8)$$

　　由于热涨落的作用，半径 $r > r^*$ 的成核核心伴随着自由能的不断下降而长大，然而那些半径 $r < r^*$ 的成核核心则会因为半径的降低而逐渐消失。

　　由于材料的裂解，原子开始在衬底上进行沉积，根据接触角 θ 的大小，其生长的基本模型主要分为以下三种。

　　(1) 岛状生长模式 [12]。当接触角 $\theta > 0°$ 时，外延沉积物质在衬底表面形成三维 (3-dimensional，3D) 岛状结构，如图 2.3(a)，也就是 Volmer-Weber 生长模式。例如，目前生长 GaN 的衬底一般与 GaN 外延层之间存在很大的晶格失配 (一般失配高于 10%)，同时外延层与衬底之间的键能很低，浸润性也差，因此金属有机 (metal organic，MO) 源与氨气高温下形成的基元在衬底表面进行 3D 岛状成核层生长。连续的岛状生长就会产生高位错密度的边界层，最终得到的表面粗糙度很高，均匀性很差。

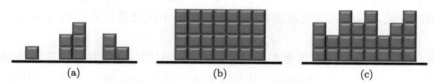

图 2.3　异质外延生长的三种模式
(a) Volmer-Weber 生长模式；(b) Frank-van der Merwe 生长模式；(c) S-K 生长模式

　　(2) 层状生长模式 [12]。当 $\theta = 0°$ 时，进行二维 (2-dimensional，2D) 横向生长模式，也就是 Frank-van der Merwe 生长模式，如图 2.3(b) 所示。这种模式适应于衬底与外延层之间的晶格失配度低 (一般失配度低于 10%)，并且外延层与衬底之间的键能要高，浸润性好，因此 MO 源与氨气高温下形成的基元在衬底表面进行二维成核层生长直至扩散至整层，并且进行逐层垒晶生长模式。最终得到的外延层薄膜平整光滑，缺陷较少。

　　(3) 岛状/层状生长模式 [12]。这种生长模式介于二维与三维生长模式之间，对于这种模式的转变的物理机制较为复杂，即在进行二维层生长上继续进行三维岛状生长，也就是 Stranski-Krastanow(S-K) 生长模式，如图 2.3(c) 所示。一般要求外延层与衬底之间的失配度在 2%~10%，并且应变为压应力。这种模式在生长初期其相互之间浸润好，衬底表面产生二维生长，但是随着厚度的不断提高，应变积累，从而使得表面产生较大应力，致使二维向三维岛状模式进行持续生长。

由于 GaN 与 Si 衬底之间的晶格失配为 16.9%，GaN 在 Si 衬底上的生长模式为 Volmer-Weber 生长模式。生长较厚的 GaN 时，会首先在衬底上形成三维岛状结构，三维岛不断长大，然后相邻的三维岛之间产生合并，最终形成了近似二维的生长模式，但 GaN 晶体表面仍然表现为三维岛的特征。

由于 Si 和 GaN 之间较大的晶格失配，在 Si 衬底上生长的 GaN 薄膜通常具有高的初始位错密度，同时也极易在 GaN 薄膜上产生裂纹，这对于制备高性能器件是很不利的。为了在 Si 衬底上获得高质量的 GaN 薄膜，研究者们采用了横向外延过生长 (epitaxial lateral overgrowth, ELOG)、插入层、低温生长等技术来减少 GaN 薄膜的位错密度。

2.1.3　横向外延过生长

横向外延过生长是一种有效减少 GaN 位错密度的方法，将生长的主要部分由纵向生长转为横向生长，使在横向过生长区缺陷向上延伸的趋势得到抑制，从而降低缺陷密度。该方法在蓝宝石衬底上已得到广泛应用，并显著提升了 GaN 薄膜的晶体质量 [14]。此外，该方法将 Si 衬底图形化为小方块区域，薄膜应力可以通过图案边缘处的弹性弛豫进行释放，并且可以防止裂纹扩展 [13]。图形化衬底技术主要是通过刻蚀沟槽的方法将 Si 衬底分割成小的生长区域，以抑制 GaN 连续薄膜的生长。沟槽的深度及形状对于应力的最小化及裂纹的抑制有至关重要的影响。

横向外延过生长技术需要在 GaN 层的顶部沉积一层掩模层 (通常是 Si_3N_4 或者 SiO_2)，然后采用光刻技术在掩模层的表面形成条形窗口，接着采用化学湿法腐蚀的方法将 GaN 区域暴露出来。将此作为模板转移到 MOCVD 中，采用高压及低 V/Ⅲ 的条件进行 GaN 的再生长，再生长的 GaN 薄膜通常为三角条纹或棱锥状 (取决于窗口形状)。最后，采用高 V/Ⅲ 的生长条件促使 GaN 合并。一方面，通过窗口区域贯穿的位错将会沿着晶面方向弯曲，从而增加了位错湮灭的机会，降低了 GaN 薄膜的位错密度；另一方面，掩模层也阻挡了位错传播到其上区域的 GaN 层，从而使再生长的 GaN 层中的位错密度大幅度降低，如图 2.4 所示。Strittmatter 等 [14] 研究了 Si(111) 衬底上的 GaN 横向外延过生长技术。Feltin 等 [15] 的研究发现，采用一个较大的、周期为 10 μm 的掩模层可获得完全合并的 GaN。通过这个方法，GaN 模板的位错密度可从 $8×10^9$ cm^{-2} 分别降至 $8×10^8$ cm^{-2}(掩模窗口区域) 和 $5×10^7$ cm^{-2}(横向过生长区域)，并且随着 GaN 质量的提升，其光学性能也随之改善。虽然横向外延过生长技术可有效减少 GaN 位错密度，但 Feltin 等在 GaN 的表面却观察到了微裂纹的存在。这表明当采用横向外延过生长技术减少位错时，应力控制将成为主要问题，这并不是一个兼顾位错及应力调控的方法。

Honda 等[16] 通过选区生长 (selective area growth, SAG) 的方法，如图 2.5(a)～(c) 所示，利用 MOCVD 成功在 Si 衬底上制备了厚度为 1.5 μm 无裂纹的 GaN 薄膜。研究表明，随着图形化区域的减小，GaN 薄膜 X 射线摇摆曲线 (XRC)(0002) 取向半高宽由 1130″ 降低至 388″，选区生长法大幅度提升了 GaN 的晶体质量。

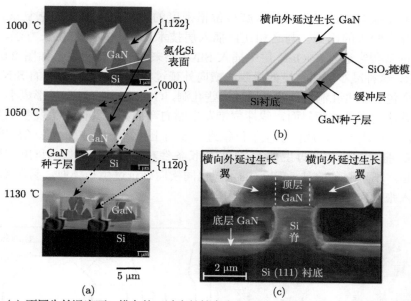

图 2.4 (a) 不同生长温度下，横向外延过生长技术生长 GaN 薄膜 SEM 示意图；(b) 横向外延过生长技术生长 GaN 薄膜示意图；(c) Si 衬底 (111) 面上生长的 GaN 薄膜 SEM 示意图[14]

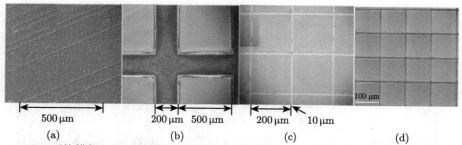

图 2.5 (a) 无掩模版；(b) 间隔宽度为 200 μm 的掩模版；(c) 间隔宽度为 10 μm 的掩模版上生长的 GaN 薄膜[16]；(d) 图形化 Si(111) 衬底上无裂纹 GaN 基 LED 薄膜[17]

　　目前，图案化衬底已经应用于 Si 衬底上的 GaN 基 LED 的制备，并实现了尺寸为 1 mm×1 mm 或更小的无裂纹芯片，如图 2.5(d) 所示，并且无裂纹芯片的 GaN 厚度超过了 4.5 μm[17]。图形化衬底技术虽然能够实现无裂纹 GaN 薄膜的制备，但是会带来额外的衬底加工程序，并且限制了芯片尺寸的大小，同时给芯片制程也带来不便，因此图形化衬底技术不利于 GaN 器件的商业化使用。

2.1.4　插入层技术

　　在上述横向外延过生长技术减少位错密度的过程中，由于工艺复杂，衬底的制备存在较大的困难。与之相比，插入层技术则是一种原位生长方法。最初，Lahreche 等 [18] 通过在 GaN 层中插入 SiN$_x$ 层来减少位错密度，如图 2.6(a) 和 (b) 所示，这种减少位错密度的机制与横向外延过生长技术类似。薄的 SiN$_x$ 层构成了一个包含随机孔洞的掩模，通过这些孔洞，GaN 在其上过生长形成小的多面岛。沿着这些小岛的倾斜面，线性位错发生侧向弯曲并与其他位错发生交互反应而湮灭，并形成半环，从而阻止了位错进一步向上传播 [19]。Kappers 等 [19] 还发现，SiN$_x$ 插入层顶部的再生长 GaN 的生长条件对线性位错降低的程度有显著影响。但是，不可避免的是，SiN$_x$ 插入层也同横向外延过生长类似，易在 GaN 薄膜中引入张应力，如图 2.6(c) 和 (d) 所示。

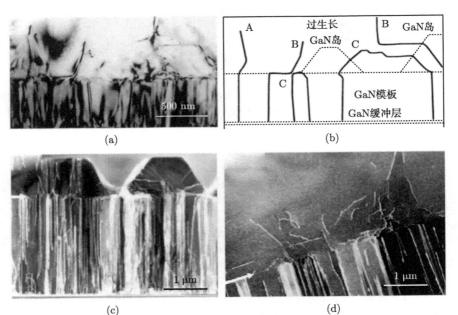

图 2.6　GaN 薄膜的 (a) TEM 图；(b) 缺陷分析图 [18]；(c) SiN$_x$ 插入层顶部的再生长 GaN 薄膜的横截面图；(d) GaN 与 SiN$_x$ 层合并横截面图 [19]

　　为了阻止 GaN 与 Si 之间的回熔刻蚀问题，必须先生长一层不存在 Ga 原子的外延层。Fenwick 等 [20] 采用由原子层级沉积的 Al_2O_3 作为缓冲层，在 Si 衬底上获得了无裂纹的 GaN 基 LED 外延片。Ji 等 [21] 采用粒子束增强真空阴极电弧技术在 Si(100) 面沿 (0002) 方向先沉积 ZnO 缓冲层，再继续在 ZnO 缓冲层上沉积 GaN 薄膜，从而获得了高质量六角对称 GaN，如图 2.7(a) 和 (b) 所示。Komiyama 等 [22] 采用由丙烷退火 Si 衬底所产生的 3C-SiC 作为缓冲层，获得了厚度超过 2 μm 的无裂纹 GaN 薄膜，如图 2.7(c) 和 (d) 所示。该技术的难点是不易成核，即在 600 ℃ 低温成核过程中通入 H_2 会使 SiC 吸附气体而阻止 GaN 成核，但是在纯 N_2 中能够很好地实现低温成核，从而能够生长出完整的 GaN 薄膜。

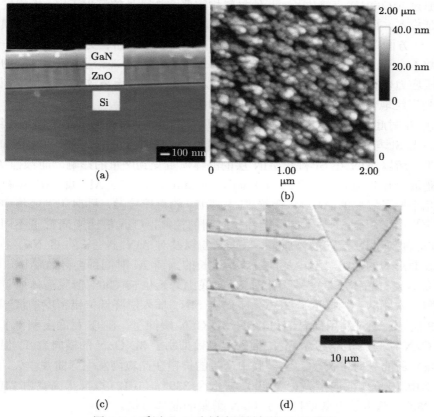

图 2.7　采用 ZnO 为缓冲层制备的 GaN 样品

(a) SEM 横截面图；(b) 原子力显微镜 (AFM) 表面图 [21]；(c) 采用 3C-SiC 为缓冲层制备的 GaN 样品表面无
裂纹；(d) 无缓冲层制备的 GaN 样品表面存在裂纹 [22]

Nishimura 等 [23] 采用 BP 作为缓冲层，成功地在 2 英寸 Si(100) 面上实现了立方相的 GaN 薄膜的生长，并制备出了 LED 和 LD 器件。一方面，BP 与立方相 GaN 晶体之间 0.6% 的晶格失配为外延立方相的 GaN 晶体提供了良好的外延基础。另一方面，采用 BP 作为缓冲层的另一个优势就是，能够采用三乙基硼 (triethylborane) 和三乙基膦 (triethylphosphine) 分别作为 B 和 P 的前驱体在 MOCVD 原位沉积 BP 缓冲层，从而实现在一个反应腔中进行连续的生长。在外延结构上，在 Si 衬底上先生长一层 30~50 nm 厚的低温 BP 层，接着再升高温度，沉积 100 nm 厚的高温 BP 层，最后再沉积 GaN 薄膜。由于 BP 层为立方晶体结构，因此，能够获得立方结构的 GaN 薄膜。

HfN、BP、ZrB$_2$、ScN 等材料 [24] 具有与 GaN 相匹配的晶格常数或热膨胀系数，可以作为缓冲层过渡 Si 与 GaN 之间的晶格失配。但上述材料中除了 BP 可以通过 MOCVD 直接生长，其他材料均需要添加额外的沉积工序，大幅度增加了外延成本。目前，AlN 是较易生长的最适合作为 Si 衬底上外延 GaN 薄膜的缓冲层。一方面，AlN 避免了 Si 与 Ga 之间的回熔刻蚀反应；另一方面，AlN 的晶格常数 ($a = 3.112$) 比 GaN 的晶格常数 ($a = 3.189$) 小，理论上能为 GaN 的生长提供压应力以补偿降温过程中引入的张应力，从而获得无裂纹 GaN 薄膜。因此，AlN 被广泛地作为 Si 衬底上生长 GaN 的缓冲层。

在 Si 衬底上通过 AlN 缓冲层生长高质量的 GaN 薄膜的一个关键是预铺 Al 技术。当 Si 与 NH$_3$ 接触时会反应形成 SiN$_x$ 层；由于 AlN/GaN 在 SiN$_x$ 上成核困难，所以 AlN 在 Si 衬底 AlN 层的晶体质量受到严重的影响。而预铺 Al 技术则是通过预先通入三甲基铝 (trimethyl aluminium, TMAl) 源，在 Si 衬底上沉积几个原子层厚的 Al 层，隔绝 Si 与 NH$_3$ 的直接接触，同时起到成核中心的作用 [25]。而预铺 Al 技术的关键在于时间的控制，Cao 等 [25] 研究了不同的预铺 Al 时间对 AlN 层的晶体质量、表面形貌以及对 AlN 上生长的 GaN 层晶体质量与表面形貌的影响。不论是过短或是过长的预铺 Al 时间都会导致 AlN、GaN 的表面形貌与晶体质量变差。针对 Si 衬底上外延生长 GaN 薄膜晶体质量较差的问题，本团队 [26] 揭示了 3D GaN 结合 SiN$_x$ 插入层降低位错密度的机制，如图 2.8 所示。通过利用高温 (HT)AlN/3D GaN 缓冲层，在 Si 衬底上获得了高质量的 GaN 薄膜。研究发现，SiN$_x$ 插入层有效抑制了 3D GaN 的横向愈合，促进了 3D GaN 岛的纵向生长。GaN 薄膜中产生的位错在晶粒侧发生弯曲并湮灭，GaN 薄膜 XRC(0002) 取向半高宽由 499″ 降低至 339″，($10\bar{1}2$) 取向半高宽由 710″ 降低至 350″，该方法有效地提升了 GaN 薄膜的晶体质量。

除了 AlN 缓冲层外，具有类似晶体结构的 AlGaN 也常被应用到缓冲层结构中。Lin 等 [27] 采用多层高低温交替的 AlN/AlGaN 结构作为缓冲层。首先在 1050 ℃ 下生长一层 AlN 以阻止"回熔刻蚀"，再在 800 ℃ 下生长低温 AlN 层作为成核层，接着在 1050 ℃ 下生长出高质量的 AlN 缓冲层，然后再在其上继续生长 AlGaN 缓冲层作为 AlN 及 GaN 之间的过渡层，如图 2.9(a) 所示。利用这种复杂的多层缓冲层结构，最终在 6 英寸的 Si 衬底上获得了厚度为 0.5 μm 的、无裂纹的 GaN 薄膜。Able 等 [28] 把 Al 组分渐变的 $Al_xGa_{1-x}N$ 缓冲层引入到 AlN/GaN 中，发现这种渐变的 $Al_xGa_{1-x}N$ 缓冲层能够对 GaN 外延层产生更多的压应力，从而抵消降温过程中的张应力，在 Si 衬底上获得了厚度超过 2 μm 的无裂纹薄膜。并且，在渐变缓冲层的生长过程中，晶体中的位错会发生闭合而湮灭，使得 GaN 外延层中的位错密度下降至 2×10^9 cm^{-2}，如图 2.9(b) 和 (c) 所示。

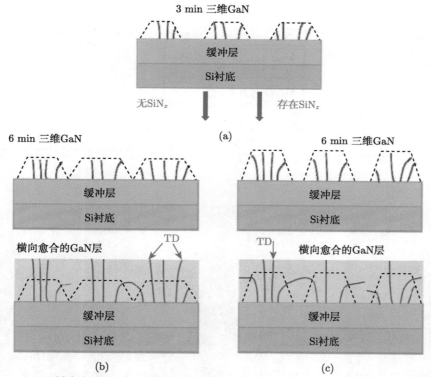

图 2.8　(a) Si 衬底上生长 3 min 后的三维 GaN；(b) 无 SiN_x 插入层生长 6 min 后的三维 GaN 和合并的 GaN；(c) 存在 SiN_x 插入层生长 6 min 后的三维 GaN 和合并的 GaN 的位错示意图 [26]

针对 Si 衬底上外延生长 GaN 薄膜晶体质量较差、所受张应力较大的问题，本团队 [29] 从 Al 组分渐变 AlGaN 结构插入层解决上述问题。采用一种简单的方法设计了简单的 $AlN/Al_{0.24}Ga_{0.76}N$ 缓冲层和 3D GaN 层的外延结构，如图 2.9(d)

和 (e) 所示。一方面，与在 Si 衬底上生长组分渐变的 $Al_xGa_{1-x}N$ 缓冲层相比，
$AlN/Al_{0.24}Ga_{0.76}N$ 缓冲层可以为顶层 GaN 薄膜提供更大的压应力补偿，有效地
缓解了 GaN 薄膜所受的张应力。另一方面，在 $Al_{0.24}Ga_{0.76}N$ 缓冲层上生长的三
维 GaN 层引入了较小的张应力，但其可以有效地促进 GaN 的横向过度生长，有
利于促进位错的湮灭，进而提升 GaN 薄膜晶体质量，GaN 薄膜 XRC(0002) 取
向半高宽由 350″ 降低至 300″，($10\bar{1}2$) 取向半高宽由 460″ 降低至 345″。由此可
见，这一生长方法能够有效改善 Si 衬底上 GaN 薄膜的晶体质量与应力，保证了
Si 衬底上高质量和无裂纹的 GaN 外延薄膜的生长，并在此基础上成功制备了高
效的垂直结构 LED 芯片，内量子效率达到 80.1%，在 350 mA 的工作电流下，光
输出功率为 569 mW。

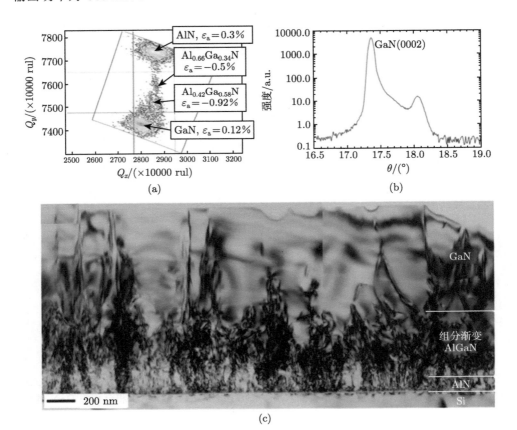

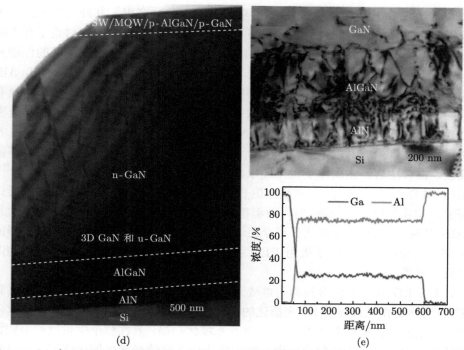

图 2.9   (a) 在 AlN/AlGaN 缓冲层上生长 GaN 的倒易空间点阵图 (reciprocal space mapping,
RSM)[27]；(b) AlGaN 缓冲层上生长 GaN 的 (0002)XRC 半高宽；(c) Al 组分渐变的 AlGaN
缓冲层 TEM 截图 [28]；(d) Si 衬底上生长的 GaN LED TEM 图；(e) GaN/Al$_x$Ga$_{1-x}$N/
AlN/Si 结构和 Al$_x$Ga$_{1-x}$N 层的 EDS 能谱图 [29]

rul 表示毫米分之一

2.1.5   低温生长技术

采用高温外延技术在 Si 衬底上制备 Ⅲ 族氮化物薄膜仍然面临着界面反应、
易产生裂纹等难题。对此，研究者们提出采用 MOCVD 或分子束外延在低温条
件下进行 Ⅲ 族氮化物薄膜的外延生长。但是，生长所得的 Ⅲ 族氮化物薄膜的晶
体质量都很差，因为在低温条件下，反应前驱物缺乏足够的能量，无法在衬底表
面充分迁移，导致容易在薄膜与衬底之间形成界面层，并且产生较多的晶体缺陷。
针对这个问题，研究者们提出了一种适合于低温外延生长的技术——脉冲激光沉
积 (pulsed laser deposition，PLD)。PLD 采用高能激光烧蚀靶材从而产生烧蚀粒
子，这些粒子吸收脉冲激光的能量而具有很高的动能，可以在低温衬底上充分扩
散；同时，PLD 的脉冲沉积模式能使粒子在脉冲的间隔时间内充分迁移到平衡位
置，从而实现低温外延生长，获得具有突变异质结界面的单晶薄膜。

1995 年，Vispute 等 [30] 首次采用 PLD 结合烧结 AlN 陶瓷靶材在 Si(111)

衬底上外延生长出了表面光滑的 AlN 单晶薄膜，并研究出了其外延生长关系为 AlN[0001]//Si[111] 以及 AlN[2$\bar{1}\bar{1}$0]//Si[01$\bar{1}$]。Jagannadham 等 [31] 讨论了在不同温度下 (300～750 ℃) 采用 PLD 技术生长的 Si(111) 衬底上 AlN 薄膜的性能变化，如图 2.10 所示。测试结果表明，随着生长温度从 300 ℃ 提升至 750 ℃，AlN 的晶粒尺寸从 18 nm 增大至 30 nm，并且在较低温度下获得的 AlN 薄膜中具有较大的残余压应力。上述结果证明 AlN 薄膜中的应力状态与 PLD 生长温度有密切联系：当 PLD 中的脉冲激光轰击 AlN 靶材时，可以产生高能羽辉并且向 Si 衬底扩散，逐渐沉积成 AlN 薄膜。但是，当衬底温度较低时，这些前驱物的迁移能力变弱，晶体中容易出现原子错排现象，从而在薄膜中引入压应力。Ohta 等 [32] 对采用 PLD 技术在 Si(111) 衬底上生长的 AlN 薄膜的 Si/AlN 界面结构性质进行研究，结果发现，Si/AlN 的界面粗糙度仅为 0.5 nm，说明由 PLD 外延生长的 AlN 薄膜与 Si 衬底之间几乎不存在 SiN$_x$ 界面层，这与 MOCVD 制备所得的 AlN 薄膜完全不同，证明了采用 PLD 技术在 Si 衬底上外延制备 III 族氮化物薄膜具有优越性。

　　针对 PLD 外延所得薄膜均匀性较差的问题，本团队 [33] 发明了激光光栅辅助 PLD 技术。在生长过程中，光栅化的激光束将会扫描整个靶材半径。通过这种方式，激光束将会在整个 AlN 靶材上进行光栅化扫描，且在整个生长过程中靶材是旋转的。对于半径上的每个区段，我们将应用不同的激光光栅化速率。通过激光光栅辅助 PLD 技术，本团队成功在 2～6 英寸 Si 衬底上生长了厚度不均匀性为 3.6%、表面粗糙度为 1.4 nm、具有突变异质界面的单晶 AlN 薄膜。研究发现，增加适当的 N$_2$ 等离子体压力为前驱体在衬底上的迁移提供了充足的能量，有效降低了生长温度，从而避免了界面反应，提升了薄膜表面的光滑度。此外，通过引入激光光栅技术，有效地设计了入射角和前驱体在衬底上的位置，促使前驱体在衬底上均匀分布，进一步提升了薄膜的均匀性，如图 2.11 所示。由此可见，该生长方法能有效避免高温生长条件中存在的界面反应，同时解决了传统 PLD 方法生长薄膜均匀性较差的问题，为后续高质量 GaN 薄膜的制备奠定了良好的基础。

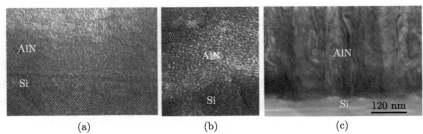

　　　　　　　　　(a)　　　　　　　　　　　(b)　　　　　　　　　　　(c)

图 2.10　采用PLD分别在 (a) 500 ℃、(b) 600 ℃、(c) 750 ℃ 下沉积AlN薄膜的TEM图 [31]

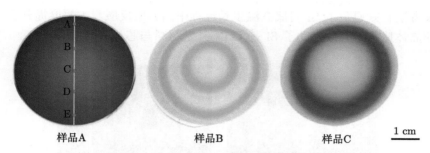

图 2.11 不同光栅设置的 AlN 薄膜的典型照片 [33]

基于已成功采用 PLD 在 Si 衬底上外延生长出 AlN 薄膜，在 Si 衬底上低温外延生长 GaN 薄膜的研究也相继被提出。Oh 等 [34] 采用 PLD 在 Si(111) 衬底上依次生长 AlN 缓冲层及 GaN 薄膜，并对其生长机制进行了阐述。研究发现，采用 PLD 直接在 Si(111) 衬底上生长的 GaN 薄膜具有很差的晶体质量，表现为非晶态。引入一层 AlN 缓冲层后，在其上生长的 GaN 薄膜为单晶，可见，无论是低温外延还是高温外延，AlN 缓冲层对于在 Si 衬底上外延生长高质量 GaN 是一个十分重要的因素。Tong 等 [35] 采用气体放电辅助 PLD 技术，研究了在不同的生长温度和激光能量下外延生长的 GaN 薄膜的性能。测试结果表明，生长所得的 GaN 薄膜具有纤锌矿结构，GaN 的晶体质量随着生长温度的升高而不断提升，这主要是由于较高的生长温度有利于表面原子的运动，并且提高 GaN 薄膜的热稳定性。然而，当生长温度过高时，GaN 薄膜的晶体质量反而下降，这主要是由于在高温下 GaN 表面会发生再蒸发。当激光能量为 220 mJ/脉冲时，外延生长所得 GaN 薄膜的表面粗糙度最小值为 3.3 nm。当激光能量高于或低于 220 mJ/脉冲时，在 GaN 薄膜表面出现了许多大颗粒。这一现象可以由以下两个方面进行解释。一方面，较低的激光能量无法提供充足的动能，前驱物颗粒无法充分地迁移，因此容易在表面形成大颗粒。另一方面，当过高能量的激光轰击靶材时，会产生粒径较大的前驱物，这些大颗粒难以在薄膜表面充分运动，沉积时便容易形成粗糙的薄膜表面。针对上述问题，本团队 [36] 提出了低温 PLD 结合高温 MOCVD 两步生长法，如图 2.12 所示。首先使用 PLD 在 Si 衬底上生长低温 AlN 缓冲层，随后通过 MOCVD 高温生长 AlN 与 GaN 薄膜。研究发现，低温 PLD 中的脉冲激光为 AlN 在 Si 衬底的迁移提供了充足的动能，可以实现 AlN 的低温生长，有效抑制界面层的形成；同时，高能 AlN 前驱体具有较高的表面迁移率，有助于促进外延生长，提高低温 AlN 的质量。高温 MOCVD 促进了 AlN 的二维生长，获得了相对光滑稳定的表面，可用于后续 GaN 薄膜的成核和外延生长。所制备的 GaN 薄膜 (0002)、(10$\bar{1}$2) 的 XRC 半高宽分别为 504″ 与 566″，与未使用低温 AlN 缓冲层的样品相比，混合位错密度下降了 49%。由此可见，这一生长方法有效避免了 Si 衬底高温生长过程中的界面反应，大幅度提升了 GaN 薄膜的晶体质量，有效推动了 Si 基 GaN 外延材料与芯片的研发。

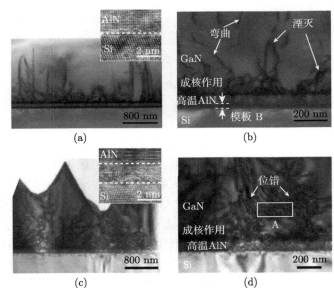

图 2.12　低温 PLD 结合高温 MOCVD 两步生长法生长的外延结构 (a) TEM 亮场图和 (b) TEM 亮场图放大结构图；高温 MOCVD 生长的外延结构 (c) TEM 亮场图和 (d) TEM 亮场图放大结构图；插图分别为 Si 与 AlN 界面的 HRTEM[36]

2.1.6　应力补偿技术

　　上文曾提到过直接外延在单层高温 AlN 缓冲层上的 GaN 薄膜是有裂纹的，应力补偿技术则是采用多层低温 (LT)AlN 缓冲层、AlGaN 插入层或 AlGaN/GaN 超晶格层来进行应力补偿，在生长过程中引入压应力到 GaN 外延层，以补偿降温过程中的张应力。相比较于图形化衬底，应力补偿技术不需要额外的外部工序，它以一种更为简单并且更加经济的方式获得 Si 衬底上的无裂纹 GaN 薄膜。常用的应力补偿技术包括多层低温 AlN 缓冲层技术、AlGaN 插入层技术。

　　(1) 多层低温 AlN 缓冲层。Dadgar 等 [37] 将低温 AlN 应用于 Si 衬底上的无裂纹 GaN 薄膜的外延。当生长在弛豫的 GaN 薄膜上时，低温 AlN 层是弛豫的。而由于 AlN 的面内晶格小于 GaN，生长在弛豫低温 AlN 层顶部的 GaN 薄膜则处于压应力状态。GaN 层的压应力会使 Si 晶圆发生弯曲，如图 2.13(a) 所示。随着低温 AlN 层生长工艺的不断优化，Dadgar 等 [38] 在 2011 年报道了厚度为 14.3 μm 的 Si 衬底上无裂纹 GaN 薄膜，如图 2.13(b) 所示。然而，由于 AlN 和 GaN 之间较大的晶格失配，在低温 AlN 和 GaN 之间的界面处会产生大量的位错，从而导致 GaN 的晶体质量较低。因此，低温 AlN 缓冲层虽然可以获得较厚的无裂纹 GaN 薄膜，但其并不适用于制备对 GaN 晶体质量要求高的 GaN 器件。

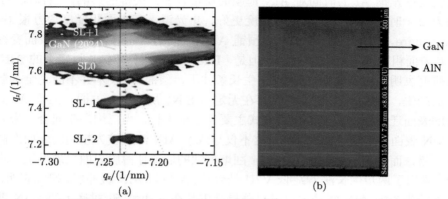

图 2.13　(a) 多层低温 AlN 上生长的 GaN RSM 图 [37]；(b) 多层低温 AlN 上生长的 GaN 横截面图 (白色为插入的低温 AlN)[38]

　　(2) AlGaN 插入层。AlGaN 插入层是生长在高温 AlN 层及 GaN 薄膜之间的插入层，其 Al 组分既可以是步进的，也可以是渐变的。由于 AlGaN 的晶格常数比 AlN 小，这两种结构都能够在生长过程中引入压应力。Zhu 等 [8] 采用原位曲率测量技术对 Si 衬底上 GaN 薄膜的应力演变进行了分析，探究了生长过程中晶圆翘曲的改变以及不同层厚度对翘曲的影响。在生长 AlGaN 插入层及 Si 掺杂的 n-GaN 时，晶圆的曲率逐渐下降，并从凹形逐渐变成了凸形。这表明在生长过程中压应力被持续地引入。通过这种张应力补偿技术，可以在室温下获得 6 英寸 Si 上翘曲小于 80 μm 的平坦晶圆。通过比较两个结构的翘曲差异，我们可以发现 AlN 缓冲层会引入张应力，并且张应力会随着 AlN 厚度的增加而增加，这可能与 AlN 的岛间合并有关。而更厚的 AlGaN 缓冲层能够引入更多的压应力，也因此能够获得更厚的无裂纹 GaN 薄膜。

　　综上所述，我们可知虽然多种技术路线均能实现控制 GaN 裂纹、提升 GaN 晶体质量，但是考虑到对应力及位错控制的兼顾性，AlN/AlGaN 缓冲层技术无疑是获得 Si 衬底上无裂纹高质量 GaN 薄膜的有效方法。采用 AlN/AlGaN 缓冲层技术外延 GaN 同样具有尚未解决的难题。研究者们发现采用 AlN/AlGaN 缓冲层技术在 Si 衬底上外延 GaN 薄膜时，在保持 AlGaN 结构不变的情况下，AlN 的质量 (包括晶体质量和表面形貌) 对于 GaN 薄膜的缺陷及应力控制有着非常关键的影响 [17]。但是，Si 衬底上高质量的 AlN 缓冲层往往难以获得。一方面，为了促进 AlN 的二维生长，AlN 的生长条件往往采用高温来增强 Al 原子的横向迁移，由于在高温下 Si 的氮化，AlN 与 Si 衬底的界面处会形成无定形的界面层，这严重降低了 AlN 薄膜的晶体质量，为了避免 Si 的氮化，Chen 等 [39] 提出了在 AlN 生长前采用预铺 Al 技术来提高 AlN 薄膜的晶体质量，并且，他们的研究发现预铺 Al 的时间对 AlN 薄膜的质量有非常关键的影响，当预铺 Al 的时间为 2 s 时，AlN 的表面愈合程度更好、更光滑，其表面粗糙度均方根 (root mean square，RMS) 为 1 nm，当预铺 Al 的时间为 4 s 时，AlN 的表面变得粗糙，其表面粗糙度 RMS 为 4 nm，但是，Radtke 等 [40,41] 对 Si 衬底上的 AlN 的结构研究表明，在高温 (>1010 ℃) 生长条件下，预铺 Al 技术并不能完全抑制界面层的产生，AlN/Si 界面处仍然存在无定形 SiN_x 层。另一方面，由于 Al 原子较低的表面迁移率，AlN 的生长模式主要为三维生长，当三维岛横向合并未完全时，AlN 表面将呈现黑色孔洞状，这不仅导致了 AlN 薄膜较为粗糙的表面及高的线性位错，而且孔洞可能作为 Si-Ga 回熔刻蚀的通道使薄膜表面出现熔坑。本团队 [42] 采用了两步生长法 (高–低 V/Ⅲ 结合法) 来生长 AlN 缓冲层，研究表明，两步生长法生长的 AlN 缓冲层可以显著提高生长在 4 英寸 Si 衬底上的 GaN 薄膜的结晶质量，并抑制裂纹的形成。首先将 AlN 缓冲层以高 V/Ⅲ 比生长，使 AlN 以三维模式生长，然后将 V/Ⅲ 比降低，促进三维 AlN 岛的愈合，并获得了表面粗糙度为 0.82 nm 的 AlN 缓冲层。与固定高 V/Ⅲ 比下生长的单步 AlN 缓冲层相比，随着 AlN 厚度的增加，两步生长法生长的 AlN 缓冲层的晶体质量和表面形貌显著改善。TEM 结果表明，在 AlN 缓冲层的后半部分，位错密度显著下降，AlN(0002)XRC 的半高宽由 0.93° 下降至 0.72°。此外，拉曼光谱和光学显微镜研究表明，两步生长法对 AlN 缓冲层的改进有助于降低 GaN 薄膜的残余拉应力和裂纹形成，GaN 薄膜的残余应力由 0.507 GPa 降低至 0.298 GPa。该方法为在 Si 衬底上生长高质量低应力的 GaN 薄膜提供了一种有效的方法，有力推动了未来高性能 Si 基 GaN 芯片技术的研发。Oh 等 [34] 采用多层温度结构获得的 AlN 缓冲层的 AlN(0002)XRC 的半高宽值较小，为 890″，但 AlN 表面仍然呈现未愈合完全的孔洞状。粗糙的 AlN 表面将会增大 GaN 层中的晶体错向和位错密度。综上可知，为了获得高质量的 GaN 薄膜，寻求有效方式进一步改善 AlN 缓冲层的晶体质量和表面形貌是非常重要的。

高温 AlN/AlGaN 缓冲层不仅能够为 GaN 的生长过程提供压应力，也能够有效改善 GaN 薄膜的晶体质量。其中，AlGaN 缓冲层作为 AlN 与 GaN 之间的过渡层起到了不可磨灭的作用。Cheng 等 [43] 报道了采用单层低 Al 组分的 AlGaN 插入层获得了 Si 衬底上 2 μm 厚的无裂纹 GaN 薄膜，所获得的薄膜 GaN(0002) 及 (10$\bar{1}$2) 晶面 XRC 的 FWHM 分别为 439″、621″，如图 2.14(a) 所示。Cheng 等 [43] 应用了双层步进 AlGaN 缓冲层获得了无裂纹 GaN 薄膜。Sun 等 [44] 通过一个 1.2 μm 厚的联合步进 AlGaN 及超晶格 AlGaN 缓冲层获得了 4 英寸 Si 衬底上无裂纹 GaN 薄膜，如图 2.14(b) 所示。他们的研究发现，通过优化 AlGaN

超晶格的结构，GaN 薄膜的晶体质量及表面形貌能够得到改善。GaN(0002) 及 (10$\bar{1}$2) 晶面 XRC 的 FWHM 分别从 697″、1163″ 下降至 622″、989″。表面粗糙度 RMS 从 0.27 nm 下降至 0.18 nm。针对 Si 衬底上外延生长 GaN 薄膜应力较大的问题，本团队[45] 在 4 英寸 Si 衬底上设计了 Al 组分渐变的 AlGaN 缓冲层和高温 AlN 层，在此基础上成功生长了 GaN 薄膜，并深入研究了 GaN 层和 AlGaN 层的应力弛豫和位错的演化，如图 2.15(a) 和 (b) 所示。研究发现，由于 AlN、AlGaN 的晶格常数小于 GaN，AlN、AlGaN 对 GaN 薄膜提供弛豫通道释放张应力。随着 AlGaN 层数量的增加，GaN 层的位错密度减小，GaN 薄膜 (0002)、(10$\bar{1}$2) 的 XRC 半高宽分别为 272″ 与 297″。最终，本团队通过使用两步 AlGaN 缓冲层，可以获得应力可控、高晶体质量、表面形貌光滑的 GaN 外延薄

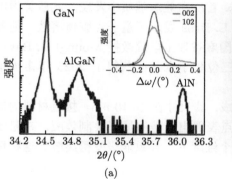
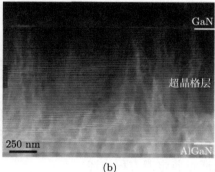

图 2.14　(a) GaN XRD 2θ-ω 曲线[42]；(b) AlGaN 超晶格层的 TEM 截面图[44]

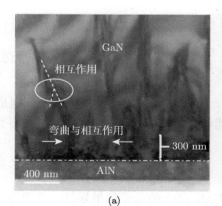
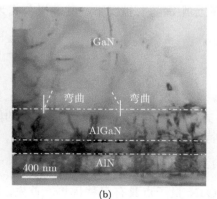

图 2.15　(a) 无 AlGaN 缓冲层的外延结构 TEM 截面图；(b) Al 组分渐变 AlGaN 缓冲层的外延结构 TEM 截面图[45]

膜，并在此基础上成功制备了高性能垂直结构 LED 芯片，在工作电流为 350 mA 时，光输出功率为 592 mW，工作电压为 2.77 V。通过 Al 组分渐变的 AlGaN 缓冲层控制的 GaN 薄膜的位错和应力机制，有效提高了 Si 衬底上生长的 GaN 薄膜质量。

2.2　零维 GaN 量子点的生长技术

2.2.1　Si 基 GaN 量子点的优势及生长难点

量子点 (QD) 作为一种准零维结构，具有很强的量子限制效应，内部能级量子化分裂，电子态密度呈分立的线，所以量子点又被称作 "人造原子"。量子点的相关研究最早可追溯到 20 世纪 90 年代，1981 年，量子点最早由圣彼得堡瓦维洛夫国立光学研究所的 Alexei I. Ekimov 首次在玻璃基质中发现，此后美国电话电报公司 (AT&T) 贝尔实验室的 Louis E. Brus 发现了量子点胶体溶液，他最初将其称为 "小型半导体微晶"。后来，美国麻省理工学院教授 Moungi G. Bawendi 进一步发展了量子点合成领域 [46]。这三位科学家共同获得了 2023 年诺贝尔化学奖。

量子点通常由几百至几千个原子组成，其尺寸在 1~10 nm，接近材料的玻尔激子半径 (Bohr exciton radius)，量子点表现出显著的量子限制效应。在量子点中，电子和空穴的运动被限制在所有三个维度上，导致能级变得离散。这种现象可以通过薛定谔方程描述

$$-\frac{\hbar^2}{2m}\nabla^2\psi + V\left(r\right)\psi = E\psi \tag{2.9}$$

在无限深势阱情况下，其能级公式为

$$E_{n_x,n_y,n_z} = \frac{\hbar^2\pi^2}{2m}\left(\frac{n_x^2}{L_x^2} + \frac{n_y^2}{L_y^2} + \frac{n_z^2}{L_z^2}\right) \tag{2.10}$$

其中，L_x、L_y 和 L_z 是量子点在 x、y、z 方向的尺寸；n_x、n_y 和 n_z 分别是 x、y、z 方向的量子数。这意味着量子点的能级是离散的，而不是连续的，这导致了其独特的电子和光学性质。

1. Si 基 GaN 量子点材料的优势

GaN 量子点具有多种优势。首先，GaN 是一种宽带隙半导体，其带隙约为 3.4 eV，这使得 GaN 量子点在高温和高功率电子芯片中具有显著优势。此外，GaN 的高击穿电场 (约 3 MV/cm) 使其在高功率和高频应用中表现优越。GaN 还具有

高电子迁移率 (约 1000 cm²/(V·s))，这使得 GaN 量子点在高频应用中具有较低的功耗。GaN 量子点还具有高激子束缚能 (20~25 meV)，这使得其在室温下能够有效发光。由于量子点的三维限制效应，其发光效率较高。图 2.16 显示的量子点能级结构图可以形象地说明量子限制效应导致的离散能级。在纳米尺度的量子点体系内，载流子的运动因各向受限而显著局限化，导致原本连续延展的能带结构转型为准离散化的能级排列。此转变促使材料的实际带隙显著拓宽，从而能够释放出具备更高能量且波长更趋短促的光量子，即光子。这一过程深刻体现了量子效应在纳米尺度材料中对光辐射特性的调控作用。

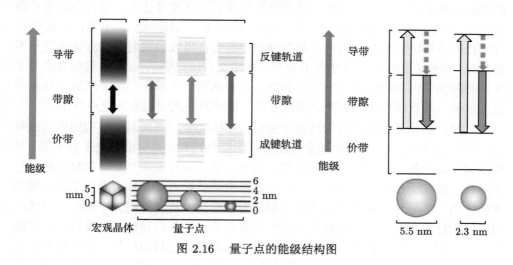

图 2.16 量子点的能级结构图

此外，在 Si 衬底上生长 GaN 量子点具有多方面的优势。首先，Si 衬底相较于传统的蓝宝石或碳化硅衬底成本更低，并且生产技术成熟，能够实现大规模生产，从而降低制造成本。其次，Si 晶圆可以制造成大尺寸 (例如 8 英寸或 12 英寸)，这对于大面积 GaN 芯片的制造非常有利。此外，Si 衬底与现有的半导体制造工艺 (例如 CMOS 工艺) 高度兼容，这意味着可以将 GaN 量子点集成到现有的 Si 基电子芯片和电路中，从而实现异质集成，提高芯片性能和功能，为不同领域的应用提供更大的灵活性。尽管 Si 与 GaN 之间存在较大的晶格失配，但通过应变工程，可以利用 Si 和 GaN 之间的晶格失配调控量子点的应变状态，优化其光电性能。应变能可以用以下公式表示：

$$U = \frac{1}{2}\sigma\epsilon \tag{2.11}$$

其中，σ 是应力；ϵ 是应变。

2. Si 基 GaN 量子点材料的生长难点

虽然 Si 衬底上生长 GaN 量子点有以上优势，但目前相关报道并不多，生长技术上仍然面临一些挑战，如生长过程中量子点晶体质量不均、与衬底晶格不匹配、表面态较多、易自聚集等 [47,48]。因此，研究人员一直在努力寻找新的技术和方法来克服这些挑战，以更好地实现 Si 衬底上的高质量 GaN 量子点的生长。

1) 晶体质量分布不均

由于生长过程的随机性，Si 衬底上 GaN 量子点生长过程中会形成大小不均的倒装结构和位置分散，这种不均匀性使得生长工艺难度加大。这种不均匀性涉及尺寸、形状、分布等因素，会导致生长的 GaN 量子点晶体质量不均，形成 GaN 量子点的晶格缺陷或晶体结构不均匀分布，进而在吸收和发射光谱方面表现出不均匀性，导致它们的光学性能存在差异，如图 2.17(a) 所示，这种不均匀性会对半导体芯片的性能和稳定性产生重要影响。高缺陷密度区域会导致非辐射性复合和电子散射，从而降低电子和光子的迁移性，影响材料的导电性和光电性能。

同时，晶体质量的不均匀性也可能引起晶格畸变，例如晶体结构的微扰或畸变，如图 2.17(b) 所示。这些畸变可能会影响能带结构、光学谱和电子态密度，导致不同区域的材料表现出不同的光学和电学性质，并将影响半导体材料的稳定性和寿命。在光子的捕获方面，一些光子难以被捕获和引导，从而削弱了光电探测器的性能。半导体材料中的光子将受到散射或捕获，从而影响光学性能，导致不同区域的材料在吸收、发射或荧光性质上存在差异，从而导致芯片性能、寿命的削弱。要解决晶体质量不均匀性，可开展生长和制备过程的优化，通过控制生长参数、制备条件和材料质量，可以降低晶格缺陷和畸变的产生。此外，后处理方法如退火、去除晶格缺陷或外部修饰也可以用于改善晶体质量。在材料选择上，选择具有较好晶体质量的半导体材料系统，也可以降低不均匀性的影响。

2) 晶格不匹配

在 GaN 量子点的生长过程中，晶格不匹配和晶格缺陷是在生长过程中使用的材料之间存在晶格常数不匹配引起的。Si 基 GaN 量子点是将 GaN 在 Si 衬底上异质外延生长，由于这些材料的晶格常数与 GaN 不完全匹配，因此会引入晶格不匹配问题，如图 2.17(c) 所示。这种不匹配可能会导致在 GaN 量子点生长过程中引入应力，从而影响了晶体质量和量子点的能带结构和光学性质，包括吸收和发射光谱，导致量子点发光波长的变化以及辐射和非辐射性复合过程的增加，这些因素都会对量子点的应用产生负面影响。

3) 表面态及氧化问题

表面态是指 Si 基 GaN 量子点的表面出现的非晶态能级或电子态，通常与表面的化学状态和原子排列有关，与材料的内部晶格态有明显差异。这些表面态可与量子点中的电子和空穴发生相互作用，导致非辐射性复合，这意味着电子和空穴不会通过辐射过程发射光子，而是通过非辐射途径失去能量，导致量子点的发光效率下降。此外，氧化也是半导体量子点在空气中或潮湿环境中暴露时的常见问题，可导致表面的氧化层形成，改变表面态和电子态密度，并降低量子点的光学性能，甚至导致量子点的退化，从而缩短芯片的寿命。要降低表面态及氧化对芯片带来的不利影响，可通过对量子点表面进行功能化或修饰，包括添加有机分子、金属氧化物或其他表面修饰剂，目前采用得比较多的是金属氧化物，如 Velazquez-Rizo 等 [51] 成功采用 NiO 颗粒对 GaN 的表面态进行钝化。该研究表明，这些表面态是由表面 Ga 原子的电子结合产生的，并且这些原子与 NiO 的相互作用改变了它的化学结构，从而使表面态降低，光电流响应大幅提升，如图 2.17(d) 所示。

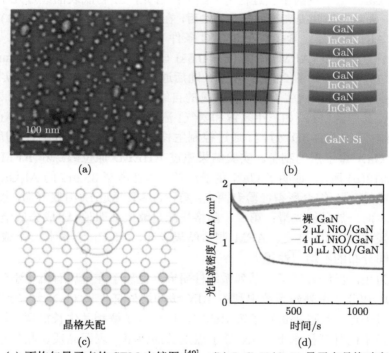

图 2.17　(a) 不均匀量子点的 SEM 电镜图 [49]；(b) InGaN/GaN 量子点晶格畸变示意图[50]；(c) GaN 量子点处晶格失配示意图；(d) 零偏压下裸 GaN 和 NiO/GaN 电极的光电流响应对比 [51]

2.2.2　缓冲层生长技术

为了解决上述提到的量子点生长问题，学者们研发了缓冲层生长技术。缓冲层生长技术是指在制备晶体或薄膜时，在晶体衬底和所生长材料之间插入一个缓冲层，以解决晶格不匹配或热膨胀系数不匹配问题的材料生长技术。生长 GaN 量子点的缓冲层是在 GaN 量子点生长之前，为了提供一个适合 GaN 量子点生长的表面。缓冲层的设计是为了解决晶格不匹配和应力问题，以确保 GaN 量子点生长的质量和稳定性。

采用缓冲层技术在 Si 衬底上生长 GaN 量子点常使用 AlN 和高 Al 含量的 AlGaN 薄膜作为缓冲层，因为它们具有与 GaN 基底相似的晶格参数和热膨胀系数。这种薄膜中的位错密度通常高于 10^{10} cm^{-2}，它们的存在会影响量子点的成核和物理性质。先前的研究表明，GaN 量子点的成核受到周围边缘位错引起的应变场的影响；尽管量子点能有效限制载流子，但位错也可能导致其物理性质受到不利影响。

Si 基 GaN 量子点的生长过程 [52] 如下：首先，Si 衬底表面经过几个周期的高温退火，去除杂质并提高表面质量。然后，在 900 ℃ 条件下，在 Si(111) 上生长 15 nm 的 AlN 缓冲层，紧接着在 830 ℃ 条件下生长 20 nm 厚的 Al$_x$Ga$_{1-x}$N 层，对应的原子力显微镜 (AFM) 图像 ($x = 0.55$) 显示出其表面粗糙度为 0.3nm，且能明显区分边界特征，如图 2.18(a) 所示。随后通过改进的 S-K 生长过程实现 GaN 量子点的生长 (S-K 模式生长是一种常见的自组织生长法，将在随后的 2.2.4 节中详细介绍)，其中源材料 (如三甲基镓和氨气) 流在适当的温度和压力下停止，以促使发生二维–三维 (2D-3D) 过渡。通过控制生长条件和参数，研究实现了所需尺寸和密度的 GaN 量子点的制备。实验结果通过 RHEED 原位跟踪和 AFM 观察确认，如图 2.18(b) 所示，证明了 GaN 量子点是可以在薄至 35 nm 的 Al(Ga)N/AlN 薄膜上形成的 [53]。综合所得经验有两点：第一，尽管靠近 Si 衬底界面，极薄 AlN 外延膜的表面仍然足够光滑；第二，晶格失配足够大，即使 Al 成分低至 50% 也可以诱导发生 2D-3D 转变。AFM 测量结果表明，Al$_x$Ga$_{1-x}$N 层 Al 成分越高，量子点空间分布的不均匀性越大。

迄今为止，已经开展了一系列系统性研究，比较了在金属有机化学气相沉积 (MOCVD) 和分子束外延系统中利用 AlN 缓冲层外延生长 GaN 量子点的工艺。同时，对量子点生长过程进行了模拟研究，以深入了解相关生长机理。这些研究致力于探讨不同外延技术下 GaN 量子点生长的效率、表面品质、晶体结构、尺寸分布、密度等关键参数的差异。2006 年，M. Benaissa 等 [54] 发现在 Si(111) 衬底上生长的 AlN 外延薄膜非常适合生长 GaN 量子点，并解释了 Si 衬底的取向偏差如何影响氮化铝层的形态和取向，从而影响 GaN 量子点质量。根据横截面样品的选区电子衍射显示，Si(111) 轴和 AlN(0001) 轴之间存在 2.5° 的定向偏差，如图 2.18(c) 所示。这种 AlN 生长轴倾斜是使用邻近 Si(111) 衬底的第一个后果。从图 2.18(d) 的 AFM 图像中可以看到 AlN(0001) 的表面形态，它由宽度为 150~250 nm 的阶梯组成，阶梯被沿 (11$\bar{2}$0) 方向排列的大台阶隔开。沿着大台阶的边缘,会形成大的 (≈ 20 nm) 量子点,这些量子点有凝聚的趋势。在台阶上,量子点的尺寸较小 (6~10 nm),且分布不规则。在图 2.18(e) 的 TEM 横截面图像上,AlN 表面的大台阶也清晰可见。阶梯的高度已得到确认,大台阶的高度估计为 8~12 nm。Bardoux 等 [55] 在 2007 年通过分子束外延系统在 Si(111) 基底上的 AlN 外延层上沿 (0001) 轴生长了六边形 GaN 量子点,其量子点密度介于 $10^8 \sim 10^{11}$ cm^{-2}。

然而,考虑到 AlN 掺杂的挑战性,采用 AlN 缓冲层外延生长 GaN 量子点以制备芯片存在多重挑战。因此,人们也在探索 AlGaN 模板上生长 GaN 量子点的方法。2004 年,东京大学 Hoshino 等 [56] 在 Al$_{0.74}$Ga$_{0.26}$N 模板上采用 S-K 方法获得了 GaN 量子点。2007 年,Hori 等 [58] 利用 AlN 模板上 AlGaN 的延迟应变弛豫,在 Al 含量低至 34% 的 AlGaN 层上采用 S-K 方法生长 GaN 量子点,并对面内晶格常数的变化实时监测。结果表明,GaN 量子点的生长不仅取决于面内晶格失配,还取决于底层的化学成分。Hori 等利用原子力显微镜研究了氮化镓量子点的形态特征。在铝含量为 80% 时,量子点的尺寸分布由双峰变为单峰。随着 AlGaN 层 Al 含量的降低,单模量子点的纵横比减小,这与界面能的降低补偿了弹性松弛的减少是一致的。2020 年,Debabrata Das 等 [57] 在 GaN 纳米线缓冲层上外延生长并表征了 In$_{0.32}$Ga$_{0.68}$N/GaN 量子点,该缓冲层是通过在 (001)Si 衬底上聚结 GaN 纳米线阵列形成的,如图 2.18(f) 和 (g) 所示。生长后的 GaN 量子点具有立方晶体结构,位错密度较低,但存在大量堆叠断层。实验证明,通过适当的原位退火,可以消除堆叠断层,恢复纤锌矿晶体结构,并且通过在凝聚 GaN 模板上生长了 InGaN/GaN 自组织量子点,验证了该凝聚 GaN 模板用作芯片同源外延衬底的可能性。这些量子点的室温光致发光 (PL) 强度与在蓝宝石基氮化镓模板上生长的相同量子点的强度处于同一数量级。

总体而言,缓冲层生长 GaN 量子点具有一些优点和缺点。缓冲层生长 GaN 量子点的优点包括如下几点。① 晶格匹配。缓冲层可以提供与 Si 基底相似的晶格参数,从而减轻晶格不匹配带来的压力和应变,有助于提高 GaN 量子点的结晶质量和稳定性。② 表面平整度。通过生长缓冲层,可以改善 Si 基底的表面质量,并提供一个更平整的表面,从而有利于量子点的均匀生长和控制。③ 界面扩散抑制。缓冲层可以通过提供一个物理势垒来抑制杂质和原子扩散,减少缺陷的形成,从而改善 GaN 量子点的结构和性能。然而,在此生长过程所带来的一些劣势如下。① 附加工艺步骤。生长缓冲层需要额外的工艺步骤和材料,这增加了生长过程的复杂性和成本。② 杂质引入。在生长缓冲层过程中,由于外界条件和沉积杂质的存在,可能会引入一些杂质,对 GaN 量子点的质量和性能产生负面影响。

综上所述,缓冲层生长 GaN 量子点在提高晶格匹配、表面平整度和界面扩散抑制方面具有优势。然而,它也面临附加工艺步骤、外延层匹配和杂质引入等

方面的挑战。针对具体的应用需求和技术条件，需要综合考虑这些因素来决定是
否采用缓冲层生长 GaN 量子点。

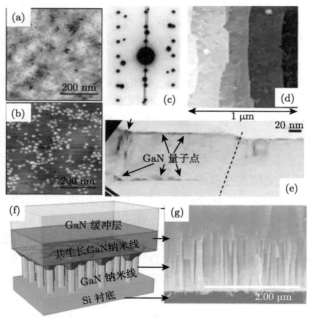

图 2.18　(a) 利用氮化物和 Si 衬底间高刻蚀选择性制备 (Al,Ga)N 的 SEM 图像 [52]；(b) AlN 缓冲层上 20 nm 厚的 Al$_{0.55}$Ga$_{0.45}$N 层的 AFM 图像 [53]；(c) 缓冲层上的 GaN 量子点沿 Si 的选定区域衍射图和 AlN 带轴显示 Si(111) 和 AlN(0001) 方向之间的 2.5° 倾斜 [54]；(d) AlN 表面的宏观步长，表面上的 GaN 量子点分布 AFM 图像 [55]；(e) 表面和埋藏的量子点横截面 TEM[56]；(f) 带有氮化镓缓冲层的芯片示意图 [57]；(g) (001)Si 衬底上生长 GaN 纳米线的 SEM 图像 [58]

2.2.3　自组织生长技术

　　除却缓冲层生长 GaN 量子点的方式以外，自组织生长技术也是一种行之有效的解决方案。Si 基 GaN 量子点自组织生长法是一种先进的纳米材料制备技术，通过控制化学反应条件和材料的自组织性质，实现高度有序的量子点阵列的生长。自组织生长中主要的方法有 S-K 模式生长 [59] 以及液滴外延法 (droplet epitaxy method)。

　　S-K 模式生长是由 Stranski 和 Krastanow 所提出的材料外延生长的一种生长模式，即当沉积材料的表面能与衬底材料的表面能相差不大时，生长模式处于二维层状生长和三维岛状生长的中间状态，生长过程中，每一层上都是先为二维层状生长模式，再进行三维岛状生长，也称 2D-3D 模式。在早期时，由于生长技

术的不成熟，这一原理通常的使用方法为：在 Al(Ga)N 衬底上生长 GaN 时，引入 Si 源作为反表面活性剂，通过形成 Si—N 键来促进 GaN 量子点生长模式的转变。由于这种方向需要用 Si 源进行表面处理，在没有开发出适合的表面活性剂的情况下，并不适合用于 Si 衬底上的 GaN 量子点生长。

通过深入研究 S-K 生长原理可以发现，其生长过程的转变与应变松弛有关，应变松弛支配着生长方式。根据弹性松弛和塑性松弛之间的相互作用可以得知，存在着三种生长模式，即 Frank-van der Merve、Volmer-Weber 和 S-K 模式。其中，Frank-van der Merve 模式对应于二维逐层生长模式，Volmer-Weber 模式对应于三维生长模式，S-K 模式对应于少量单层的二维生长模式，然后形成三维岛。前面提到的 GaN 基量子点的一种常见 S-K 模式生长方法是 Si 反表面活性剂法，通过引入活性剂改变薄膜材料表面的自由能，诱导从二维浸润层转变为三维量子点生长[60]。因此，为了进一步开发 GaN 量子点的生长工艺，目前另一种主流的基于 S-K 原理生长 GaN 量子点的方法是：直接利用衬底和所生长材料之间的晶格失配，在完成几个原子层厚度即浸润层的生长后，由应力迫使薄膜从二维生长转向三维岛状生长[61,62]。

GaN 量子点自组织生长的原理类似于 Leonard 等[63] 提出的 InAs/GaAs 量子点系统的生长原理。在 InAs/GaAs 量子点体系中，铟层的生长被认为是通过铟原子向台阶边缘移动而发生的，因此在接近 1.7 单层量子点 (ML) 的中间，InAs 只产生自组装量子点 (self-assemble dot，SAD)。这些 SAD 经过 TEM 研究被证实为无缺陷的假晶，呈岛屿状分布。岛屿平均面积的轻微缩小与覆盖范围内的 SAD 密度的增加有关。SAD 的大小和形状对 InAs 覆盖率增加有一定的影响。他们通过研究总结出了 SAD 密度和 InAs 覆盖率的关系，得到了如下公式[63]：

$$\rho_{\text{SAD}} = \rho_0(\sigma - \sigma_{\text{c}})^{\alpha} \tag{2.12}$$

其中，ρ_{SAD} 表示 SAD 的密度；σ 表示估计的 InAs 覆盖率；σ_{c} 表示临界覆盖率，指数 α 根据实际情况拟合得到。

基于这一方法，目前学者们已经在多种异质衬底上实现了 GaN 量子点的生长[63-66]。2002 年，Krost 等[65] 通过在 Si 衬底上生长一层 AlN 薄膜，并以此来进行应力调节，实现了 GaN 量子点的异质外延生长，并对这些量子点的微光致发光光谱进行了研究。

液滴外延生长方法的生长过程示意图如图 2.19 所示，先单独通入金属源，通过控制生长条件，有机金属源历经分解、成核、表面迁移、液滴长大等动力学过程在衬底上形成金属液滴，再通入氮源，形成量子点结构。该方法可以通过控制液滴的密度来控制量子点的密度，既不需要晶格失配的存在，也不需要额外的表面活性剂，但这种方法得到的量子点晶体质量较差，制备的芯片性能有待提高。

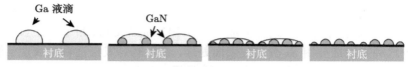

图 2.19　液滴外延生长原理示意图

关于液滴生长法的机理，一直有所争议。Wang 等 [67] 和 Gherasimova 等 [68] 在发表的文章中认为，液滴法量子点的外延生长机理类似于液相外延，即当对 Ga 液滴进行氮化时，GaN 晶体沿着衬底和液滴的界面进行生长。而 Debnath 等 [69] 提出了一个表面扩散驱动的理论，他们认为，Ga 原子从 Ga 液滴中扩散出来，并与 N 原子进行反应，从而在表面上形成量子点。最终，Kawamura 等 [70] 提出了一个认可度较高的理论，他们认为 N 原子沿着表面向液滴边缘扩散，并在临界位置生长，从而形成量子点。

Lu 等 [71] 通过第一性原理的计算表明，N 几乎是不动的，而 Ga 具有相对较高的表面扩散率，与初始表面结构和化学无关。在此基础上，他们提出了液滴和量子点尺寸分布对温度和衬底的依赖性，并报道了两种由 Ga 表面扩散介导的竞争机制，即在已有的 Ga 液滴处或远离已有的 Ga 液滴处形成量子点。我们还报道了锌闪锌矿和纤锌矿多型 GaN 的形成，并讨论了在不同基质上成核和粗化优势生长的相对作用。这些机制为广泛的 III-V 族半导体量子点提供了定制量子点尺寸和多型分布的机会。在计算中，Ga 和 N 在二氧化硅和 Si 表面的扩散势垒是用广义梯度近似 (generalized-gradient approximation, GGA) 中的密度泛函理论 (density functional theory, DFT) 第一性原理计算确定的。在所有情况下，预测 N 的扩散活化能 (扩散势垒) 明显高于 Ga。在二氧化硅表面，N 和 Ga 的扩散势垒分别为 4.3 eV 和 0.32 eV。同样，对于 Si(001) 表面，计算得到的扩散势垒为 N 的 2.64 eV 和 Ga 的 0.38 eV。最后，在 Si(111) 表面上，N 的扩散势垒为 3.44 eV，Ga 的扩散势垒为 0.41 eV。因此，Ga 有望在二氧化硅和 Si 表面迅速扩散，而 N 原子在所有这些表面上几乎是不移动的。在二氧化硅初始氮化过程中，图 2.20(d) 中条纹状的反射高能电子衍射 (reflected high energy electron diffraction, RHEED) 模式与图 2.20(a) 表面制备后观察到的模式相似，表明氮表面覆盖不完全。在 Ga 的沉积过程中，模糊条纹的 RHEED 模式，其下的条纹对应于 1×1 Si(001)，如图 2.20(g)，表明形成了 Ga 液滴，而不是完整的 Ga 表面覆盖。在二氧化硅表面的最终氮化过程中，如图 2.20(j) 所示，RHEED 图案转变为同心圆，包含纤锌矿 (WZ) 和闪锌矿 (ZB) GaN 反射，表明图 2.20(d) 中所示的 SiO$_2$ 表面 N 的不完全覆盖导致了 Ga 液滴转化为多个晶型或晶向的 GaN 晶体。

2007 年，Maruyama 等 [72] 运用液滴外延法原理，在分子束外延生长过程中，NH$_3$ 氛围下进行退火，也得到了 GaN 量子点，他们研究发现当生长温度从

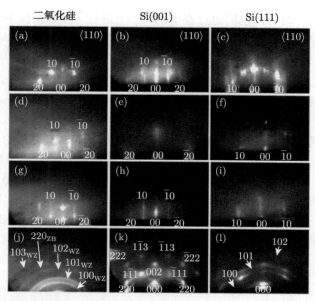

图 2.20 沿 [110] 轴收集的二氧化硅 [(a)、(d)、(g)、(j)], Si(001)[(b)、(e)、(h)、(k)] 和 Si(111)[(c)、(f)、(i)、(l)] 表面的反射高能电子衍射图案。第一行中，在表面制备之后，从 (a) 二氧化硅、(b)Si(001) 和 (c)Si(111) 表面衍射的条纹图案是明显的。第二行，在第一步氮化过程中，(d) 二氧化硅上的条纹图案表明氮表面覆盖不完全。(e)Si(001) 和 (f)Si(111) 上的弥散模式表明在 Ga 沉积过程中，(g) 二氧化硅 (h)Si(001) 和 (i)Si(111) 上的反射高能电子衍射模式显示了 Ga 液滴的形成。第四行，在最后的氮化步骤中，反射高能电子衍射模式显示了 (j) 多晶二氧化硅上生长的 GaN，(k) Si(001) 上生长的闪锌矿 GaN，(l) Si(111) 上生长的纤锌矿 GaN[73]

390 ℃ 升高到 700 ℃ 时，可以观察到点尺寸增大和点密度下降，这似乎是由 Ga 原子的迁移和蒸发引起的。相比之下，在 520 ℃ 下生长的样品在 700 ℃ 氨气气氛下生长后退火的效果显著增加了点密度，减小了点尺寸，改善了生长点的氮化程度。Maruyama 等讨论了氨气液滴外延生长氮化镓点的机理，并证明了在氨气气氛下生长后退火的有效性。2011 年，Erenburg 等 [73] 利用扩展 X 射线吸收精细结构 (extended X-ray absorpti on fine structure，EXAFS) 光谱研究了含有 Ge/Si、GaN/AlN 和 InAs/AlAs(分别在 Si、AlN 和 AlAs 基体中的 Ge、GaN 和 InAs 量子点) 多层异质结构样品的微观结构，建立了 Si(或 AlN) 势垒层的有效厚度、夹层中 Ge(或 GaN) 层的数量和退火温度等参数对 Ge(或 GaN) 团簇的大小和形状及量子点三维有序度形成的影响，研究表明外延生长过程中岛屿的形成是由于异质外延过程中产生了弹性应变，这导致 Ge、GaN 和 InAs 层分别在 Si、AlN 和 AlAs 层上发生自发形态转变，通过 Si/Ge 外延的研究，得到了通过量子点实现均匀体系的方法，随后，他们通过在 Si(100) 上进行 GaN/AlN 异质界面的外延生长制备了 GaN 量子点，并将不同尺寸 GaN 量子点的 EXAFS 与 GaN 晶体的 EXAFS 图谱进行了对比研究。

2017 年，Qi 等 [74] 通过在衬底上生长 AlN 缓冲层实现了 GaN 量子点的生长，研究了 NH$_3$/H$_2$、NH$_3$/N$_2$ 环境下高温后生长退火 (post-growth annealing, PGA) 对液滴外延生长 GaN/AlN 量子点形貌和氮化程度的影响。PGA 是一种在外延生长或薄膜沉积之后进行的热处理工艺，旨在改善材料的晶体质量和物理性能。该工艺广泛应用于半导体制造、光电芯片和纳米材料领域。结果表明，GaN 量子点的大小和密度随环境的变化而变化，NH$_3$/N$_2$ 环境是维持最佳量子点形态的必要条件，可以抑制 Ga 原子的迁移和蒸发，防止 GaN 的分解。此外，PGA 工艺可以有效地增强 GaN 量子点的氮化和结晶，并且在 NH$_3$/N$_2$ 气氛下退火后的光致发光性能得到了有效改善。生长得到的 GaN 量子点形貌如图 2.21 所示 [74]。

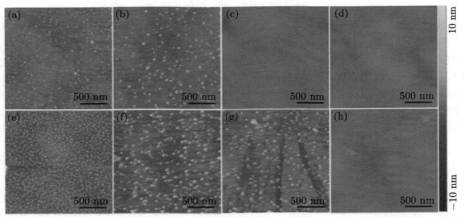

图 2.21　(a) 700 ℃；(b) 750 ℃；(c) 800 ℃ NH$_3$/H$_2$ 环境下退火 GaN 量子点的 AFM 图像；(d) 850 ℃ 和 (e) 750 ℃ NH$_3$/H$_2$ 环境下退火的 GaN 量子点；(f) 800 ℃；(g) 850 ℃；(h) 900 ℃，扫描区域 2 μm×2 μm，所有图像的高度尺度为 20 nm[74]

2.2.4   选区生长技术

前述的 GaN 量子点生长技术解决了一部分晶格匹配的问题，但量子点仍然是无规律排列以及尺寸不均匀的问题尚未解决，这些因素在量子点光电芯片应用中会产生很大影响，如降低光吸收率，提高对温度的敏感度等。当前制备 Ⅲ 族氮化物量子点的主要方法还是基于 S-K 模式的自组装方法以及液滴外延方法，但这种方法较难生长出尺寸均一且排列规整的量子点阵列。为了避免这些缺陷，引入新的量子点生长方法势在必行。选区生长技术是一种通过模板限定生长区域的技术，它通过制备出具有特定形状和尺寸的掩模版，将所需生长的材料局限在模板定义的区域内。在量子点的生长中，可以利用这种技术在特定的模板区域进行量子点的生长，从而实现量子点的有序排列和控制生长。

利用嵌段共聚物自组装形成模板是一种方便有效的方法，如图 2.22(a) 所示。该方法通过在 Si 衬底上利用等离子增强化学气相沉积 (PECVD) 外延技术淀积一层介质薄膜材料，然后将聚苯乙烯 (PS) 和聚甲基丙烯酸甲酯 (PMMA) 嵌段共聚物 (blockcopolymer) 涂刷至介质薄膜表面。由于嵌段共聚物在选择性溶剂中产生自组装行为，分子在共聚物中聚集并形成了六角形核状，利用臭氧腐蚀使得分子之间的 C=C 双键断裂，清洗后获得纳米柱图形，之后采用反应离子刻蚀法刻去图形中的层，将去除后留下的纳米图形转移至衬底表面，最后清洗掉表面的层，

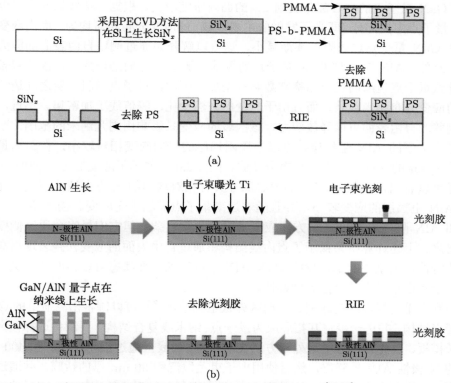

图 2.22 (a) 采用嵌段共聚物光刻方法制备纳米尺寸模板的过程 [75,76]；(b)GaN/AlN 量子点–纳米线复合结构制备过程示意图 [77]

得到所需的六角形纳米孔模板，随后通过 MOCVD 进行 GaN 量子点的生长，就可以获得尺寸分布均匀的 GaN 量子点 [75−77]。

利用这种方法使用带有极性的衬底配合上选区外延生长技术，可以制备出高质量的 GaN 量子点结构，并可进一步将其拓展成为点–线结构，如图 2.22(b) 所示。为了制备选择性区域生长模板，首先使用分子束外延或者 MOCVD 的方法在 Si(111) 衬底上通过铝化过程沉积一定厚度的 N 极性 AlN 外延层，使用电子束蒸发沉积钛膜，并通过电子束光刻进行图案化处理，再使用 SF$_6$ 反应离子刻蚀形成一定直径的掩模版开孔。去除残余光刻胶后，将生长模板引入分子束外延系统中进行外延薄膜的生长，并暴露于活性氮通量中最终形成可以抑制掩模版脱附的 Ti$_x$N$_y$ 层。Deng 等 [77] 使用该方式外延生长了 GaN 量子点，并对其进行了研究，图 2.23(a)~(c) 为该方法下的应力模拟计算结果，图 2.23(a) 为盘状量子点结构模型，图 2.23(b)、(c) 中的黑色实线是张量分量的等值线。如图 2.23(b) 所示，GaN 量子点的中心部分受到 2% 的面内压缩应变。根据等值线的密度可以看出，量子点中央部分 (即光子发射的主要区域) 的应变分布相对均匀。面内应变分量在 GaN 量子点边缘附近逐渐减小，这可以解释为通过侧壁自由表面的应力松弛。此外，AlN 势垒对 GaN 量子点的侧壁施加了 z 方向的压应力，因此双轴应力导致量子点边缘的径向晶格常数略有增加。因此，量子点与阻挡层之间边缘界面的应变分布相当复杂，而且由于应变的突然变化，等值线更加密集。不过，由于侧壁的自由表面可以释放应力，该区域的应变只影响周围几纳米的范围。至于量子点上下的 AlN 阻挡层，可以发现阻挡层的径向应变相对较小，在距离量子点约 8 nm 的区域，应力几乎完全释放。图 2.23(c) 展示了应变沿 z 方向的分布。同样可以看出，GaN 量子点的中心部分具有相对均匀的 z 方向拉伸应变，而上下 AlN 阻挡层的应变较小，并且随着远离量子点而趋于无应变。GaN 量子点边缘和 AlN 阻挡层之间的 z 方向应变情况也非常复杂，但它们最终会通过侧壁释放出来。上述计算结果揭示了点内线结构将通过自由表面的应变松弛表现出高质量的特性，更重要的是，盘状 GaN/AlN 点内线的应变状态可以很好地定义，这有利于实现量子点的可控光学特性。

利用带有极性的衬底配合上选区外延生长技术 [77]，可以制备出高质量的 GaN 量子点结构，并进一步将其拓展成为量子点–纳米线复合结构。要制备选择性区域生长模板，首先使用分子束外延方法在 Si(111) 衬底上通过铝化过程沉积 400 nm 厚的 N 极性 AlN 外延层，然后使用电子束蒸发沉积 30 nm 厚的钛膜，并通过电子束光刻进行图案化处理，再使用 SF$_6$ 反应离子刻蚀形成约 100 nm 直径的掩模版开孔。去除残余光刻胶后，将生长模板引入分子束外延系统中，在 500 ℃ 下脱气，并暴露于活性氮通量中最终形成可以抑制掩模版脱附的 Ti$_x$N$_y$ 层。

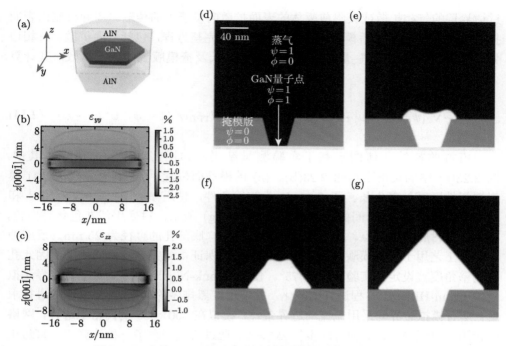

图 2.23 盘状 GaN 量子点附近应力分布的计算模型和结果

(a) GaN 量子点嵌入 AlN 势垒的示意图，张量分量的等高线显示在 y-z 平面上的 (b) ε_{yy} 和 (c) ε_{zz}；(d) 初始
条件；(e) $t = 120000$ s，(f) $t = 200000$ s，(g) $t = 314000$ s[78]

为了更系统地研究选取生长，Aagesen 等 [78] 使用平滑边界法 (SBM) 开发
了一种随取向生长速度变化的相场模。在量子点、蒸气和掩模版之间的三相边界，
量子点与掩模版的接触角为 θ，由各相之间的界面张力平衡决定。可以修改相场
模型，以便使用平滑边界法强化接触角边界条件。掩模版的位置用一个域参数来
表示。该参数在掩模版处为 0，在系统的其余部分为 1，并在 0 和 1 之间平滑变
化，类似于阶次参数 φ。然后用 ψ、ϕ 的不同数值来区分三相，$\psi = 0$ 且 $\phi = 0$
为掩模版侧；$\psi = 1$ 且 $\phi = 0$ 为蒸气侧；$\psi = 1$ 且 $\phi = 1$ 为量子点侧。采用通过
平滑边界法得出的接触角增强化学势并将无通量边界条件施加在掩模版表面，得
到了平滑边界法公式的 Cahn-Hilliard 方程 [78]

$$\frac{\partial \phi}{\partial t} = \frac{1}{\psi} \nabla \cdot \left[\psi M(\varphi) \nabla \left(\frac{\partial f}{\partial \phi} - \frac{\varepsilon^2}{\psi} \left(\nabla \cdot \psi \nabla \phi + \frac{|\nabla \psi| \sqrt{2f}}{\varepsilon} \cos \theta \right) \right) \right] \quad (2.13)$$

由于 GaN 不会在掩模版上成核，因此与相同条件下无掩模版的衬底生长速
度相比，掩模版孔中量子点的生长速度会提高。生长速度的提高归因于前驱体通

过边界层的气相扩散或吸附前驱体的表面扩散向量子点的传输。主导机制由表面扩散长度 λ 决定。之后模拟了选择性面积外延完整方程，包括表面扩散、三相边界的固定接触角、蒸气–量子点界面的取向生长及掩模版上的原子扩散，其计算公式为

$$\frac{\partial \phi}{\partial t} = \frac{1}{\psi}\nabla \cdot [\psi M(\phi) r\mu]+d_{\mathrm{v}}v(\alpha)\phi^2(1-\phi)^2+d_{\mathrm{TPB}}\phi^2(1-\phi)^2\psi^2(1-\psi)^2 \quad (2.14)$$

模拟的初始几何图形基于实验测量结果，如图 2.23(d)~(g) 所示。其中，图 2.23(a) 中的黄框表示图 2.23(b)、(c) 的横截面位置 [77]；利用公式 (2.14) 模拟选择性区域外延生长。图 2.23(d) 为初始条件，使用参数 $d_{\mathrm{v}} = 9.3 \times 10^{-4}$ 和 $d_{\mathrm{TPB}} = 0.33$。代表时间的结果如图 2.23(e)~(g) 所示，衬底用浅灰色代替白色，以便区分衬底和量子点。掩模版厚度为 40 nm，底部孔的直径为 25 nm。反应蚀刻离子工艺用于在掩模版上刻蚀小孔，但无法保证得到完全垂直的侧壁，因此孔的侧壁角度被设定为实验测量的 75°。使用 Crank-Nicolson 方案对平滑边界法拟定的 Cahn-Hilliard 方程进行离散化，并使用红黑排序的高斯–赛德尔迭代进行求解。所有模拟边界均采用无流动边界条件，模拟在 300×300 的网格上进行，网格间距为无量纲 $\Delta x = 1$ 和时间步长 $\Delta t = 2$。通过研究开发了一种计算方案来防止在拐角处沉积，显著降低了刻面误差角度。

2.3　一维 GaN 纳米线的生长技术

2.3.1　一维 GaN 纳米线的优势及生长难点

除了前文所述的 Si 基 GaN 薄膜、零维量子点，一维纳米线由于其独特的性质及作为纳米芯片的应用前景备受关注。1997 年碳纳米管的发现为人们提供了一种典型的一维纳米材料 [79]。一维纳米材料的直径为纳米量级，长度可达毫米量级。理论和实验研究表明，随着纳米管直径和螺旋度的变化，一维纳米材料可表现出导体或半导体的性质，这些独特的电学和力学性质预示着一维纳米材料具有广泛的应用前景。

类似地，GaN 具有极其优良的发光性能和半导体性质，是制作发光二极管和高温大功率集成电路的理想材料。除了基本物化性质外，一维 GaN 纳米线不仅具有纳米材料特有的小尺寸效应、高比表面积、表面效应、量子隧道效应及优异的化学稳定性，而且，由于在生长过程中极易释放应力，位错易终止于表面，形成较低的体位错密度单晶材料，从而使高质量高可靠性芯片的制备成为可能。因此，GaN 纳米线将成为滤波芯片、LED 芯片、功率芯片以及光伏芯片的重要组成部分，未来这些光电芯片将成为人类生产生活中不可或缺的一部分。

GaN 纳米线的物理化学特性优势主要体现在以下几个方面。

(1) 高晶体质量和大比表面积。在 GaN 纳米线的生长过程中，由于径向应力得以有效释放，不需要严格的晶格匹配条件就能在几乎任意衬底上生长出高质量的单晶 GaN 纳米线[80]。如图 2.24(a) 所示，GaN 纳米线所呈现的大比表面积为调控半导体表面性质提供了一个理想的平台[81]。一方面，可以将其与生物分子接口，实现单体材料无法实现的杂化功能[82]。另一方面，其表面的悬挂键可以实现纳米尺度到分子/原子尺度的表面改性，有助于精准调控材料性质和相应芯片功能。

(2) 光陷阱效应。对于有序排列的 GaN 纳米线阵列，可以抑制入射光的反射并增强非定向散射，从而提高纳米线阵列的光吸收效率[83]。如图 2.24(b) 所示，这种现象被称为光陷阱效应。这种效应使 GaN 纳米线在特定光谱范围内表现出比平面结构更高的等效吸收系数。此外，高质量的单晶 GaN 纳米线具有独特的形态，形成了独特的光学模式，进一步增强了共振波长处的入射光子吸收。因此，与平面结构或块体材料相比，GaN 纳米线具有更高的光吸收效率。

(3) 载流子输运特性。GaN 纳米线的几何形态使得光吸收和电荷分离的方向正交。在典型情况下，光子垂直照射在半导体电极或材料表面。如图 2.24(c) 所示，与块体材料相比，纳米线较小的直径使得光生少数载流子能够在更短的距离内到达半导体/电解质界面，从而显著提高载流子分离效率[81]。此外，由于杂质往往会阻碍载流子的有效输运，GaN 纳米线的这种特性还能够提高半导体材料对杂质的耐受性。

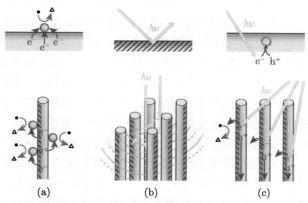

图 2.24 GaN 纳米线结构与平面结构对比 (上面为块体，下面为纳米线)[84]

(a) GaN 纳米线的大比表面积；(b) GaN 纳米线的光陷阱效应；(c) GaN 纳米线的电荷分离

(4) 极性和各向异性。通常，薄膜生长在晶格不匹配的衬底上时会诱发应力；而对于纳米线而言，由于应力会在自支撑的纳米线侧壁释放[85]，可以容纳更大的晶格失配和热失配。特别是对于 GaN 纳米线而言，其纤锌矿结构的顶面和侧面具有很大的各向异性。如图 2.25 所示，其侧面沿 (10$\bar{1}$0) 方向原子呈 Ga-Ga 和 N-N 排列，不存在净偶极矩，因此为非极性面。而顶面沿 (0001) 或 (000$\bar{1}$) 方向原子呈 Ga-N 排列，存在净偶极矩，因此为极性面。并且，极性面的基底面为 Ga 原子终端的，称为 Ga 极性面，反之，为 N 极性面。这种极性的区别在于不同面上的原子吸附性质不同，而且，不同面上所显示出的各向异性对于芯片的各种光电特性具有重要的研究价值[86]。

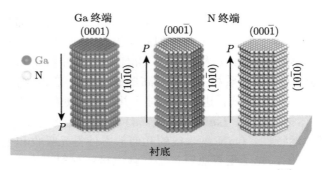

图 2.25　纤锌矿结构单晶 GaN 的模型示意图[87]

　　尽管 GaN 纳米线具有如此优异的纳米结构和光电特性，但 Si 基 GaN 纳米线仍然存在许多问题，极大地限制了其产业化发展。首先，Si 基高质量 GaN 纳米线阵列的生长机制尚不明确。与薄膜生长方式不同，纳米线除了位错外，还存在大量的堆垛层错，特别是在采用催化剂法制备纳米线时尤为明显。因此，通过调控 III/V 族元素的自组织轴向生长与掺杂手段，可实现组分可控的高质量 Si 衬底 GaN 基纳米线的制备。其次，Si 基高质量 GaN 纳米线阵列的制备技术尚不成熟。目前，大多数 Si 基 GaN 纳米线是通过 MOCVD 或分子束外延高温生长获得的，但高温下容易引起衬底的剧烈氮化反应，产生不均匀的高阻 Si_xN_y，导致纳米线发生倾斜、不均匀，并且发生 Ga 偏析。因此，通过使用非常规衬底 (如石墨烯[88]、MoS_2[89]) 与机械/化学转移技术，并结合掩模法选区生长技术，在特定的区域外延生长，可实现高质量 Si 衬底 GaN 基纳米线的生长。最后，Si 基高质量 GaN 纳米线阵列的量化掺杂难以实现。当采用传统的体掺杂工艺时，Si 衬底在纳米线生长过程中会持续供应，从而在晶格中形成大量局域化 Si_3N_4 团簇，降低了掺杂效率。因此，通过开发新型联合技术，可实现 Si 基高质量 GaN 纳米线阵列的量化掺杂。

　　为实现高质量 Si 基 GaN 纳米线的制备，研究人员开发了催化剂辅助生长技术、掩模法选区生长技术、自组装生长技术等。后文将逐一论述这些方法的基本原理、发展历程以及存在的一些客观问题，帮助读者通过阅读本书熟悉一维 GaN 纳米线的制备技术与发展历程。

2.3.2 催化剂辅助生长技术

基于气液固 (vapor liquid solid, VLS) 的催化剂辅助生长是 Si 基 GaN 纳米线最普遍的获得方法之一，最早由 Wanger 和 Ellis 于 1964 年提出[90]。他们以 Au 作为催化剂，成功地生长出了一维的 Si 晶须，并对其生长机制进行了深入研究。在这一过程中，前驱体反应物进入催化剂金属，形成低熔点的共熔合金液滴。当合金液滴中的前驱体反应物达到过饱和态时，在液-固 (固体衬底) 界面会析出，并与气态前驱体反应物发生化学反应。由于催化剂金属和前驱体反应物的亲和性，前驱体反应物不断被消耗，以保证反应的顺利进行。此外，这个反应发生在气液固界面，并且催化剂会保留在晶体顶部，因此晶体会沿垂直方向持续生长，形成一维纳米线结构。

2018 年，Johar 等[91] 采用金属有机化学气相沉积的气液固技术在 GaN 衬底上生长 c 轴 GaN 纳米线。如图 2.26(a) 所示，GaN 纳米线的直径和长度分别为 54 nm 和 10.5 μm，拉伸后呈现非中心对称结构。此外，将聚二甲基硅氧烷 (PDMS) 涂覆在纳米线阵列上，然后将嵌入 GaN 纳米线阵列的 PDMS 基质转移到硅橡胶衬底上，测得的压电开路电压和短路电流最大值分别为 15.4 V 和 85.6 nA。这种更高的压电输出和新颖的设计使得设备在各种实际应用中更有前景。目前 GaN 纳米线主要是异质外延生长，如在蓝宝石、硅和石英上生长。由于与衬底的大面积接触，晶格失配导致的较大位错和界面应变严重损害了材料性能，从而影响其在光电芯片中的应用。为了减少应变和位错，需要实现同质外延生长，然而目前对水平纳米线同质外延生长的研究非常有限。2021 年，Wu 等[92] 报告了气液固技术，实现水平 GaN 纳米线的同质外延生长。其中，如图 2.26(b) 所示，纳米线沿 6 个对称等效 [1$\bar{1}$00](m-轴) 方向生长，表现出随机的 60°/120° 扭结结构。结果表明，水平纳米线的形成及其生长方向与应变最小化没有直接关系，但其扭结现象实际上是由衬底表面粗糙度无意引导形成的。该研究为更好地理解外延水平纳米线的演化，特别是为生长方向/取向提供了新的思路。2022 年，Cai 等[93] 展示了一种利用 Au 催化剂辅助气液固方法在 LiGaO₂ 衬底上自然生长锯齿状 GaN 纳米线的策略，如图 2.26(c) 和 (d) 所示。由于 Au 催化剂的部分变形，特异的 GaN 纳米线通过非典型生长机制生长。锯齿状 GaN 纳米线在 1.23 V vs. RHE 下的光电流密度为 0.391 mA/cm²，约为 GaN 薄膜 (0.157 mA/cm²) 的 2.3 倍。本研究通过在 GaN 纳米线上引入锯齿形表面，为增强 GaN 基光阳极的光电化学 (photoelectrochemcial, PEC) 性能开辟了一条新途径。

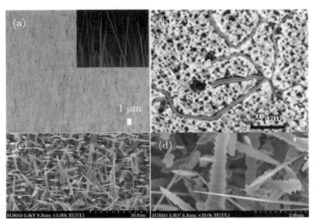

图 2.26　(a) GaN 纳米线在 GaN 薄膜上垂直排列的 SEM 图, 插图为高倍显微照片 [91]; (b) 扭结的水平 GaN 纳米线在 c 平面蓝宝石上生长的 SEM 图 [92]; (c) 和 (d) 为在 LiGaO$_2$ 衬底上生长的 GaN 纳米线不同放大倍率的 SEM 俯视图 [93]

　　但是催化剂辅助气液固生长法也存在很多缺点, 首先, 由于界面处析出晶体的速率难以控制, 而且所追求的单晶 GaN 的各向异性决定了其每个晶相的动力学生长速率不一致, 这种问题会导致纳米线倾斜、弯曲和合并。其次, 难以保证金属催化剂的尺寸分布均匀, 这样得到的 GaN 纳米线阵列的直径方差较大。最后, 生长结束之后 GaN 纳米线的顶部仍然会存留大量的金属单质, 它们会在半导体带隙中引入深能级态, 影响其光电性能。上述问题限制了催化剂辅助气液固生长法制备高质量 GaN 纳米线阵列。

2.3.3　掩模法选区生长技术

　　由于气液固生长体系引入的金属杂质难以去除, 科学家们把目光投向了掩模法选区生长技术。掩模法选区生长技术的原理是在衬底上制备一层惰性掩模, 使得 GaN 纳米线只在选定的区域内着床生长。掩模法选区生长技术的关键在于衬底以及掩模的材料特性, 与光刻工艺的光刻掩模版类似。由于 Si 衬底与 GaN 的亲和性较好, 所以掩模常用于阻止 GaN 纳米线在不需要的地方生长。通过调整掩模版的掩模参数, 可以实现非常规整的 GaN 纳米线阵列。

　　早在 1997 年, 范守善等 [79] 就以碳纳米管为辅助模板, 以 Ga、Ga$_2$O、NH$_3$ 为原料, 通过化学气相沉积法实现了单晶 GaN 纳米线的制备, 所得 GaN 纳米线呈现出清晰的单晶衍射图样, 但是排列杂乱无章, 并且发生了大面积的倒伏现象。2016 年, Wu 等 [94] 利用等离子体辅助分子束外延在 Si(111) 衬底上使用掩模法选区生长技术制备了高密度 $(2.5 \times 10^9 \text{ cm}^{-2})$GaN 纳米线 (NW)。在富氮条件下生长的 AlN 种子层为纳米线生长提供了理想的表面, 并研究其形貌和厚度对 SAG

GaN 纳米线质量的影响。研究结果表明，生长在较薄的 AlN 缓冲层 (10 nm 或更薄) 上的 GaN 纳米线的形状和尖端形态不均匀，质量较差。其中，厚度为 30 nm 且表面粗糙度小于 0.5 nm 的薄 AlN 种子层适用于高质量 SAG GaN 纳米线的生长。因此，通过调整生长温度和 Ga/N 通量比，实现了六边形 SAG GaN 纳米线。2019 年，Ra 等 [95] 采用选区生长具有 p-i-n 异质结构的高质量 p 型 GaN 纳米线。如图 2.27(a) 和 (b) 所示，通过扫描电子显微镜分析，在 p-GaN 纳米结构中 Mg 掺杂生长条件不同的情况下，不同的结构形成和各种 Mg 掺入得到了证实。由此产生的 p 型 InGaN/GaN 纳米线 LED 在 532 nm 波长下显示出低开启电压 (约 2.3 V)、较低的电阻和增强的电致发光强度，这为在异质结构上生长 p-GaN 纳米线提供了重要的见解，也为实现多功能纳米级光子和电子芯片提供了可行途径。

掩模法选区生长技术可以实现精确控制尺寸和位置的均匀 GaN 纳米线阵列的异质外延。2021 年，Wang 等 [96] 使用 Ti 掩模选区生长在 Si 衬底上制备了均匀、密集的 n-GaN/(Al)InGaN/p-GaN 纳米线阵列，如图 2.27(c) 所示，并且，其吸收层厚度约为 0.29 μm，带隙约为 2.35 eV。该掩模法选区生长工艺未使用厚的绝缘缓冲层，而是通过采用 3 nm AlN/GaN:Ge 缓冲层来促进纳米线和 Si 衬底之间的电热传导。扫描透射电子显微镜和高分辨率电子能量损失谱图揭示了 AlN 的不连续性和 GaN:Ge 的嵌入，这使得纳米线和 Si 衬底界面的电阻可忽略不计。在 30 倍太阳光照下，获得了稳定的输出特性，包括 V_{oc} 为 1.41 V 和 η 为 2.46%。这项工作为单片集成 MBE-SAG Ⅲ 族氮化物和 Si 基电子芯片铺平了道路。此外，大多数掩模法选区外延生长研究的 GaN 纳米线都是 Ga 极性。其中，N 极性纳米线具有平坦的顶部表面，这对于光电芯片制造是优选的。然而，生长 N 极性纳米线的主要挑战是缺乏 N 极性 GaN 模板。

2023 年，Khan 等 [97] 研究了在错切 N 极性 GaN 模板上 AlGaN/GaN 纳米线的选区生长，并将其与使用等离子体辅助分子束外延在 Ga 极性模板上生长的纳米线进行了比较。如图 2.27(d)~(g) 所示，掩模法选区生长技术制备的 N 极性 AlGaN/GaN 纳米线表现出比 Ga 极性 AlGaN/GaN 纳米线更高的生长速率和更高的生长选择性。此外，N 极性纳米线的横向生长速率明显低于 Ga 极性纳米线。与传统的 Ga 极性纳米线相比，N 极性 GaN 纳米线展现出了显著的优势，它们拥有平坦的头部顶面，这不仅提高了生长的选择性，还提供了更大的生长窗口。此外，这些纳米线的横向生长几乎可以忽略，而且头部区域也非常平整。这些特性使得 N 极性 (Al, Ga) 纳米线非常适合应用于各种领域，包括紫外 LED、探测芯片以及量子传感技术等。

掩模法选区生长技术完美规避了催化剂辅助气液固生长法的诸多缺点，但是掩模法选区生长技术极度依赖于衬底与掩模对所生长材料的亲和性，同时掩模参数的调整和实现都高度依赖于纳米压印、聚焦离子束、反应离子刻蚀等昂贵

的设备和复杂多重的工艺，上述问题都严重制约了掩模法选区生长技术的商业化
应用。

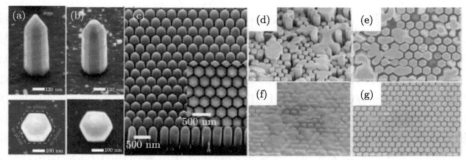

图 2.27   (a) 和 (b) 为在 Mg 源温度分别为 310 ℃ 和 340 ℃ 下生长的 p-i-n 异质结构 GaN 纳
米线的 45° 倾斜视图和俯视图场发射电子扫描显微镜 (FESEM) 图像 [95]；(c) 为密排 AlInGaN
纳米线阵列，FESEM 视角为 45°。插图显示了顶视图 SEM 图像 [96]。在 800 ℃ 下生长 6 小
时的 GaN 的 SEM 图，其纳米线具有不同的直径和间距，(d)、(f) 为 $h = 100$ nm 和 $a = 150$
nm；(e)、(g) 为 $h = 150$ nm，$a = 200$ nm。(d)、(e) 和 (f)、(g) 分别显示 N 极性和 Ga 极
性 GaN 纳米线。这表明即使直径较小，Ga 极性纳米线也表现出同质性 [97]

2.3.4   自组装生长技术

由于掩模法选区生长技术的高成本与工艺问题，研究人员旨在探索一种不依
赖外部模具和额外催化剂的自组装生长技术，这项技术正在逐步开发和完善中。
对于 GaN 一维纳米线结构，其自组装生长依赖于纤锌矿 GaN 的动力学生长速率
的各向异性，在成核点处沿着 GaN 的 c 轴方向会以最快的生长速率生长，而其
他方向的生长速率则很慢。因此，可以通过提高轴向生长速率和抑制径向生长来
实现良好分离的纳米线。当然，纳米线的成核密度也要灵活控制和优化。上述问
题都与原子迁移高度相关，特别是 N 原子扩散的增强可以降低成核密度，也有利
于提高轴向生长速率。近年来，研究表明 In 可以作为一种有效的表面活性剂降低
表面能垒，最终促进 Ga 原子的迁移。本团队已经应用这种方法来抑制纳米线合
并，生长出分立良好的 GaN 基纳米线，这为开发新型 GaN 基纳米线光电芯片提
供了更多的可能性。

2017 年，Bae 等 [98] 利用分子束外延系统生长 GaN 纳米线，并通过化学气
相沉积法在其表面覆盖石墨烯 (Gr)，研究了其在可见光照射下的光催化活性。如
图 2.28(a) 和 (b) 所示，对 Gr/GaN 纳米线的形貌进行了分析，观察到 GaN 纳米
线具有良好的垂直于衬底的排列。其中，纳米线的平均长度为 450~500 nm，直
径为 50~70 nm。该研究证明覆盖有石墨烯的 GaN 纳米线在可见光照射下具有
良好的光催化性能。

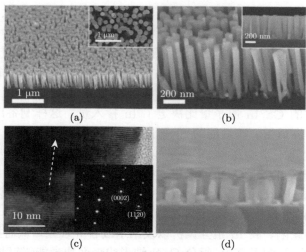

图 2.28 (a) Gr/GaN 纳米线 45° 倾斜时的 SEM 图像和 (b) 高倍 SEM 图像 [98]；(c) GaN 纳米线的 HRTEM 图像 [99]；(d) Si 衬底上生长 GaN 纳米线的侧视图 [100]

针对 GaN 纳米线生长过程容易合并的问题，2017 年，本团队 [99] 从 In 原子辅助并入、In/Ga 束流比两方面入手来解决这个问题。首先，使用分子束外延技术引入 In 原子作为生长催化剂以辅助并入的方式抑制了纳米线的聚结，获得了 Si(111) 衬底上高质量、垂直分立的 GaN 纳米线，如图 2.28(c) 所示。研究发现，增加 In 原子的并入可以促进 GaN 纳米线的轴向生长，降低 GaN 纳米线的密度，从而获得分立良好的纳米线。通过密度泛函理论计算结合实验表明，In 原子的掺入会降低 Ga 原子在纳米线侧壁的吸附，促进了 Ga 原子向顶端迁移，确保了纳米线的轴向生长。对此，本团队提出了一种用于分立良好的 GaN 纳米线的动力学 In 原子辅助生长模型。该模型主要阐述在引入 In 原子辅助生长的前提下，通过调控 In/Ga 束流比，不仅可以在成核阶段促进 Ga 吸附原子的衬底表面迁移，降低成核位点和纳米线的密度，而且可以在生长阶段显著提高轴向生长速率，从而抑制纳米线的聚结和合并，最终获得了分立良好的 GaN 纳米线，这为开发基于 GaN 纳米线的光电芯片提供了新的可能性。

进一步地，为了研究生长条件对于 GaN 纳米线形态演变影响的机制。本团队 [100] 系统研究了 Ga 束流和 In 的并入量对 GaN 纳米线生长形貌、结构和光学性能的影响，如图 2.28(d) 所示。研究表明，在生长中增加 Ga 束流增强了生长阶段纳米柱的纵向和横向生长，同时也影响了纳米柱的成核过程。在成核阶段，增加的 Ga 束流缩短了纳米柱形成的延迟时间，在固定的总生长时长下延长了生长阶段。这两个方面就导致纳米线的直径和高度随着 Ga 通量的增加而增加。此外，随着 Ga 通量的增加，衬底面积加速饱和，连续成核结束得更早，最终导致纳米线密度降低。对于 In 组分并入机制，由于 Ga-N 的结合能大于 In-N，增大 Ga 束流会增大 Ga 并入量，从而降低了 In 含量。另外，纳米柱中 In 分布取决于沿生长方向的纳米柱直径变化，具有直径相关性。随着沿生长方向纳米柱直径的增大，从纳米柱侧壁迁移至顶端的 Ga 原子总量减小，即 Ga 并入量随着直径的增大而减小，沿纳米柱生长方向的 In 并入量增加。总之，在富 N 条件下纳米柱顶端实际有效的 Ga/In 原子量比决定了 In 掺入量。这样制备出来的 GaN 纳米线有利于制作高质量、高性能的 Si 基光电芯片。

2020 年，为进一步提高 GaN 纳米线的晶体质量，本团队[101]首次成功制备 Si(111) 上原位掺杂的 Zn:GaN 纳米线，如图 2.29(a) 和 (b) 所示，并系统研究了 Zn 掺入引发的影响。通过原位 Zn 掺杂技术结合分子束外延自组装生长法，实现了 GaN 纳米线的可控掺杂。研究表明，Zn 原子的并入降低了 In 原子的吸附能，并且改善了位错缺陷、高 In 组分偏析以及纳米线合并现象，从而提高了 GaN 纳米线的晶体质量，抑制了高 In 组分 GaN 纳米线表面费米能级钉扎效应，进而减少了载流子复合，为制备高性能的光电芯片打下了坚实的基础。此外，通过密度泛函理论计算发现，Zn 原子吸附在 GaN 纳米线侧壁的时候，In 原子的吸附能急剧降低，有效阻止了 In 原子的并入，进一步促进了 Ga 原子在纳米线的轴向生长。但是掺入的 Zn 原子会使得掺入的 In 原子更好地并入纳米线，因此 Zn 掺杂可以减少 GaN 纳米线生长中出现的缺陷并改善其晶体质量，与上述实验现象一致。最终获得的 Zn:GaN 纳米线用于光电解水的起始电势为 0.7 V vs. RHE@0.2 mA/cm^2，表现出高达 280 mV 的负移。

2020 年，由 GaN 和 Si 衬底之间存在的较大的晶格失配和热失配问题所导致的生长界面差以及 GaN 体相和表面大量的金属团簇缺陷，使得电荷在传输过程中很容易发生快速复合，这极大地限制了光电芯片的发展。本团队[102]报道了使用分子束外延在 Si(111)/MXene 上生长了 GaN 纳米线，如图 2.29(c) 和 (d) 所示。二维 MXene(Ti$_3$C$_2$T$_x$) 基面晶格常数 ($\alpha = 3.071$ Å) 与 GaN($\alpha = 3.189$ Å) 接近，有助于在 MXene 上外延生长 GaN 纳米线。并且，MXene 表面官能团 (T 代表—O、—OH 和—F) 的差异使得其功函数可调，有望改善 GaN/Si 异质结载流子传输问题。研究表明，在没有 MXene 的情况下，GaN 和 Si 之间存在厚度约 5 nm 的非晶 SiN$_x$。相反，可以观察到 MXene 清晰的 2D 晶格，并且生长的 GaN(0001) 面平行于 MXene 的 (0002) 面，证实了 GaN 和 MXene 之间的强界面相互作用。并且，所制备的 Si 基 MXene/GaN 纳米线光阳极在 1.23 V vs. RHE 时表现出显著增强的光电流密度 (7.27 mA/cm^2)，这比用 GaN/Si 光阳极实现的高出约 10 倍。这项工作不仅为集成多尺度和多功能材料设计高效光电极提供了宝贵的指导，而且还提出了一种新的策略，即通过引入界面改性剂来实现高性能人工光合作用。

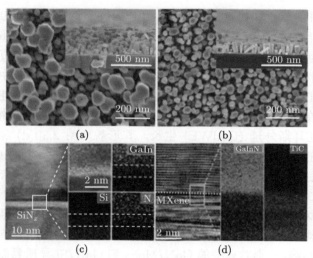

图 2.29 (a) 未掺杂和 (b)Zn 掺杂的 GaN 纳米线的 SEM 顶视图，插入物是相应的 SEM 侧视图 [101]；(c)GaN/Si 和 (d)GaN/MXene 界面的 TEM 图像和相应的元素映射图像 (红点表示 Ti 原子)[102]

一般来说，在 TiO_2/Ti 箔上制备 GaN 纳米线，Ti 的有效载流子可能会在缺陷存在的情况下，或通过电子隧穿注入到 GaN 纳米线中，这与 TiO_2 的厚度密切相关。在不牺牲导电性的前提下，通过生长非晶导电中间层 TiO_xN_y，实现在 TiO_2/Ti 箔上制备垂直定向的 GaN 纳米线。2020 年，Mudiyanselage 等 [103] 在 300 nm Ti/n-Si(100) 上进行预氮化处理，然后通过扫描电子显微镜和量子化学分析仪对 GaN 纳米线系统进行原位和外位的表征。如图 2.30(a) 所示，SEM 图像显示在不同生长条件下 GaN 纳米线的形貌，在 650 ℃ 预氮化处理和 680 ℃ 衬底温度下生长的纳米线系统具有更高的密度，而在 700 ℃ 预氮化处理和 700 ℃ 衬底温度下生长的纳米线系统则密度较低且纳米线垂直度更差。该研究对 GaN 纳米线的制备和应用具有一定的参考价值。

同年，为解决大多数自供电的紫外光电探测芯片所存在的弱信号检测不佳的问题，本团队 [104] 展示了一种基于核壳 GaN/MoO_{3-x} 纳米线阵列异质结系统的自供电紫外光电探测芯片。首先，利用分子束外延技术制备 GaN 纳米线阵列，随后，通过 PVD 法在其表面沉积均匀的 MoO_{3-x} 层，其 SEM 形貌如图 2.30(b) 和 (c) 所示，显示出均匀的准垂直排列的 Si(111) 衬底上 GaN 纳米线，其中，长度和直径分别为 (400±40) nm 和 (50±6) nm。而 MoO_{3-x} 的厚度则是通过对比 GaN 纳米线 PVD 前后的直径差值进行估算得出。研究发现，当 MoO_{3-x} 沉积 3 min 或 6 min 时，形成光滑均匀的核壳结构；沉积 9 min 后，表层显得非常粗糙，核壳结构不太明显。这一结果表明，在优化沉积 MoO_{3-x} 层参数之后，GaN

纳米线具有良好的质量和稳定性，并且，其作为异质结自供电光电探测芯片，在 355 nm 处显示出 2.7×10^{15} Jones① 的超高比探测率。因此，核壳 GaN 纳米线阵列异质结的设计为实现纳米级自供电紫外光电探测芯片提供了有价值的方向。

此外，针对传统的 GaN 纳米线在二维 (2D) 材料上外延生长中所涉及的堆叠过程，可能会在 2D/2D 层之间引入结构缺陷和杂质，导致光电性能恶化。本团队 [105] 报道了在过渡金属硫化物 (TMD)/Si 衬底上垂直排列的一维 GaN 纳米线阵列的准范德瓦耳斯外延 (QvdWE) 生长，其形貌如图 2.30(d) 和 (e) 所示，并展示了异质结在高性能自供电光电检测中的应用。在 MoS_2 上的 GaN 纳米线与直接在 Si 衬底上的那些相比，相对离散，它们方向错误，容易合并。优良的形貌可能受益于 GaN 和 TMD 之间非常小的晶格失配。并且，在生长初期，TMD 上的成核位点少于 Si 上的成核位点，这可归因于 TMD 稳定的悬垂无键二维结构。结果与石墨烯上一维 GaN 成核特征的事实相似。为了进一步解释 TMD 对 GaN 纳米线的影响，分别对典型的 GaN/MoS_2 和 GaN/Si 异质界面进行了透射电子显微镜 (TEM) 表征，如图 2.30(d) 和 (e) 所示。GaN/Si 之间的界面层通常被认

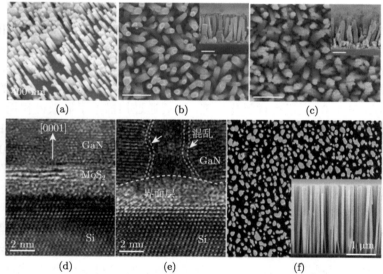

图 2.30　(a) 在 Ti 箔上生长的 GaN 纳米线系统的 SEM 倾斜视图 [103]；(b) 裸 GaN 纳米线阵列和 (c) 分别被 6 nm MoO_{3-x} 层覆盖的 GaN 纳米线阵列的 SEM 图像。比例尺：200 nm[104]；(d) GaN/MoS_2 和 (e)GaN/Si 异质界面的横截面 TEM 图像 [105]；(f) 退火的 TiN 衬底在 840 ℃ 下暴露于活性 Ga 和 N 束流 2.5 h 后的 SEM 俯视图和侧视图。显微照片证明了高密度 GaN 纳米线的成核 [106]

————————————

① 1 Jones = 1 cm · $\sqrt{Hz}$/W。

为是非晶态 SiN_x，这会导致界面电阻大，导致光电芯片性能不佳。这种 1D/2D 混合系统充分结合了 1D GaN 纳米线阵列的强光吸收和 2D TMD 材料的优异电性能的优点，提高了光生电流密度。这项工作提供了一种 QvdWE 路线来制备具有 1D/2D 异质结构的自供电光电探测芯片，这在空间通信、传感网络和环境监测的实际应用中显示出了很好的潜力。

2023 年，Auzelle 等[106] 通过在惰性表面上通过 SiN_x 斑点的自组装来调控 GaN 纳米线的密度。他们发现只有在 GaN 生长前先沉积亚单层 SiN_x 原子后才能实现快速的 GaN 成核。如图 2.30(f) 所示，通过调节预沉积的 SiN_x 的量，可以将 GaN 纳米线的密度调节三个数量级，并且具有良好的均一性，填补了分子束外延或 MOVPE 直接自组装所能实现的密度范围。该研究可以在二维材料等惰性表面上调控大多数 III-V 族半导体核的密度，这对于实现高度失配的核–壳纳米线异质结构等有潜在的应用价值。

综上所述，相较于催化剂辅助气液固生长法带来的诸多负面影响与掩模法选区生长技术的高成本问题，自组装生长工艺简便、成本低廉，是新一代实现高质量 Si 基 GaN 纳米线的先进方法，具有巨大潜力。并且，GaN 纳米线在光电探测芯片、LED、PEC 水分解等领域举足轻重，是最具前景的半导体材料。

2.4 二维 GaN 的生长技术

2.4.1 二维 GaN 的优势及生长难点

除三维 GaN 薄膜材料以外，二维 GaN 纳米材料也以其独特的物理性质吸引了研究人员的关注。自从 Andre-Geim[107] 首次制备出石墨烯以来，二维材料的独特物理性质越来越受到研究人员的广泛关注。量子限域效应[108] 和降低的屏蔽效应[109] 会导致二维材料的物理性质随着厚度减少而变化，展现出与体材料截然不同的能带结构、热导率和光电子性能等[110,111]。类似地，GaN 在厚度降低至原子级尺度时，所具有的独特性质可以进一步增强和延展其在各领域的应用。如图 2.31 所示，二维 GaN 由于受量子限域效应作用，随着层数变化，其禁带宽度等特性也将发生变化，如单层二维 GaN 材料的禁带宽度可达 5.0 eV[112]。另一方面，处在二维状态下的 GaN 受量子效应影响引起的电子–空穴相互作用，会增强激子发射强度，提高量子效率[113]，有利于其在光电子器件领域的应用。此外，二维 GaN 可以实现传统体材料所无法实现的量子信息领域的应用。原子级尺度上的量子隧穿效应使二维 GaN 可以制备隧道结[114]，用作量子通信中光子对产生和传输的介质。而低维度下二维 GaN 中的缺陷态可以降低至极低的数量级，利用其缺陷能级发光能够实现单光子发射器[115]，是量子信息领域中的理想信号发生源。

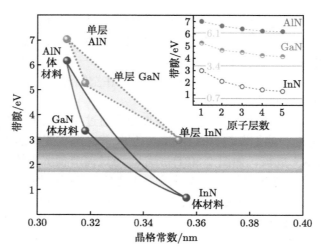

图 2.31   二维 III 族氮化物的晶格常数与带隙 [112]

对于二维材料的制备，研究人员已提出了各种方法，主要可以分为自上而下的方法和自下而上的方法两大类。机械剥离法作为自上而下方法的代表，可以制备几个原子层厚的高质量纳米片，然而，剥离的二维材料横向尺寸和产量比较有限 [116]。自下而上的方法则主要包括化学气相沉积、分子束外延和物理气相沉积等 [117]。其中，化学气相沉积能够很好地实现材料的可控生长，因而有着更广泛的应用 [118]。然而，制备二维材料的两种传统方法对于二维 GaN 都不适用。一方面，III 族氮化物的体材料中，III 族金属原子和 N 原子之间以较强的离子键连接，而通过切割四面体配位体晶体来获得二维材料是相当困难的，并且会在表面形成不饱和悬挂键 [112]。另一方面，由于异质外延中的大晶格失配和较低的原子横向迁移率 [119]，GaN 容易沿垂直衬底的方向生长，因此在自下而上的生长过程中很容易形成三维岛结构 [120]。为了实现二维 GaN 的生长，研究人员采取了许多种不同的方法。

2.4.2   石墨烯封装的迁移增强技术

2016 年，Al Balushi 等 [112] 提出了石墨烯封装的迁移增强技术，首次实现了准独立二维 GaN 的生长。由于表面能限制和较大的晶格失配，直接在衬底上生长 GaN 会形成三维岛。为了实现二维 GaN 的生长，他们设计了一种策略来钝化高表面能势点以促使 GaN 遵循 Frank-van der Merwe 生长模式。具体实现方法如图 2.32 所示。首先通过物理转移等方法在衬底表面得到外延石墨烯层；接着通过氢化，石墨烯外延层转变为准独立的石墨烯层，石墨烯和衬底之间的表面悬挂键也得到了钝化，石墨烯/衬底的低能界面提供了二维 GaN 生长的环境；然后，使石墨烯/衬底于 550 ℃ 下暴露在三甲基镓中，三甲基镓分解产生吸附在石墨烯表

面的 Ga 原子, Ga 原子迁移并进入石墨烯/衬底夹层中; 最后, 进入石墨烯/衬底
夹层的 Ga 原子在 675 ℃ 的条件下进行氨解反应, 在独立石墨烯层的辅助下, 与
N 原子反应生成的 GaN 形成了包含两个子镓层的二维结构。如果直接在衬底上
采取相同的工艺对 Ga 进行氨解, 反应会生成具有三维环状结构的 GaN, 这是由
于镓液滴的顶部析出了更多的 Ga。相对地, 当使用准独立石墨烯作为封装层时,
反应生成的 GaN 会完全浸润衬底的表面。截面透射电子显微镜图像显示, 通过这
种方法生长的二维 GaN(其中 Ga、N 化学计量比并非 1:1) 在与衬底接触的区域
形成了与层状 In_2Se_3 同属 $R3m$ 空间群的结构。二维 GaN 在随后的子镓层中转
变为纤锌矿的六方晶体结构, 在与石墨烯的接触下保持稳定。紫外可见光椭偏仪
表征的结果说明, 二维 GaN 带隙为 4.98 eV, 基本符合 HSE06 泛函和 meta-GGA
泛函的第一性原理模拟结果。

　　自石墨烯被成功制备以来, 其已被证明是一种具有众多独特优异物理特性的
材料。而该研究进一步揭示了, 石墨烯可以稳定传统三维二元化合物的二维结构,
为实现许多其他种类非层状材料的二维结构提供了一种可行的方案。此外, 石墨
烯封装的迁移增强技术还可以实现垂直堆叠的二维异质结构, 这些结构可能具有
尚未预测的独特性质。

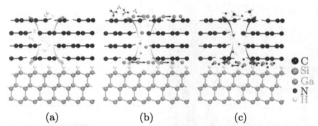

图 2.32　石墨烯封装的迁移增强技术制备二维 GaN 的原理图[122]

　　沿用类似的思路, 本团队于 2019 年在 Si 衬底上实现了二维 AlN[121] 和二维
GaN[122]。为了构建石墨烯/Si 异质结构, 我们采用物理转移的方法将石墨烯层转
移至 Si 衬底表面。其中, 二维 AlN 的生长为世界首次报道。如图 2.33(a) 的截
面透射电镜图像所示, 二维 AlN 晶体由 $R3m$ 转变为 $P6_3mc$ 结构, 这是由于纤
锌矿 AlN 和 Si(111) 衬底之间有着高达 19% 的晶格失配。在晶格失配的影响下,
应力和吉布斯自由能共同导致二维 AlN 晶相的转变。氢化处理可以钝化 Si 衬底
表面的悬挂键并破坏石墨烯的结构, 创造 AlN 前驱体进入夹层的通道, 是生长二
维 AlN 的关键。在实验中可以观察到, 氢化处理后的样品成功在石墨烯/Si 衬底
夹层中生长出了二维 GaN, 而未经过氢化处理的石墨烯样品和 Si 衬底之间不存
在插入层。为了进一步揭示这背后的机理, 我们基于第一性原理的理论模拟, 研

究了在氢化与否的前提下，Al 和 N 原子迁移至石墨烯/Si 异质结构中的情况。研究结果表明，在没有氢化处理时，Al 和 N 原子倾向于停留在石墨烯层表面，而在氢化处理后，Al 和 N 原子倾向于迁移进入石墨烯/Si 异质界面中。这充分地说明了氢化处理是促使二维 AlN 在石墨烯/Si 夹层中形成的必要条件，揭示了"石墨烯/二维 AlN/Si 衬底"三明治结构异质界面形成机制。同时，我们还计算了 Al 和 N 原子进入石墨烯/Si 衬底夹层中所要克服的能垒 (E_r) 随二维 AlN 变化的情况，发现随着二维 AlN 层数的增加，Al 和 N 的 E_r 都增大。在二维 AlN 层数不超过 7 层时，计算出 E_r 为一个相对稳定的值。极高的能垒将夹层中二维 AlN 的层数控制在 7 层。生长的二维 AlN 带隙为 9.26 eV，如图 2.33(b) 所示。对于石墨烯/Si 异质结构中二维 GaN 的生长，我们利用等离子体增强 MOCVD(PEMOCVD) 中等离子体能量调控了二维 GaN 的结构，实现了 $R3m$ 和 $P6_3mc$ 两种不同晶体结构的二维 GaN，分别具有 4 层和 6 层的厚度以及 4.21 eV 和 4.68 eV 的禁带宽度。该项工作进一步揭示了石墨烯封装的迁移增强技术实现二维 GaN 生长的机理，提供了一种重要的二维 GaN 晶体结构调控策略，有力推动了后续二维 GaN 制备与应用研究。

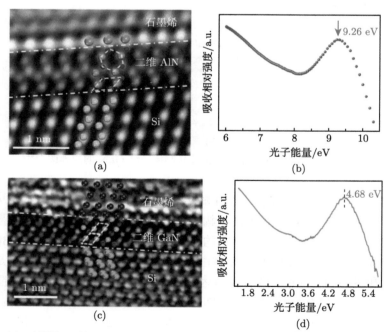

图 2.33　(a) 石墨烯/二维 AlN/Si 异质结构的截面透射电子显微镜图像和 (b) 紫外可见光谱椭偏仪测试的二维 AlN 吸收系数 [121]；(c) 石墨烯/二维 GaN/Si 异质结构的截面透射电子显微镜图像和 (d) 紫外可见光谱椭偏仪测试的二维 GaN 吸收系数 [122]

2021，Pécz 等 [123] 同样采用石墨烯封装的迁移增强技术首次实现了二维 InN 的生长。采用导电 AFM 表征获得了较大范围内 (20 μm×20 μm) 样品的形貌图和电流分布情况 (图 2.34(a)、(b))。从形貌图中可以观察到，样品表面存在长达数微米的纳米级台阶，这可以与衬底的形貌联系在一起。在电流分布图中则几乎不存在上述与衬底相关的阶梯状特征，在大多数区域中显示出均匀的信号，说明二维 InN 在石墨烯和衬底之间的分布具有很高的均匀性。进一步将电流分布图与形貌相比较，发现分布较少的高电流区域对应着形貌图中的低谷位置，这是由于没有二维 InN 插入时，石墨烯/衬底具有更好的导电性。同理，电流分布图中也存在着电流显著低于周围区域的小岛，这是由于这些位置存在着较厚的 InN 插入层，致使导电性下降。图 2.34(c) 是红色虚线位置对应的高度与电流分布的线扫描结果，该线段涵盖了有 InN 插入层和没有 InN 插入层存在的区域。由于金属探

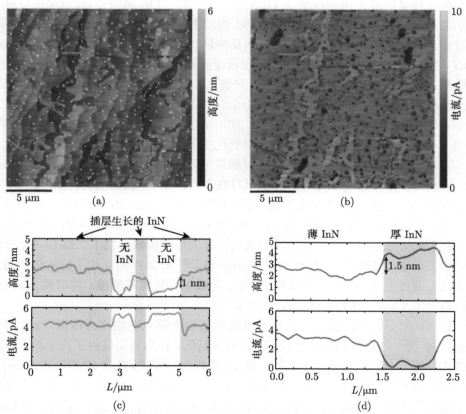

图 2.34 石墨烯/二维 InN/衬底样品的 (a) 表面形貌和 (b) 电流分布图。(c) 红色虚线和 (d) 蓝色虚线标注位置对应的高度与电流分布的线扫描结果 [123]

针在有 InN 插入层和没有 InN 插入层区域中与表层的石墨烯经历了不同的静电相互作用，因此测量到的这些区域之间约 1 nm 的台阶高度不能准确地代表 InN 插入层的实际厚度，但它可以被视为该值的上限。图 2.34(d) 是蓝色虚线位置对应的高度与电流分布的线扫描结果，该线段涵盖了薄 InN 插入层和较厚 InN 插入层的区域，显示了两个区域之间约 1.5 nm 的台阶高度。最后，从形态图像中提取了高度分布的直方图，说明二维 InN 在衬底表面有着 90% 的超高覆盖率，扫描隧道光谱学表征测出其带隙约为 (2.0±0.1) eV。

2.4.3　模板技术

另一种制备二维 GaN 的主流方法是模板技术。以二维的 Ga_2O_3、GaSe 等化合物作为镓源进行氮化反应，制备的 GaN 能基本保持前驱体镓源的形貌，因此这种方法被称作模板技术。

模板技术中最常用的镓源是 Ga_2O_3。2017 年，Liu 等 [124] 利用水热反应合成了亚稳态的 γ-Ga_2O_3。随后在 850 ℃ 高温下的氨气氛围中，具有平滑表面和良好结晶度的 Ga_2O_3 纳米片通过氮化反应转化成了 GaN 纳米片。制备的二维 GaN 同样具有良好的结晶度，XRD 表征证实其具有和 GaN 体材料相同的纤锌矿结构。并且在 SEM 中可以观察到，产物二维 GaN 具有和 Ga_2O_3 前驱体相近的形貌结构，呈类花瓣状，如图 2.35(a)、(b) 所示。紫外–可见光光谱表明，二维 GaN 具有 3.30 eV 的禁带宽度，在 370~500 nm 波段非常强的可见光吸收。2019 年，Syed 等 [125] 通过液态镓表面氧化层的氨解获得了具有晶圆级尺寸的二维 GaN。由于液态镓表面的 Ga_2O_3 层和其主体部分仅由范德瓦耳斯作用力相连接，因此可以用接触挤压的方式转移至衬底表面。AFM 表征出剥离的 Ga_2O_3 厚度为 1.4 nm，氨解反应制备的二维 GaN 厚度为 1.3 nm，如图 2.35(c) 所示。二维 GaN 显示出 3.3 eV 的带隙和 21.5 cm^2/(V·s) 的电子迁移率。同时，他们还采用了类似的方法制备二维 InN，其中通过溴化的中间步骤解决了二维 In_2O_3 难以转化为二维 InN 的难题。2022 年，Zhang 等 [126] 针对性地优化了镓氧化层的氮化方法。通过采用 N_2 等离子体对 Ga_2O_3 模板进行氮化和刻蚀，将二维 GaN 厚度降低至 0.8 nm，其具有 4.9 eV 的超宽带隙。

除 Ga_2O_3 以外，研究人员也尝试采用其他含镓化合物作为镓源。2018 年，Briggs 等 [127] 通过对剥离的层状 GaSe 材料氮化，在其表面获得了几个纳米厚的多晶相二维 GaN。后续以多晶相的二维 GaN 作为种子层，采用 HVPE 在 SiO_2/Si 衬底表面生长了微米厚的 GaN 体材料。如图 2.35(d) 所示，通过透射电镜和选区电子衍射的表征可以发现，在较厚 GaSe 转化成的多层核层上可以实现单晶 GaN 的生长。该发现为在非晶相衬底上外延生长 GaN 材料提供了一种颇具前景的方案。

图 2.35 (a) 水热法合成的 $\gamma\text{-}Ga_2O_3$ 前驱体的扫描电子显微镜图像和 (b) 二维 GaN 的透射电子显微镜图像 [123]；(c) 以镓氧化层为模板制备的二维 GaN 的原子力显微镜图像 [124]；(d) 以二维 GaN 为种子层生长的 GaN 体材料透射电子显微镜图像和对应的选区电子衍射花样 [112]

2.4.4 表面限域生长技术

除了石墨烯封装的迁移增强技术和模板技术以外，武汉大学团队 [112] 设计了一种表面约束的氮化反应，利用钨箔上的液态金属镓源实现了微米级尺寸的二维 GaN。Ga 在 W 表面形成了一种表面张力诱导的 Ga/Ga-W 分层结构，其中，表面的 Ga 层用于生长二维 GaN，下方的 Ga-W 固溶体中 W 原子具有更强的氮化能力，可以阻止二维 GaN 的厚度增长。从大范围原子力显微镜图像中 (图 2.36(a)) 可以看出，生长的二维 GaN 形状为十分规整的正六边形，证实产物是结晶度良好的单晶二维 GaN。如图 2.36(b) 所示，拉曼光谱表明，单晶二维 GaN 的声子模式较 GaN 体材料发生了明显变化。二维 GaN 的拉曼光谱中只观察到 566.2 cm^{-1} 处的 E_2 峰，而 GaN 体材料的拉曼光谱中则有位于 567.2(E_2)cm^{-1}、560.7(E_1)cm^{-1} 和 529.3(A_1)cm^{-1} 的三个峰。一方面，E_2 峰的对称性和强度证实了二维 GaN 的高结晶度。另一方面，二维 GaN 的 E_2 峰与体材料相比发生了明显的蓝移，这种区别表明二维 GaN 声子模式发生了变化，可能是由于膜处于拉伸应变状态。GaN 体材料中 A_1 和 E_1 声子模式的存在表明拉曼偏振选择性被打破，这是由体材料中光的无序散射引起的。相反，可以推断，二维 GaN 晶体具有良好的拉曼偏振选择性，因此没有观察到 A_1 和 E_1 峰。研究人员还采用室温光致发光光谱探索了二维 GaN 的光学性质 (图 2.36(c))。二维 GaN 在 330 nm 的位置具有极强的发射峰，对应光子能量为 3.76 eV。较短波长的紫外线发射说明，与 GaN 体材料的光致发光发射峰 (3.40 eV) 相比，二维 GaN 发射峰明显的蓝移表现出二维状态下量子限制效应的特征。同时，二维 GaN 的光致发光峰强度大约是 GaN 体材料的 48 倍，这是由于二维 GaN 中增强的激子效应提高了其内量子效率。为了研究二维 GaN 的电子特性，该研究进一步构建了基于二维 GaN 的场效应晶体管。为了获得更好的欧姆接触，采用机械剥离的石墨烯膜作为二维 GaN 的接触层。图 2.36(d) 显示了具有不同 V_g 值的 I_{ds}-V_{ds} 特性曲线，计算得到二维 GaN 的电子迁移率为 160 cm^2/(V·s)。

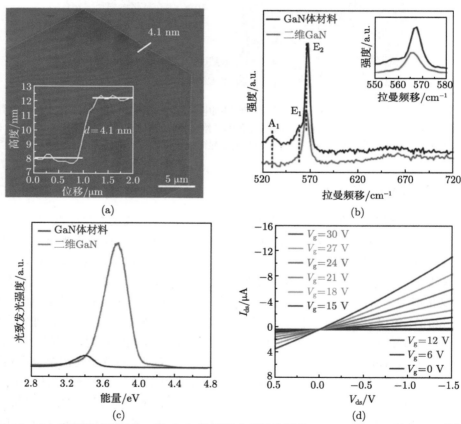

图 2.36　(a) 表面限域生长的二维 GaN 的原子力显微镜图像；(b) 二维 GaN 和 GaN 体材料的拉曼光谱；(c) 二维 GaN 和 GaN 体材料的光致发光光谱；(d) 不同栅压下二维 GaN 基 FET 的 I_{ds}-V_{ds} 特性曲线[112]

参 考 文 献

[1] 李国强. 新型衬底上蓝/白光 LED 外延材料与芯片. 北京: 科学出版社，2014.

[2] Li G Q, Wang W L, Yang W J, et al. GaN-based light-emitting diodes on various substrates: a critical review. Reports on Progress in Physics, 2016, 79: 056501.

[3] Franke P, Neuschütz D. Thermodynamic Properties of Inorganic Materials. Berlin: Springer, 2007.

[4] Honda Y, Okano M , Yamaguchi M, et al. Uniform growth of GaN on AlN templated (111) Si substrate by HVPE. Physica Status Solidi (c), 2005, 2: 2125.

[5] Dadgar A, Strittmatter A, Blasing J, et al. Metalorganic chemical vapor phase epitaxy of gallium-nitride on silicon. Physica Status Solidi (c), 2003, 6: 1583.

[6] Wu X H, Fini P, Tarsa E, et al. Dislocation generation in GaN heteroepitaxy. Journal of Crystal Growth, 1998, 190: 231-243.

[7] Narayanan V, Lorenz K, Kim W, et al. Origins of threading dislocations in GaN epitaxial layers grown on sapphire by metalorganic chemical vapor deposition. Applied Physics Letters, 2001, 78: 1544.

[8] Zhu D, Wallis D J, Humphreys C J. Prospects of III-nitride optoelectronics grown on Si. Reports on Progress in Physics, 2013, 76: 106501.

[9] Li G Q, Wang W L, Yang W J, et al. Epitaxial growth of group III-nitride films by pulsed laser deposition and their use in the development of LED devices. Surface Science Reports, 2015, 70: 380-423.

[10] Wood C, Jena D. Polarization Effects in Semiconductors. Arlington: Springer, 2008.

[11] Krost A, Armin D. GaN-based optoelectronics on silicon substrates. Materials Science and Engineering: B, 2002, 93: 77.

[12] 王振晓. Si 衬底 GaN 的外延生长研究 [D]. 西安: 西安电子科技大学, 2014.

[13] Yoshiki K, Shota K, Kazumasa H, et al. Selective growth of wurtzite GaN and $Al_xGa_{1-x}N$ on GaN/sapphire substrates by metalorganic vapor phase epitaxy. Journal of Crystal Growth, 1994, 144: 133.

[14] Strittmatter A, Rodt S, Reißmann L, et al. Maskless epitaxial lateral overgrowth of GaN layers on structured Si (111) substrates. Applied Physics Letters, 2001, 78: 727.

[15] Feltin E, Beaumont B, Vennéguès P, et al. Epitaxial lateral overgrowth of GaN on Si(111). Journal of Applied Physics, 2003, 93: 182.

[16] Honda Y, Kuroiwa Y, Yamaguchi M, et al. Growth of GaN free from cracks on a (111)Si substrate by selective metalorganic vapor-phase epitaxy. Applied Physics Letters, 2002, 80: 222.

[17] 胡爱华. 基于 Si 衬底的功率型 GaN 基 LED 制造技术. 半导体技术, 2010, 35(5): 447.

[18] Lahreche H, Vennegues P, Beaumont B, et al. Growth of high-quality GaN by low-pressure metal-organic vapour phase epitaxy (LP-MOVPE) from 3D islands and lateral overgrowth. Journal of Crystal Growth, 1999, 205: 245.

[19] Kappers M, Datta R, Oliver R, et al. Threading dislocation reduction in (0001) GaN thin films using SiN_x interlayers. Journal of Crystal Growth, 2007, 300: 70.

[20] Fenwick W E F, Andrew M, Xu T M, et al. Metal organic chemical vapor deposition of crack-free GaN-based light emitting diodes on Si(111) using a thin Al_2O_3 interlayer. Applied Physics Letters, 2009, 94: 38.

[21] Ji X H, Zhai J W. Growth of GaN films on Si (100) buffered with ZnO by ion-beam-assisted filtered cathodic vacuum arc technique. Journal of Electronic Materials, 2008, 37: 573.

[22] Komiyama, Abe Y, Suzuki S, et al. Stress reduction in epitaxial GaN films on Si using cubic SiC as intermediate layers. Journal of Applied Physics, 2006, 100: 1417.

[23] Nishimura S N, Terashima K. Growth of GaN on Si substrates using BP thin layer as a buffer. Materials Science and Engineering B-Advanced Functional Solid-State Materials, 2000, 75: 207.

[24] Armitage R, Qing Y, Feick H, et al. Lattice-matched HfN buffer layers for epitaxy of GaN on Si. Applied Physics Letters, 2002, 81: 1450.

[25] Cao J X, Li S T, Fan G H, et al. The influence of the Al pre-deposition on the properties of AlN buffer layer and GaN layer grown on Si (111) substrate . Journal of crystal growth, 2010, 312: 2044.

[26] Li Y, Zhang C R, Lin J, et al. Threading dislocations reduction of GaN-on-Si by introducing AlN/3D-GaN with SiN interlayer for photodetectors. Materials Science in Semiconductor Processing, 2024, 172: 108089.

[27] Lin K L, Chang E Y, Hsiao Y L, et al. Growth of GaN film on 150 mm Si (111) using multilayer AlN/AlGaN buffer by metal-organic vapor phase epitaxy method. Applied Physics Letters, 2007, 91: 222111.

[28] Able A, Wegscheider W, Engl K, et al. Growth of crack-free GaN on Si(111) with graded AlGaN buffer layers. Journal of Crystal Growth, 2005, 276: 415.

[29] Wang W L, Lin Y H, Li Y, et al. High-efficiency vertical-structure GaN-based light-emitting diodes on Si substrates. Journal of Materials Chemistry C, 2018, 6: 1642.

[30] Vispute R D, Narayan J, Wu H, et al. Epitaxial growth of AlN thin films on silicon (111) substrates by pulsed laser deposition. Journal of Applied Physics, 1995, 77: 4724.

[31] Jagannadham K, Sharma A K, Wei Q, et al. Structural characteristics of AlN films deposited by pulsed laser deposition and reactive magnetron sputtering: a comparative study. Journal of Vacuum Science & Technology A, 1998, 16: 2804.

[32] Ohta J, Fujioka H, Takahashi H, et al. Characterization of hetero-interfaces between group III nitrides formed by PLD and various substrates. Applied Surface Science, 2002, 190: 352.

[33] Yang H, Wang W L, Liu Z L, et al. Homogeneous epitaxial growth of AlN single-crystalline films on 2 inch-diameter Si(111) substrates by pulsed laser deposition. CrystEngComm, 2013, 15: 7171-7176.

[34] Oh J T, Moon Y T, Jang J H, et al, High-performance GaN-based light emitting diodes grown on 8-inch Si substrate by using a combined low-temperature and high temperature-grown AlN buffer layer. Journal of Alloys and Compounds, 2018, 732:

630.

[35] Tong X L, Zheng Q G, Hu S L, et al. Structural characterization and optoelectronic properties of GaN thin films on Si(111) substrates using pulsed laser deposition assisted by gas discharge. Applied Physics A, 2004, 79: 1959.

[36] Wang H Y, Lin Z T, Wang W L, et al. Growth mechanisms of GaN epitaxial films grown on *ex situ* low-temperature AlN templates on Si substrates by the combination methods of PLD and MOCVD. Journal of Alloys and Compounds, 2017, 718: 28.

[37] Dadgar A, Poschenrieder M, Bläsing J, et al. Thick, crack-free blue light-emitting diodes on Si (111) using low-temperature AlN interlayers and in situ Si_xN_y masking. Applied Physics Letters, 2002, 80: 3670.

[38] Dadgar A, Hempel T, Bläsing J, et al. Improving GaN-on-silicon properties for GaN device epitaxy. Physica Status Solidi (c), 2011, 8: 1503.

[39] Chen P, Zhang R, Zhao Z, et al. Growth of high quality GaN layers with AlN buffer on Si (111) substrates. Journal of Crystal Growth, 2001, 225: 150-154.

[40] Radtke G, Couillard M, Botton G, et al. Structure and chemistry of the Si (111)/AlN interface. Applied Physics Letters, 2012, 100: 011910.

[41] Liu R, Ponce F, Dadgar A, et al. Atomic arrangement at the AlN/Si (111) interface. Applied Physics Letters, 2003, 83: 860-862.

[42] Lin Y H, Yang M J, Wang W L, et al. High-quality crack-free GaN epitaxial films grown on Si substrates by a two-step growth of AlN buffer layer. CrystEngComm, 2016, 18: 2446-2454.

[43] Cheng J P, Yang X L, Sang L, et al. Growth of high quality and uniformity AlGaN/GaN heterostructures on Si substrates using a single AlGaN layer with low Al composition. Scientific Reports, 2016, 6: 23020.

[44] Sun Y, Zhou K, Sun Q, et al, Room-temperature continuous-wave electrically injected InGaN-based laser directly grown on Si. Nature Photonics, 2016, 10: 595.

[45] Li Y, Wang W L, Li X C, et al. Stress and dislocation control of GaN epitaxial films grown on Si substrates and their application in high-performance light-emitting diodes. Journal of Alloys and Compounds, 2019, 771: 1000.

[46] Rossetti R, Nakahara S, Brus L E. Quantum size effects in the redox potentials, resonance Raman spectra, and electronic spectra of CdS crystallites in aqueous solution. Journal of Chemical Physics, 1983, 79: 1086-1088.

[47] Damilano B, Grandjean N, Semond F, et al. From visible to white light emission by GaN quantum dots on Si (111) substrate. Applied Physics Letters, 1999, 75: 962-964.

[48] Damilano B, Grandjean N, Semond F, et al. Violet to orange room temperature luminescence from GaN quantum dots on Si (111) substrates. Physica Status Solidi B: Basic Research, 1999, 216: 451-455.

[49] Amano T, Aoki S, Sugaya T, et al. Laser charaderistics of 1.3-μm quantum dots laser with high-density quantum dots. IEEE Journal of Selected Topics in Quantum Electronics, 2007, 13: 1273-1278.

[50] Woo S, Ryu G, Kim T, et al. Growth and fabrication of GaAs thin-film solar cells on a Si substrate via hetero epitaxial lift-off. Applied Sciences, 2022, 12(2): 820.

[51] Velazquez-Rizo M, Kirilenko P, Iida D, et al. Passivation of surface states in GaN by NiO particles. Crystals, 2022, 12(2): 211.

[52] Rouvière J L, Simon J, Pelekanos N, et al. Preferential nucleation of GaN quantum dots at the edge of AlN threading dislocations. Applied Physics Letters, 1999, 75: 2632-2634.

[53] Sergent S, Moreno J C, Frayssinet E, et al. GaN quantum dots grown on silicon for free-standing membrane photonic structures. Applied Physics Express, 2009, 2(5): 113-121.

[54] Benaissa M, Vennegues P, Tottereau O, et al. Investigation of AlN films grown by molecular beam epitaxy on vicinal Si(111) as templates for GaN quantum dots. Applied Physics Letters, 2006, 89(23): 2282.

[55] Bardoux R, Guillet T, Lefebvre P, et al. Micro-photoluminescence of isolated hexagonal GaN/AlN quantum dots: role of the electron-hole dipole. 28th International Conference on the Physics of Semiconductors (ICPS-28), 2007.

[56] Hoshino K, Arakawa Y. UV photoluminescence from GaN self-assembled quantum dots on $Al_xGa_{1-x}N$ surfaces grown by metalorganic chemical vapor deposition. Physica Status Solidi (c), 2004, 1(10): 2516-2519.

[57] Das D, Aiello A, Guo W, et al. InGaN/GaN quantum dots on silicon with coalesced nanowire buffer layers: a potential technology for visible silicon photonics. IEEE Transactions on Nanotechnology, 2020, 19: 571-574.

[58] Hori Y, Oda O, Bellet-Amalric E, et al. GaN quantum dots grown on $Al_xGa_{1-x}N$ layer by plasma-assisted molecular beam epitaxy. Journal of Applied Physics, 2007, 102(2): 024311.

[59] Meneghini M, Meneghesso G, Zanoni E. Power GaN Devices: Materials, Applications and Reliability. Switzerland: Springer International Publishing, 2017.

[60] Daudin B, Widmann F, Feuillet G, et al. Stranski-Krastanov growth mode during the molecular beam epitaxy of highly strained GaN. Physical Review B, 1997, 56: R7069-R7072.

[61] Honda Y, Okano M, Yamaguchi M, et al. Uniform growth of GaN on AlN templated (111)Si substrate by HVPE. Physical Status Solidi, 2010, 2(7): 2125-2128.

[62] Tachibana K, Someya T, Arakawa Y. Nanometer-scale InGaN self-assembled quantum dots grown by metalorganic chemical vapor deposition. Applied Physics Letters, 1999, 74: 383-385.

[63] Leonard D, Pond K, Petroff P M. Critical layer thickness for self-assembled InAs islands on GaAs. Physical Review B, Condensed Matter, 1994, 50: 11687-11692.

[64] Feltin E, Beaumont B, Laügt M, et al. Stress control in GaN grown on silicon (111) by metalorganic vapor phase epitaxy. Applied Physics Letters, 2001, 79: 3230-3232.

[65] Krost A, Dadgar A. GaN-based optoelectronics on silicon substrates. Materials Science and Engineering B: Solid State Materials for Advanced Technology, 2002, 93: 77-84.

[66] Krost A, Dadgar A, Strassburger G, et al. GaN-based epitaxy on silicon: stress mea-surements. Physica Status Solidi (a), 2003, 200(1): 26-35.

[67] Wang Y, Ozcan A S, Ludwig K F, et al. Real-time studies of gallium adsorption and desorption kinetics on sapphire (0001) by grazing incidence small-angle X-ray scattering and X-ray fluorescence. Journal of Applied Physics, 2008, 103: 103538.

[68] Gherasimova M, Cui G, Jeon S R, et al. Droplet heteroepitaxy of GaN quantum dots by metal-organic chemical vapor deposition. Applied Physics Letters, 2004, 85: 2346-2348.

[69] Debnath R K, Stoica T, Besmehn A, et al. Formation of GaN nanodots on Si (111) by droplet nitridation. Journal of Crystal Growth, 2009, 311: 3389-3394.

[70] Kawamura T, Hayashi H, Miki T, et al. Molecular beam epitaxy growth of GaN under Ga-rich conditions investigated by molecular dynamics simulation. Japanese Journal of Applied Physics, 2014, 53: 05FL08.

[71] Lu H, Reese C, Jeon S, et al. Mechanisms of GaN quantum dot formation during nitridation of Ga droplets. Applied Physics Letters, 2020, 116: 062107.

[72] Maruyama T, Otsubo H, Kondo T, et al. Fabrication of GaN dot structure by droplet epitaxy using NH_3. Journal of Crystal Growth, 2007, 301: 486-489.

[73] Erenburg S B, Trubina S V, Bausk N V, et al. The microstructure of vertically coupled quantum dots ensembles by EXAFS spectroscopy. Journal of Surface Investigation, 2011, 5: 856-862.

[74] Qi Z, Sun H, Hu W. High-density and uniform-size $GaN/Al_{0.5}GaN$ self-assembled quan-tum dots grown by metalorganic chemical vapor deposition. Annual Conference of Chinese-Society-of-Optical-Engineering (CSOE) on Nanophotonics (AOPC). Nanopho-tonics, 2019, 11336: 85-91.

[75] Dang K M, Rinklin P, Schnitker J, et al. Fabrication of precisely aligned microwire and microchannel structures: toward heat stimulation of guided neurites in neuronal cultures. Physica Status Solidi (a): Applications and Materials Science, 2017, 214(9): 1600729.

[76] Tsai C Y, Su Y Z, Yu I S. Effects of temperature and nitradition on phase transformation of GaN quantum dots grown by droplet epitaxy. Surface & Coatings Technology, 2019, 358: 182-189.

[77] Deng J, Yu J, Hao Z, et al. Disk-Shaped GaN quantum dots embedded in AlN nanowires for room-temperature single-photon emitters applicable to quantum information tech-nology. ACS Applied Nano Materials, 2022, 5: 4000-4008.

[78] Aagesen L K, Lee L K, Ku P C, et al. Phase-field simulations of GaN/InGaN quantum dot growth by selective area epitaxy. Journal of Crystal Growth, 2012, 361: 57-65.

[79] Han W Q, Fan S S, Li Q Q, et al. Synthesis of gallium nitride nanorods through a carbon nanotube-confined reaction. Science, 1997, 277 (5330): 1287-1289.

[80] Cho I S, Chen Z B, Forman J A, et al. Branched TiO_2 nanorods for photoelectrochemical hydrogen production. Nano Letters, 2011, 11(11): 4978-4984.

[81] Kayes B M, Atwater H A, Lewis N S. Comparison of the device physics principles

of planar and radial p-n junction nanorod solar cells. Journal Applied Physics, 2005, 97(11): 114302.

[82] Yang P D, Yan R X, Fardy M. Semiconductor nanowire: what's next? Nano Letters, 2010, 10(5): 1529-1536.

[83] Huang Y, Chattopadhyay S, Jen Y, et al. Improved broadband and quasi-omnidirectional anti-reflection properties with biomimetic silicon nanostructures. Nature Nanotechnology, 2007, 2(12): 770-774.

[84] Deng J, Su Y, Liu D, et al. Nanowire photoelectrochemistry. Chemical Reviews, 2019, 119(15): 9221-9259.

[85] Rachaudhui S, Yu E T. Critical dimensions in coherently strained coaxial nanowire heterostructures. Journal Applied Physics, 2006, 99(11): 7.

[86] Kim S H, Ebaid M, Kang J H, et al. Improved efficiency and stability of GaN photoanode in photoelectrochemical water splitting by NiO cocatalyst. Applied Surface Science, 2014, 305: 638-641.

[87] Kibria M G, Qiao R M, Yang W L, et al. Atomic-scale origin of long-term stability and high performance of p-GaN nanowire arrays for photocatalytic overall pure water splitting. Advanced Materials, 2016, 28(38): 8388-8397.

[88] Kumaresan V, Largeau L, Madouri A, et al. Epitaxy of GaN nanowires on graphene. Nano Letters, 2016, 16 (8): 4895-4902.

[89] Zhao C, Ng T K, Tseng C C, et al. InGaN/GaN nanowires epitaxy on large-area MoS₂ for high-performance light-emitters. RSC Advances, 2017, 7 (43): 26665-26672.

[90] Wanger R S, Ellis W C. Vapor-liquid-solid mechanism of single crystal growth. Applied Physics Letters, 1964, 4 (5): 89-90.

[91] Johar M A, Hassan M A, Waseem A, et al. Stable and high piezoelectric output of GaN nanowire-based lead-free piezoelectric nanogenerator by suppression of internal screening. Nanomaterials, 2018, 8 (6): 12.

[92] Wu S T, Yi X Y, Tian S, et al. Understanding homoepitaxial growth of horizontal kinked GaN nanowires. Nanotechnology, 2021, 32 (9): 10.

[93] Cai W H, Yu L Y, Lee C Y, et al. Growth of the serrated GaN nanowire and its photoelectrochemical application. Journal of the Electrochemical Society, 2022, 169 (6): 6.

[94] Wu C H, Lee P Y, Chen K Y, et al. Selective area growth of high-density GaN nanowire arrays on Si (111) using thin AlN seeding layers. Journal of Crystal Growth, 2016, 454: 71-81.

[95] Ra Y H, Lee C R. Understanding the p-type GaN nanocrystals on InGaN nanowire heterostructures. ACS Photonics, 2019, 6 (10): 2397-2404.

[96] Wang R J, Cheng S B, Vanka S, et al. Selective area grown AlInGaN nanowire arrays with core-shell structures for photovoltaics on silicon. Nanoscale, 2021, 13 (17): 8163-8173.

[97] Khan K, Jian Z, Li J, et al. Selective-area growth of GaN and AlGaN nanowires on

N-polar GaN templates with 4° miscut by plasma-assisted molecular beam epitaxy. Journal of Crystal Growth, 2023, 611: 7.

[98] Bae H, Rho H, Min J W, et al. Improvement of efficiency in graphene/gallium nitride nanowire on Silicon photoelectrode for overall water splitting. Applied Surface Science, 2017, 422: 354-358.

[99] Xu Z Z, Yu Y F, Han J L, et al. The mechanism of indium-assisted growth of (In)GaN nanorods: eliminating nanorod coalescence by indium-enhanced atomic migration. Nanoscale, 2017, 9 (43): 16864-16870.

[100] Xu Z Z, Zhang S G, Gao F L, et al. Correlations among morphology, composition, and photoelectrochemical water splitting properties of InGaN nanorods grown by molecular beam epitaxy. Nanotechnology, 2018, 29 (47): 475603.

[101] Lin J, Yu Y F, Xu Z Z, et al. Electronic engineering of transition metal Zn-doped InGaN nanorods arrays for photoelectrochemical water splitting. Journal of Power Sources, 2020, 450: 10.

[102] Lin J, Yu Y F, Zhang Z J, et al. A novel approach for achieving high-efficiency photoelectrochemical water oxidation in InGaN nanorods grown on Si system: MXene nanosheets as multifunctional interfacial modifier. Advanced Functional Materials, 2020, 30 (13): 11.

[103] Mudiyanselage K, Katsiev K, Idriss H. Effects of experimental parameters on the growth of GaN nanowires on Ti-film/Si (100) and Ti-foil by molecular beam epitaxy. Journal of Crystal Growth, 2020, 547: 10.

[104] Zheng Y L, Li Y, Tang X, et al. A self-powered high-performance UV photodetector based on core-shell GaN/MoO_{3-x} nanorod array heterojunction. Advanced Optical Materials, 2020, 8 (15): 9.

[105] Zheng Y L, Cao B, Tang X, et al. Vertical 1D/2D heterojunction architectures for self-powered photodetection application: GaN nanorods grown on transition metal dichalcogenides. ACS Nano, 2022, 16 (2): 2798-2810.

[106] Auzelle T, Oliva M, John P, et al. Density control of GaN nanowires at the wafer scale using self-assembled SiN_x patches on sputtered TiN (111). Nanotechnology, 2023, 34 (37): 11.

[107] Kumar R, Sahoo S, Joanni E, et al. Recent progress in the synthesis of graphene and derived materials for next generation electrodes of high performance lithium ion batteries. Progress in Energy and Combustion Science, 2019, 75: 100786.

[108] Jessen B S, Gammelgaard L, Thomsen M R, et al. Lithographic band structure engineering of graphene. Nature Nanotechnology, 2019, 14(4): 340-346.

[109] Huang W, Hu L, Tang Y, et al. Recent advances in functional 2D MXene-Based nanostructures for next-generation devices. Advanced Functional Materials, 2020, 30(49): 2005223.

[110] Li Z, Qiao H, Guo Z, et al. High-performance photo-electrochemical photodetector based on liquid-exfoliated few-layered InSe nanosheets with enhanced stability. Ad-

vanced Functional Materials, 2017, 28(16): 1705237.

[111] Wang W, Jiang H, Li L, et al. Two-dimensional group-Ⅲ nitrides and devices: a critical review. Reports on Progress in Physics, 2021, 84(8): 086501.

[112] Al Balushi Z Y, Wang K, Ghosh R K, et al. Two-dimensional gallium nitride realized via graphene encapsulation. Nature Materials, 2016, 15(11): 1166-1171.

[113] Chen Y, Liu K, Liu J, et al. Growth of 2D GaN single crystals on liquid metals. Journal of the American Chemical Society, 2018, 140(48): 16392-16395.

[114] Simon J, Zhang Z, Goodman K, et al. Polarization-induced zener tunnel junctions in wide-bandgap heterostructures. 2009 67th Annual Device Research Conference, University Park, PA, USA, 2009.

[115] Kako S, Santori C, Hoshino K, et al. A gallium nitride single-photon source operating at 200 K. Nature Materials, 2006, 5(11): 887-892.

[116] Chen S, Xu R, Liu J, et al. Simultaneous production and functionalization of boron nitride nanosheets by sugar-assisted mechanochemical exfoliation. Advanced Materials, 2019, 31(10): 1804810.

[117] 刘萍. 二维材料的制备、表征及其电学性能的研究. 合肥: 中国科学技术大学, 2020.

[118] Hwang J, Kim M, Shields V B, et al. CVD growth of SiC on sapphire substrate and graphene formation from the epitaxial SiC. Journal of Crystal Growth, 2013, 366: 26-30.

[119] Gigliotti J, Li X, Sundaram S, et al. Highly ordered boron nitride/epigraphene epitaxial films on silicon carbide by lateral epitaxial deposition. ACS Nano, 2020, 14(10): 12962-12971.

[120] Monemar B, Paskov P P, Haradizadeh H, et al. Optical investigation of AlGaN/GaN quantum wells and superlattices. Physica Status Solidi (a), 2004, 201(10): 2251-2258.

[121] Wang W, Zheng Y, Li X, et al. 2D AlN layers sandwiched between graphene and Si substrates. Advanced Materials, 2019, 31(4): 1803448.

[122] Wang W, Li Y, Zheng Y, et al. Lattice structure and bandgap control of 2D GaN grown on Graphene/Si heterostructures. Small, 2019, 15(14): 1802995.

[123] Pécz B, Nicotra G, Giannazzo F, et al. Indium nitride at the 2D limit. Advanced Matierials, 2021, 33(1): 2006660.

[124] Liu B, Yang W, Li J, et al. Template approach to crystalline GaN nanosheets. Nano Letters, 2017, 17(5): 3195-3201.

[125] Syed N, Zavabeti A, Messalea K A, et al. Wafer-sized ultrathin gallium and indium nitride nanosheets through the ammonolysis of liquid metal derived oxides. Journal of the American Chemical Society, 2019, 141(1): 104-108.

[126] Zhang G, Chen L, Wang L, et al. Subnanometer-thick 2D GaN film with a large bandgap synthesized by plasma enhanced chemical vapor deposition. Journal of Materials Chemistry A, 2022, 10(8): 4053-4059.

[127] Briggs N, Preciado M I, Lu Y, et al. Transformation of 2D group-Ⅲ selenides to ultrathin nitrides: enabling epitaxy on amorphous substrates. Nanotechnology, 2018, 29(47): 47LT02.

第 3 章　Si 基 GaN LED 材料与芯片

3.1　引　言

半导体发光二极管 (light emitting diode，LED) 所代表的固态照明技术因其具有节能环保、高能效、长寿命、高可靠性、安全的优点，已成为照明领域的绝对主力，被广泛应用于大功率照明、全彩显示、可见光通信等领域，同时也是我国低碳经济发展的重要方向。

目前，市场上白光照明 LED 主要是 GaN 基 LED，其衬底材料主要有蓝宝石、Si 和 SiC。蓝宝石衬底与 SiC 衬底上 LED 的技术体系发展得较早，在市场上具有较大的占有率。与蓝宝石衬底和 SiC 衬底相比，Si 衬底除显著的低成本和大尺寸优势外，还具有良好的导电和导热性能，可方便地制成散热良好的垂直结构芯片。Si 基 GaN LED 也逐渐走入人们的视野。中国率先实现了 Si 基 GaN LED 芯片量产，切实打破了日亚、科锐等国外公司对 LED 在蓝宝石、SiC 衬底上的垄断格局，成为世界上第三个掌握 LED 自主知识产权技术的国家。经过近年来的技术攻关，Si 基 GaN LED 已体现出不输于蓝宝石衬底与 SiC 衬底上 LED 的性能。

3.2　GaN LED 芯片工作原理

LED 本质上是一种 pn 结二极管，由直接能带间隙半导体材料构成。在有载流子注入到有源区的条件下，电子和空穴对会发生辐射复合而发射出光子，其中光子能量相当于有源区材料能带间隙能量 E_g(eV)，其波长 λ (nm) 同能带间隙的关系满足 [1]

$$\lambda = 1.24/E_g \tag{3.1}$$

图 3.1 为 LED 中 pn 结的能带示意图。在未加载偏置电压的情况下，处于平衡状态的 pn 结在载流子耗尽区形成了内建势垒。由于内建势垒的存在，n 层中的电子和 p 层中的空穴均被阻挡而不能向有源层移动。当加载到一个足够大的正向偏置电压时，耗尽区的内建势垒被加载的外部电场抵消了一部分，因而 n 层中的电子和 p 层中的空穴能够越过内建势垒，分别向 p 层和 n 层方向流动。在载流子注入到有源层后，电子与空穴发生复合释放出光子，从而产生电致发光现象。LED 中所发射出的光为自发辐射，发射出的光子具备随意方向。

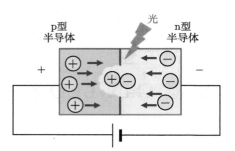

图 3.1   LED 中 pn 结能带示意图

白光 LED 主要包括多芯片组合型白光 LED 和光转换型白光 LED 两种。

1. 多芯片组合型白光 LED

光转换型白光 LED 使用红、绿、蓝三基色 LED 芯片按照一定的排列方式集合成一个白光的 LED 模块，实现白光输出。这种 LED 显色性好，显色指数可达 90 左右，而且由于发光全部来自二极管，不需要进行光谱转换，能量损失小，效率最高。另外，它是靠调节三种颜色 (红、绿、蓝，RGB) 发光二极管的光强来产生白光的，因此在调节发光颜色上具有相对的灵活性，但是这种 LED 的缺点也十分明显。由于三种颜色 LED 的量子效率各不相同，单个 LED 芯片的性能不一样，因此会带来输出光的不稳定，造成其色稳定性差。为了保持颜色的稳定，常需要 IC 芯片控制以及相对复杂的外围监控和反馈系统进行补偿，加上其光学方面的设计，其封装难度较大，成本较高。

除 RGB 三芯片组合型白光 LED 外，还有双芯片组合型和多芯片组合型。其中，双芯片组合型可由蓝光 LED+ 黄光 LED、蓝光 LED+ 黄绿光 LED 以及蓝绿光 LED+ 黄光 LED 制成，此种芯片成本较低，但是由于靠两种颜色 LED 混合形成白光，显色性较差，只在对显色性要求不高的场合才使用。

2. 光转换型白光 LED

光转换型白光 LED 是利用蓝光 (或者近紫外光)LED 芯片发出蓝光 (或近紫外光)，然后激发其他荧光材料产生黄光、红光 (或红光、绿光、蓝光) 复合而形成白光。

蓝光 LED 芯片和可被蓝光有效激发的黄色荧光粉结合的白光 LED，是目前制造白光 LED 的最主要方法。LED 芯片发出的蓝光部分被荧光粉吸收，有效地激发荧光粉发射黄光，剩余的蓝光穿过荧光粉透出，与黄光混合得到白光。这种 LED 的优点是结构简单、成本低廉、工艺重复性好，是目前最成熟的商品化白光 LED。它的缺点主要有：① 由蓝光、黄光复合而成的白光 LED 由于缺少红光部分，光谱不够宽，显色指数不高，一般在 80 以下；② 利用短波长的蓝光激发荧光粉产生波长更长的黄光，存在能量消耗；③ 它的发光颜色与输入电流大小、荧光粉的涂层厚度有关，并且随着温度的升高和使用时间的延长，LED 芯片的荧光粉各自的发光效率也会发生不同程度的改变，造成输出光色温漂移。

近紫外 LED 与可被近紫外光有效激发的红、绿、蓝三基色荧光粉结合可形成白光 LED。与上述蓝光、黄光复合的 LED 相比，白光由红、绿、蓝三基色光混合而成，因此显色指数高达 90 以上，且白光的色品质可通过选择合适的荧光粉体及其配比随意调节。这类 LED 缺点主要有：① 近紫外光 LED 芯片的发光效率比蓝光 LED 芯片低，且成本更高；② LED 封装材料在紫外线的照射下容易老化，寿命缩短；③ 多种荧光粉混合后往往存在相互间颜色再吸收与配比调控问题，使流明效率和色彩还原性受到很大影响。

3.3 Si 基 GaN LED 材料的发展意义

3.3.1 Si 基 GaN LED 的优势

Si 基 GaN LED 制造技术是国际上蓝宝石、SiC、Si 这三种不同衬底技术路线中的第三条 LED 制造技术路线，是 LED 三大原创技术之一。与前两条技术路线相比，Si 基 GaN LED 具有以下优势。

第一，性能优越，Si 基 GaN LED 芯片以垂直结构为主，电流分布和芯片出光更为均匀，且衬底具有良好的导热性，因此，Si 基 GaN LED 芯片具有更为优异的散热性能，可承受的电流密度高，更适用于大功率 LED 照明。

第二，芯片封装工艺简单，垂直结构的 Si 基 GaN LED 芯片电极分别位于芯片的两端，在芯片封装时只需单电极引线，简化了封装工艺，节约了封装成本。

第三，出光方向性好，Si 基 GaN LED 采用单面出光的垂直芯片结构，特别适合于大功率 LED 照明和需要方向光和高品质出光等照明领域。

第四，单颗大功率，垂直结构 Si 基 GaN LED 芯片，芯片电流分布均匀性好，芯片散热好，是目前单颗大功率 LED(3~10 W) 中最为常用的芯片。

第五，具有原创知识产权，Si 基 GaN LED 技术从源头上打破了欧洲、美国、日本等垄断的蓝宝石 LED 技术和 SiC LED 技术专利壁垒，形成了蓝宝石、碳化硅、硅衬底半导体照明技术方案三足鼎立的局面。中国率先实现了 Si 基 GaN LED 芯片的量产，成为世界上第三个掌握 LED 自主知识产权技术的国家。

因此，以 Si 基 GaN LED 外延生长和芯片制备为核心的 LED 技术体系的发展，对于推动我国拥有自主知识产权的半导体 LED 照明产业具有重要意义。

3.3.2　Si 基 GaN LED 面临的瓶颈

在本书前面内容已经提到，GaN 与 Si 之间存在较为严重的 "回熔刻蚀" 反应。同时，Si 外延生长 GaN 用的 (111) 面 Si 衬底与 GaN(0002) 面之间的晶格失配高达 16.9%，会产生高达 5×10^9 cm^{-3} 密度的穿透位错，从而影响 LED 芯片的性能，恶化 LED 芯片的可靠性。更为严重的是，Si 与 GaN 之间存在 56% 的热失配，导致 GaN 材料在降温后会受到巨大的张应力，使得晶圆呈碗状弯曲，严重时还会导致芯片出现裂纹，极大地影响了芯片的发光均匀性和发光的总量，且会导致严重的漏电流，从而影响芯片的使用寿命 [2]。

除了在 Si 衬底上外延生长所面临的挑战外，传统 c 面 Ⅲ 族氮化物的自发和压电极化也会对 LED 性能造成不利影响。强极化电场会使能带发生弯曲、电子-空穴波函数重叠度减少、量子阱中的复合效率降低并使辐射波长红移。此外，Si 衬底存在着吸光的问题，即从有源层中发射出的向 Si 衬底方向传播的光中，几乎一半会被 Si 衬底吸收，这也严重地削弱了 LED 芯片的光提取率 (light extraction efficiency，LEE)。

这些问题使得在 Si 衬底上外延生长 GaN 基 LED 并制备高效的 LED 芯片十分困难，这也是多年来阻碍 Si 衬底成为主流商业化 LED 外延衬底的重要因素。因此，实现 Si 衬底上的 GaN 基 LED 的外延以及芯片制备的研发，主要就是围绕以上问题而展开。

3.4　Si 基 GaN LED 材料的生长与优化

3.4.1　V 形坑调控技术

异质外延生长的 GaN LED 的位错密度高达 $10^8 \sim 10^{10}$ cm^{-2} 量级。"V 形坑" 就是一种在 GaN LED 中普遍存在的典型缺陷。V 形坑起初被认为是非辐射复合中心，会导致漏电、发光效率下降等问题。自 2005 年 Hangleiter 等 [3] 提出 V 形坑屏蔽位错理论，人们才逐渐认识到 V 形坑不仅可以屏蔽位错、抑制非辐射复合，还可以促进空穴注入至量子阱区域内，对提高 GaN LED 有着重要贡献。

V 形坑呈倒六角锥状，有 6 个侧面，每个侧面为 (10$\bar{1}$1) 面，侧面与 c 面的夹角均为 62°，其结构示意图如图 3.2 所示。V 形坑可能起源于穿透位错、反相畴、堆垛位错或者富 In 团簇，其中，穿透位错是最常见的 V 形坑源头。由图 3.2 所示，V 形坑的尺寸并不统一，较大的 V 形坑通常起源于超晶格最初的几个原子层甚至超晶格层前面的低温 GaN 层，较小的 V 形坑则起源于超晶格层中间。

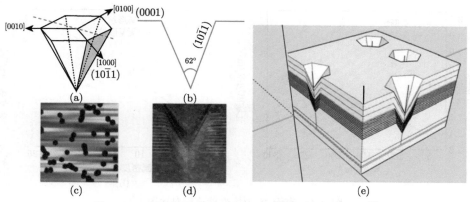

图 3.2 V 形坑的 AFM、TEM 形貌及结构示意图 [4]

(a) 结构示意图；(b) 横截面示意图；(c) 表面 AFM 图；(d) 横截面 TEM 图；(e) 三维结构示意图

穿透位错处会形成具有侧壁量子阱的 V 形坑，侧壁量子阱的 In 含量较低、禁带宽度较大、势垒较高，此高势垒可阻挡载流子被非辐射复合中心捕获 [5]。这一发现使得 V 形坑侧壁量子阱的特殊载流子调控机制吸引了人们的极大关注。而后这一理论也通过实验得到了验证，在小尺寸 V 形坑处非辐射复合很强，对应阴极荧光 (cathodoluminescene，CL) 暗斑要比实际尺寸大许多，然而在大尺寸 V 形坑处，CL 暗斑与 V 形坑实际尺寸相近 [6]。

当 V 形坑侧壁面呈 V 形贯穿于整个有源区时，因其特殊的几何结构，空穴很容易通过 V 形侧壁注入至更深的发光量子阱中，可以降低工作电压和改善电子与空穴空间上的不均匀分布。Quan 等 [7] 通过数值模拟方法，首次从理论上证明了空穴从 V 形坑侧壁的注入路径，空穴从 V 形坑侧壁注入至平台量子阱中所需克服的势垒高度为 204 meV，要远低于空穴从平台注入所需克服的势垒高度 (306 meV)，这就迫使空穴更倾向于从 V 形坑 (10$\bar{1}$1) 侧壁面注入到平台量子阱中，从而改善了电子与空穴在多量子阱区的不均匀分布。

不同于 "尽可能降低位错密度" 的思路，V 形坑则为位错控制技术提供了另一种思路：利用位错开出 V 形坑，化缺点为优点。因此，在外延生长 GaN 基 LED 的过程中，可以通过在 n 型层设计一段 InGaN/GaN 超晶格层作为 V 形坑产生层，从而尽可能在位错处开出贯穿于整个量子阱的大尺寸 V 形坑，进而达到屏蔽位错和促进空穴注入的作用。此外，V 形坑又能够释放 InGaN 量子阱中的失配应力，有利于并入更多的 In 组分，从而实现芯片发光效率的提升，如图 3.3 所示 [8]。合理地利用位错调控 V 形坑在研制 Si 基 GaN LED 中发挥着重要作用。

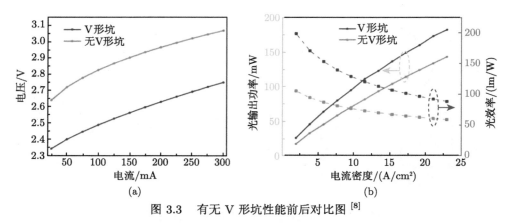

图 3.3　有无 V 形坑性能前后对比图 [8]

(a) 电压–电流 (V-I) 曲线；(b) 光输出功率–电流密度–光效率曲线

3.4.2　超晶格应力释放层

因外延生长中薄膜间的晶格常数差异，InGaN/GaN 量子阱通常会受到压应力而产生巨大的压电场，压电场的存在会降低电子–空穴波函数的空间重叠度从而导致芯片的发光效率下降，即为量子限制斯塔克效应 (quantum confined Stark effect，QCSE)。而由于超晶格的特殊结构，能释放外延层中不同材料之间的应力，对削弱芯片中的极化电场具有重要作用。

为了减小量子阱所受应力，通常会在 n-GaN 层与量子阱有源区之间插入 InGaN/GaN 超晶格 (superlattice，SL) 层，以此来释放量子阱所受应力，实现减小阱中的压电场，使电子和空穴的波函数重叠度增加，提高 LED 辐射复合率的效果。Tsai 等 [9] 采用 InGaN/GaN SL 作为阱前插入层，不仅减小了量子阱的应力，还改善了量子阱的晶体质量，从而获得了较高的发光效率。与没有超晶格层的样品相比，其发光峰值波长随电流密度的漂移更小，说明量子阱的应力得到了有效释放，减小了量子限制斯塔克效应，同时，改善了量子阱的晶体质量并提高了 LED 的发光效率。

此外，通过 InGaN/GaN 超晶格的厚度与 In 含量变化可调控 V 形坑尺寸。通过增加 In 组分含量，能够实现 V 形坑的密度降低和表面粗糙度的减小，如图 3.4 所示。同时，超晶格层中的 InGaN 层对电子同样有一定的限制作用，从而可以冷却电子，减缓电子的迁移速率，有助于减少大电流密度下 LED 量子阱区的载流子泄漏。总之，阱前 InGaN/GaN 超晶格插入层可以平衡阱垒层间的应力，因而可减小量子阱中的压电场并能提高量子阱的晶体质量，从而改善 LED 的发光性能。

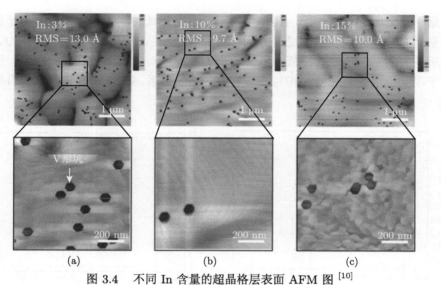

图 3.4   不同 In 含量的超晶格层表面 AFM 图 [10]

In 含量分别为 (a)3%；(b)10%；(c)15%

3.4.3 InGaN/GaN 多量子阱的优化

InGaN/GaN 多量子阱 (multiple quantum well, MQW) 是 GaN LED 的核心发光层，电子和空穴在正向偏压的作用下在 InGaN 量子阱层中复合，多余的能量将以光子的形式散发，LED 的发光波长取决于 InGaN 势阱的禁带宽度。多量子阱的质量和结构参数是决定其发光效率和工作性能的关键。

在多量子阱区域中处于 InGaN 量子阱 (QW) 及 GaN 量子垒 (QB) 界面的极化电荷会在量子阱层中引入强电场，导致能带发生弯曲，电子–空穴波函数重叠度减少，多量子阱中的辐射复合效率降低并使得辐射波长红移。这也是此前曾提到的量子限制斯塔克效应。为了减弱多量子阱中的这一极化效应的影响，本团队 [11] 通过势垒 Si 掺杂，改善了多量子阱结构的表面质量和 In 组分波动，在外加正向电流的作用下更大程度地屏蔽了极化电场，提高了辐射复合效率。虽然在势垒层掺 Si 不利于空穴在量子阱结构的传输，但能够增强电流的横向扩展性，提高有源区的有效发光面积，同时抑制正向电压的增加，实现亮度提高约 17%。在此基础上，本团队 [12] 将常规的 GaN 量子垒替换为 InGaN 量子垒，由于掺入了合适组分的 In 原子，量子垒的能带间隙降低，所以量子垒能带整体的势垒减小，有利于电子和空穴向量子阱的注入，量子阱内载流子浓度提升约 32%。同时电子和空穴在量子阱内的传输也会得到加强，其分布也会变得更加均匀。为了进一步释放量子阱内的压应力，本团队 [13] 通过降低量子垒的生长温度来促进更多的 In 原子并入 GaN 晶格中，如图 3.5 所示，使得量子垒的 In 组分增加，从而降低量子阱与量子垒之间的晶格失配,其产生的压应力也会减弱。同时也减小了量子阱与量子垒之间的生长温度差,进而降低了量子阱在降温过程中所受到的热应力。量子阱所受到的总的压应力降低,弛豫度增加。通过对量子阱弛豫度的控制,协调了量子限制斯塔克效应的削弱与晶体质量变差的关系,LED 的光电性能提升幅度达 19%。

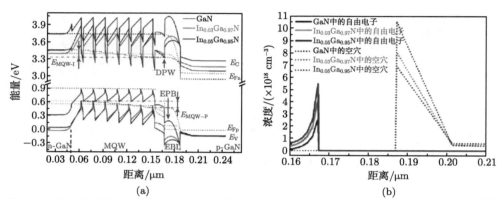

图 3.5　量子垒不同 In 含量下的 (a) 能带图;(b)EBL 层附近区域的自由电子与空穴浓度 [12]

　　由于 InGaN/GaN 多量子阱中 In 组分较低,较低的势垒高度将导致多量子阱中的载流子易于泄漏。为了增强垒阱间的势垒高度,AlGaN 势垒被提出来替换 GaN 势垒以提高多量子阱的载流子限制能力。但 AlGaN 与 InGaN 材料的适宜生长温度相差较大 (>200 ℃),界面处产生高密度的缺陷,使得多量子阱的晶体质量恶化。并且 InGaN 阱与 AlGaN 垒之间的晶格失配更大,这使得多量子阱中与晶格失配相关的极化场增大,导致更加严重的量子限制斯塔克效应。极化匹配的 AlInGaN 势垒层能够改善量子阱内电子–空穴波函数的空间重叠,减少量子限制斯塔克效应。但是晶格匹配的 AlInGaN 量子垒会降低势垒高度,影响对载流子的限制能力,且高质量的四元合金材料往往难以获得。为此,本团队 [14] 提出了 GaN/AlGaN/GaN 梯形量子垒结构,改善了多量子阱层的晶体质量,强化了 LED 的载流子辐射复合效率和量子效率。以理论计算和实际实验相结合的方式研究了这一结构的影响,GaN 垒作为 InGaN 阱的保护层和温度过渡层可避免 In 的解析以提高多量子阱的质量。AlGaN 垒相较于 GaN 垒,电子的有效势垒高度增加,空穴能带势垒高度降低,实现了对电子限制能力增强的同时,改善了空穴的注入效率。与常规 GaN 及 AlGaN 垒结构对比,光输出功率分别提升了 34%和 11%,如图 3.6 所示。

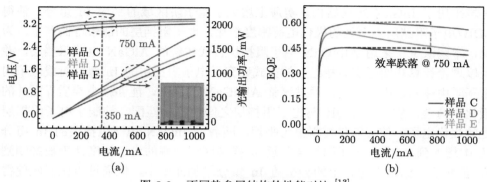

图 3.6   不同势垒层结构的性能对比 [13]

(a) *L-I-V* 测试曲线；(b) EQE-*I* 曲线

3.4.4 电子阻挡层

GaN 材料中电子的迁移率 $[1000 \ cm^2/(V \cdot s), 300 \ K]$ 远比空穴的迁移率 $[13 \ cm^2/(V \cdot s), 300 \ K]$ 大。在驱动电流作用下，电子与空穴在 LED 芯片中的扩散–漂移距离不同，其中电子从 n-GaN 向 p-GaN 的扩散–漂移距离要比从 p-GaN 向 n-GaN 的扩散–漂移距离大，这导致芯片中电子与空穴的空间分布呈现出明显的不对称，二者复合概率最大的位置在于量子阱中靠近 p-GaN 的区域。这体现出量子阱对电子和空穴的限制能力是不同的，当所加驱动电流持续增大时，量子阱对电子的限制作用会更加弱，以至于发生电子脱离量子阱的限制而向 p-GaN 泄漏的现象。电子扩散到 p-GaN 区域之后将不能再参与量子阱中载流子的辐射复合，其动能最终会转化为热能，造成芯片发光效率的下降。

为了增强量子阱对电子的限制能力，可以在芯片结构中引入电子阻挡层结构，即 p-AlGaN 层。电子阻挡层 (electron blocking layer, EBL) 的本质是 $Al_xGa_{1-x}N$ 三元合金，因为 GaN 中加入了 Al 元素，所以合金的带隙变宽，在量子阱与 p-GaN 的中间增加了一层 $Al_xGa_{1-x}N$ 薄层，实际上是为量子阱在靠近 p-GaN 的一边增加更高的势垒，目的是使高势垒能够阻碍电子向 p-GaN 扩散。但 GaN 末垒 (即 LQB) 与 p-AlGaN 电子阻挡层之间存在极强的极化电场，导致能带弯曲，形成了阻碍空穴向量子阱注入的势垒。

在保证 p-AlGaN 对电子阻挡作用的前提下，研究者们在如何增加空穴的注入方面做了很多工作。最直接的途径便是增加 p-AlGaN 电子阻挡层的空穴浓度，Leng 等 [15] 在 LQB 与电子阻挡层之间插入了低温 p-GaN 层 (LT-p-GaN)，通过调整电子阻挡层中的 Mg 掺杂浓度，降低阻挡空穴注入的势垒，从而有效提高了空穴注入效率，并对电子泄漏起到了抑制作用，效率跌落减小了约 7%。

目前更多的研究还是专注于 p-AlGaN 电子阻挡层结构的设计。由于量子阱区域采用了 InGaN 势垒结构，实质上增大了量子阱区域的平均 In 组分，使得 LQB/电子阻挡层界面处的极化电荷密度增加，电子阻挡层的能带弯曲严重。为此，本团队 [16] 采用 AlInGaN 电子阻挡层替代传统的 AlGaN 电子阻挡层，并且以理论计算和实际实验相结合的方式研究了电子阻挡层的 In 组分对载流子向量子阱中注入过程的影响，通过调整 AlInGaN 的组分，能够减小异质界面处的极化电荷差，实现了 LQB 与电子阻挡层之间的极化匹配，抑制了电子阻挡层处的极化电场，使得能带变得更为平坦。随着 AlInGaN 电子阻挡层的 In 组分从 0 增加到 1.2%，电子阻挡层靠近 n 掺杂区域一侧的电子浓度几乎被抑制到 0，虽然这一结构在导带上的势垒随 In 组分增加而变小，但通过极化匹配使得 LQB 在导带上形成的深势阱消失，显著增强了对电子泄漏的抑制作用，并且空穴的注入得到了极大的增强。由此可见，这一结构能够在不减弱电子限制能力的前提下提高空穴注入率，相对于传统 AlGaN 电子阻挡层结构，光输出功率的提升幅度达 36%。由于 In 偏析及四元合金材料生长困难的问题，一定厚度的 AlInGaN 材料往往难以生长，且会在电子阻挡层处形成一个较高的势垒阻止空穴注入。在此基础上，本团队 [17] 设计了 AlInGaN/GaN 超晶格电子阻挡层结构，抑制了 LQB 与电子阻挡层之间的极化效应，相较于单层 AlInGaN 电子阻挡层，进一步提高了对电子的限制能力及空穴注入效率，如图 3.7 所示。此外，超晶格能利用不同价带边缘位置的合金产生价带边缘耦合，可以通过让势垒中的深受主电离到相邻窄禁带材料的价带中来增加空穴浓度。基于该结构的 LED 芯片光输出功率在 350 mA 的注入电流下提升了 17%。基于该结构实现的近紫外 LED 芯片在 Si 衬底上的性能已达到国际领先水平，对近紫外 LED 芯片在固化、

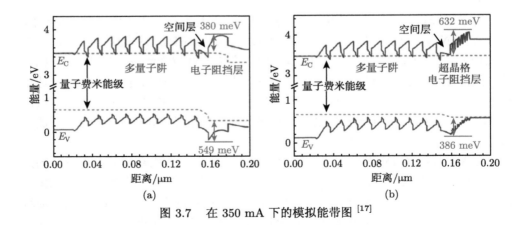

图 3.7　在 350 mA 下的模拟能带图 [17]

(a) AlInGaN 电子阻挡层；(b) AlInGaN/GaN 超晶格电子阻挡层

照明等领域应用有促进作用，有力地推动了未来高性能 LED 芯片的研发。

3.4.5　p 型 GaN 的设计

　　p 型掺杂一直是 GaN 基 LED 的技术难点，尽管研究者们通过低能电子束辐照和高温热处理的方法已经可以获得具有实用价值的掺 Mg 的 p 型 GaN。但 Mg 在 GaN 材料中的激活能高达 160~170 meV，且过多的 Mg 杂质易造成与 Mg 杂质相关的补偿缺陷数量迅速增加，形成自补偿效应。GaN 材料的 p 型电学性能的不佳不仅会造成开启电压的激增，且由于 p 型与 n 型载流子输运能力相差过大，被认为是引起 LED 效率跌落 (efficiency droop) 的重要因素之一。

　　改善 GaN 材料的 p 型掺杂方法的研究主要集中在优化生长参数、寻找新的受主元素，利用超晶格结构，或者采用 Mg-O 共掺、Mg-Zn 共掺等方法来提高 p 型 GaN 层中的空穴浓度。通过优化 p 型 GaN 的生长温度，证明合适的温度能够显著地减少 Mg 掺杂在 p 型 GaN 层中的缺陷，提高光输出功率[18]。目前，研究获得 p 型 GaN 的空穴浓度为 $10^{18} \sim 10^{19}$ cm^{-3}，电阻率为 0.2~2 Ω·cm。

　　考虑到提升 GaN 材料 p 型掺杂浓度目前存在着瓶颈性难题，设计新型的异质结构来提高 p 型 GaN 的空穴注入效率的方式显得更有发展前景。本团队[19]提出了 p-GaN/InGaN 异质结构，研究了异质结在导带和价带上能带不连续现象。p-InGaN 层的插入成功地在 p 掺杂区域中构建了一个 p-GaN/InGaN 异质结，并在异质结界面处形成了一个三角形的空穴势阱，起到聚集空穴浓度的作用，如图 3.8 所示。其在导带上也形成了能量落差，但未形成势阱，对电子在 p 区域的传输影响较小。界面势阱所聚集的空穴会形成类似于二维电子气的效果，来修正价带能量使其更贴近空穴的准费米能级，从而使得 p-GaN 区域内的平均载流子浓度提升，有利于加强空穴向量子阱的注入。同时，由于空穴注入的加强，量子

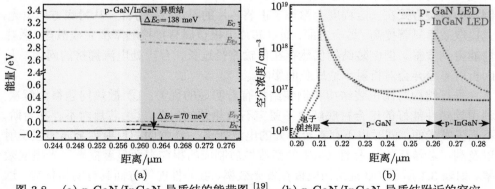

图 3.8　(a) p-GaN/InGaN 异质结的能带图[19]；(b) p-GaN/InGaN 异质结附近的空穴浓度对比[19]

阱中电子与空穴浓度不匹配的现象得以缓解，降低了电子发生泄漏的概率，抑制了效率跌落，其光输出功率提升了约 39%。

3.5　Si 基大功率 GaN LED 芯片的制备工艺

3.5.1　各类结构性能对比

垂直结构是目前大功率 Si 基 LED(>1 W) 中最常见的芯片结构。垂直结构的主要特点是原生长衬底被去除，p/n 电极由同侧分布改为分别设置于 GaN 薄膜两侧，其结构如图 3.9 所示。由于去除了生长衬底，垂直结构 LED 也被称为垂直薄膜 LED(VTF LED)。垂直结构 LED 的发展离不开衬底转移和激光剥离这两个核心技术的支持。

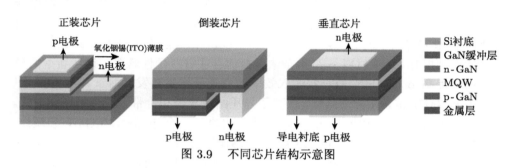

图 3.9　不同芯片结构示意图

正装水平结构工艺成熟，制造成本低，普遍应用于低功率芯片中，也在 Si 衬底 GaN LED 中有所使用。其特点是 p 电极与 n 电极均设置在芯片的同一面。但其存在散热能力差、电流横向传输路径过长等问题。倒装结构是正装 LED 芯片的优化结构，利用焊接工艺取代引线直接将 p/n 电极焊在封装基板上。通过芯片倒置的封装方式在一定程度上弥补了正装芯片的不足，一方面，从衬底方向出光，光提取效率显著提高；另一方面，通过芯片电极金属直接接触基板完成散热，散热性能得到改善。但倒装结构仍然存在传输路径过长、台阶处电流拥挤的问题，且因折射率差异会对折射率造成负面影响。

垂直结构对比正装结构和倒装结构有着明显的优势：① 散热问题得到解决，利用导热性能好的键合衬底解决了蓝宝石散热差的问题；② 芯片内不存在台阶，不损失发光面，同时也不存在台阶处的电流拥挤；③ 整面的反射镜金属增强反射以及利用翻转后的 n 极性 GaN 的活泼性质制成的粗糙表面显著提高了光提取效率。如表 3.1 所示，垂直结构电极在发光效率、散热性能等方面具有明显优势。这促使垂直结构 LED 成为目前大功率 LED 的首选。

表 3.1 不同芯片结构关键指标对比

关键指标	正装	倒装	垂直
电极位置	位于出光面	位于地面	分别位于出光面和底面
键合方式	引线	焊盘	焊盘 + 引线
电流密度	拥挤	较均匀	均匀
发光效率	低	高	较高
功率	<1 W	<1.5 W	>1 W
散热性能	差	好	较好
可靠性	低，随芯片尺寸减小，易出现电极迁移，引起短路问题	较高，可避免电极迁移，适用于微间距显示	高，电极处于不同表面，无电极引起的短路问题

3.5.2 Si 基 GaN LED 芯片的工艺流程

以垂直结构 LED 为例，图 3.10 给出了 Si 基垂直结构 LED 芯片的工艺流程，主要包括电流阻挡层制备、镜面结构制备、晶圆键合、衬底剥离、表面粗化、n 电极制备等。

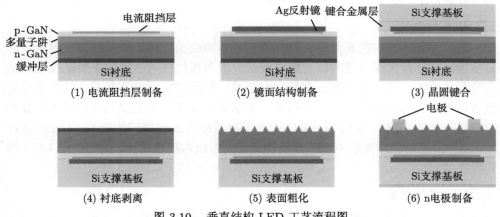

图 3.10 垂直结构 LED 工艺流程图

1. 电流阻挡层

为了改善芯片内电流密度分布并减轻电流在 p 电极附近的拥挤现象，需要在 p-GaN 表面制备电流阻挡层。电流阻挡层主要有两种：一是通过引入介质材料 (SiO_2、SiN_x 等) 或者与 p-GaN 层非欧姆接触的金属材料 (Cr 等) 形成相对 n 电极区域的高阻；二是通过氢等离子体处理技术，选择性破坏 p-GaN 表面作为电流阻挡层，以形成相对 n 电极区域的高阻结构。这一结构的形成能够阻挡电流流经破坏后的区域，大幅度降低 n 电极挡光现象。后者是 Si 基 LED 中主要用于制备电流阻挡层的方法，其主要优势在于所需设备成本低、工艺简单。

2. 镜面结构

镜面结构在垂直结构 LED 中占据着重要地位，其质量不仅影响到芯片的光提取效率，同时对芯片的工作电压、可靠性等有着明显影响。Si 基 LED 通常采用 Ni/Ag 基金属与 p-GaN 在 600 ℃ 左右于 N_2 环境下退火形成欧姆接触。其中 Ag 层主要充当反射镜作用用于提高光提取率。为了不使反射率明显下降，Ni 层一般比较薄，控制在 1 nm 以内。

3. 衬底转移和衬底剥离

垂直结构 LED 的发展离不开衬底转移和衬底剥离这两个核心技术的支持。衬底转移是通过晶圆键合工艺利用金属合金化将新衬底与 GaN 外延片连接，新衬底起到导电、散热、支撑的作用。目前常用的键合工艺有 Au—Sn 键合、Ni—Sn 键合等。衬底剥离是指通过化学或者物理方式去除原生衬底。化学方式剥离衬底主要是通过硝酸、氢氟酸及冰乙酸的混合溶液去除；而物理方法则是使用 KrF 受激准分子脉冲激光器对 GaN 进行照射，激光被 GaN 材料吸收后，引发其受热气化与分解，从而实现对衬底的激光剥离。

4. 表面粗化

芯片发光区发出的光只有一部分能通过界面逸出，相当于一部分光因全反射而被返回到芯片内部，导致出光效率较低。表面粗化技术的目的主要是改变满足全反射定律的光的方向，继而在另一表面或反射回原表面时，光不会发生全反射而透过界面，可使出光效率大大提高。表面粗化是提高垂直结构 LED 出光效率的简单有效的手段。在 Si 基 LED 中，需要对经衬底剥离后的 n-GaN 表面进行粗化处理，通常采用热的 KOH 溶液使其表面形成六角锥结构，达到提高 LED 出光效率的目的。

5. n 电极制备

由于 n-GaN 材料的高掺杂特点，n 型欧姆接触更易实现，诸如 Ti、Al、Ni、Cr 等功函数金属的一种或几种组合均可与 n-GaN 形成欧姆接触，但往往需要配合 600~900 ℃ 的退火才能实现。然而，高温退火对于垂直结构 LED 来说几乎是致命的，高温退火会导致键合层受到损伤，并会严重影响 p 面欧姆接触的性能与反射率。但当 n-GaN 掺杂达到一定浓度时，即使不进行退火也能通过隧穿效应实现良好的欧姆接触，目前，Ti/Al/Pt/Au 金属堆栈被广泛应用于 Si 基 LED 芯片的 n 电极金属结构。

3.5.3 分割线电极技术

垂直结构 LED 的电极分布在有源区两侧，使得电流扩展更加均匀，从而有效缓解了电流拥挤问题，是非常适合用于制备大功率 LED 的一种芯片结构。分割线电极结构是垂直结构 LED 中的典型电极结构,其结构示意图如图 3.11 所示。p 电极和 n 电极分别位于两侧,n 电极为分割线电极,由多个线条组成线框型,p 电极为整面电极,p 电极沉积在导电衬底上。当驱动电流夹在 p/n 电极上时,电流几乎全部垂直流过 GaN 外延层,没有横向流动的分量,改善了平面结构的电流分布问题,出光也更加均匀,并且由于电阻减少,电流产生的热量也减少,所以电光转换效率大大提高;同时,电极在两侧的设计减少了挡光面积,提高了有效发光面积,完美解决了水平结构存在的问题。

图 3.11　分割线电极结构图

　　分割线电极的性能对 n 个电极的覆盖率极为敏感,在设计过程中应遵循垂直电流最小化、扩展电流最大化的原则。分割线间的不同间距及线宽大小等均对其光电性能有着较为明显的影响,通过合理的图案设计,最大照明输出功率可提高 10% 以上。

3.5.4　三维通孔电极技术

　　分割线电极结构 LED 芯片具有 n 电极位于粗化处理的表面且接触金属为线框型的特点。金属线的体电阻影响了电流向焊盘远端传输,这使得在一定工作电流下,焊盘附近外延层中的电流密度大,而焊盘远端的电流密度较小,从而造成明显的发光强度差异,使整个芯片的光强分布非常不均匀。

　　为了解决这一缺陷,三维通孔电极结构开始被采用。如图 3.12 所示为三维通孔电极垂直结构 LED 芯片的截面示意图与芯片正面示意图。可以看到与垂直线结构不同的是,三维通孔电极垂直结构 LED 芯片在出光表面上并没有设置电极线,这种设计可以消除电极线挡光的问题,并且内置的 n 电极更有利于 LED 芯片散热。三维通孔电极的 n 电极与 p 电极都是由一整面的金属层组成的,中间通过 SiO_2 绝缘层隔离,确保两层金属之间不会出现导通。p 接触金属整片与 p-GaN 直接接触并形成欧姆接触,而 n 接触金属则通过设置在外延层上的通孔直接与孔底的 n-GaN 形成欧姆接触。这样一来,无论是 p 金属层还是 n 金属层都是完整覆盖的整面金属,避免了线性结构中因电极线过窄和过薄而导致的电流传输问题,同时提升了该结构 LED 芯片的电流驱动能力。另外，嵌入 n-GaN 中的 n 电极柱均匀不连续地分散在整个发光区内部，相比于分割线电极，其占用更小的发光面积，这将进一步提升三维通孔电极结构 LED 芯片的出光效率。

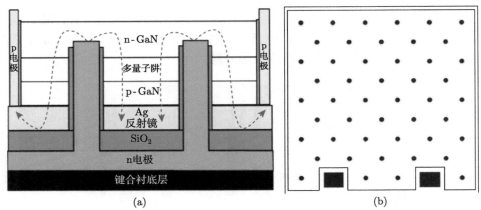

图 3.12　三维通孔电极垂直结构 LED(a) 截面与 (b) 出光面示意图[20]

　　通过与分割线电极对比可知，三维通孔电极垂直结构 LED 芯片的发光分布有了明显的改善，基本解决了分割线电极结构 LED 芯片近远端发光强度差别大的问题，如图 3.13(a) 所示。三维通孔电极结构 LED 中均匀分布的电极孔使得芯片内的电流得以均匀扩散，合适的孔间距使得中间区域也能拥有较高的发光亮度，整个出光面都有着不错的发光强度。图 3.13(b) 为芯片表面水平线扫描记录的发光亮度，也可以看出嵌入式结构整体亮度均有提升。这也是由于三维通孔电极结构优秀的电流扩散效果，有效解决了分割线电极的电流扩展问题。三维通孔电极结构 LED 继承了垂直结构优点的同时，又弥补了分割线电极的不足，是超大功率 LED 芯片设计的发展方向。

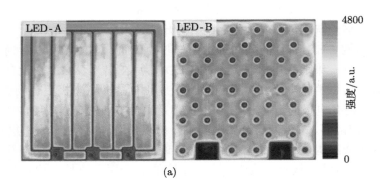

(a)

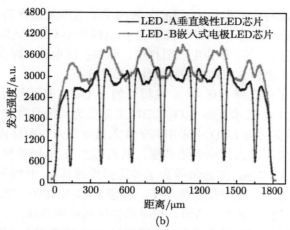

(b)

图 3.13 三维通孔电极结构 LED 与分割线电极结构 LED 发光强度分布对比 [20]

(a) 芯片发光强度分布图；(b) 沿水平方向发光强度曲线

3.5.5 电流阻挡层

LED 各层材料电学特性的差异和电极分布的不均匀等因素会导致 LED 内部电流分布不均匀。通常会在电极附近出现电流聚集的现象，也叫做电流拥挤效应，如图 3.14(a) 所示。电流拥挤会严重影响 LED 的效率，首先，电流拥挤导致 LED 内部局部载流子浓度过高，非辐射复合也随着载流子浓度的增大而增大，非辐射复合又会产生较多的热不能有效扩散，导致芯片的结温升高，反过来再次增加芯片的非辐射复合，即导致芯片的内量子效率下降。此外，常用的芯片电极皆为不透光金属，其下方有源区的电致发光基本会被电极吸收，并产生大量的焦耳热，严重限制了 LED 的出光效率。

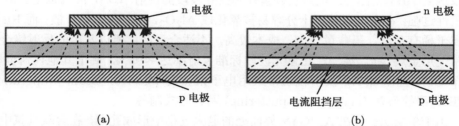

(a)   (b)

图 3.14 (a) 传统垂直结构 LED 芯片电流分布图；(b) 具有电流阻挡层的垂直结构 LED 芯片电流分布图

电流阻挡层 (current blocking layer，CBL) 可以阻挡电流直接流向 n 电极下方，减小了 n 电极下方及附近有源区的电流密度，缓解了 n 电极附近的电流拥挤效应，更多的电流将会扩散出去，LED 的内量子效率及出光效率都将得到提高，如图 3.14(b) 所示。利用 PECVD 技术在 p 电极与 p-GaN 之间沉积一层绝缘层介质 (如 SiO$_2$、Si$_3$N$_4$ 等) 作为电流阻挡层，能够扩展电流，减少金属电极对出射光的遮挡吸收，并改善 LED 芯片中的电流密度分布。

通过氩等离子体选择性破坏 p 电极下的 p-GaN 表面作为电流阻挡层被认为是比采用 PECVD 技术制备 SiO$_2$ CBL 工艺更为简便且性能提升更高的方法，Dong 等 [21] 在垂直结构 LED 中采用离子注入技术深入有源区内部，使 p 电极正下方的有源区形成高阻态的电流阻挡层，从而减少 p 电极垂直向下流动的电流，光输出功率提高了 75%。通过氩等离子体选择性破坏 p 电极下的 p-GaN 表面，在其表面形成 n 空位，n 空位提供电子，补偿 p-GaN 中的空穴，使得与 p 电极 (Ag 反射镜) 之间的接触变为高阻。相对电极区域高阻形成后，电流就不会流经对应区域 (n 电极正下方) 的发光层，从而导致 n 电极正下方的区域不发光，而发光主要分布在 n 电极之外的区域内，这样就大幅度降低了 n 电极的挡光现象，使发光层发出的光均能很好地出射，从而提升了芯片的光提取效率。电流阻挡层技术对垂直结构 LED 芯片的光功率提升具有非常明显的作用，提升幅度可达 10%~40%。提升幅度与 n 电极占出光表面的面积相关，所占面积越大则互补电极对光输出功率提升幅度越大。

3.5.6　镜面结构

由于 Si 基垂直结构 LED 芯片的生长所用 Si 衬底为窄带隙材料，在室温下的禁带宽度仅为 1.12 eV，会对 LED 发出的光有强烈的吸收作用，从而大大降低外量子效率和出光效率。为解决 Si 衬底对光的吸收，研究者在 Si 衬底和外延层之间植入金属镜面，用来将射向衬底的光反射并从 n-GaN 处射出。如图 3.15 所示，Ag、Al、Rh 在蓝光波段 (450~470 nm) 较其他金属的反射率而言十分突出，可以达到 70% 以上，Al 虽然从近紫外到红外波段的反射率均在 90% 以上。但 Al 亲氧性过强，在空气条件下十分容易被氧化成 Al$_2$O$_3$，在制程中易扩散；而 Rh 金属属于稀有金属，蕴藏量较少，成本较高，不适合量产，所以常用的反射镜金属通常使用金属 Ag。纯 Ag 在蓝光波段标准反射率达 ~95%，高于其他任何金属。在 p-GaN 上制备 Ag 反射镜通常采用电子束蒸发 (electron beam evaporation, EBE)、磁控溅射 (magnetron sputtering) 两种方式制备。

由于单层 Ag 会在 Ag/GaN 界面处的退火过程中形成孔洞，在含氧气氛中退火形成 Ag 的氧化和团簇，Ag 的团簇和氧化会将 Ag 表面的粗糙度从 3~4 nm 增加到 10~15 nm，导致反射率在全波段的下降。Ag 在高温含氧退火过程中会存在 Ag 原子向 p-GaN 或者量子阱区域的渗透，这会造成 LED 芯片的内量子效率降低，同时也存在 In/Ga 向外渗透进 Ag 反射镜层的情况，In 的外泄既会造成量子

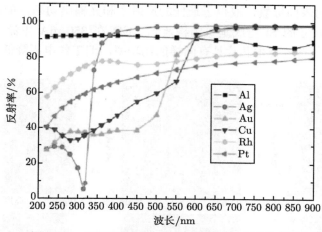

图 3.15   常见金属在可见光波段的反射率图谱 [22]

阱 In 掺杂组分的下降，内量子效率的降低，又会造成 Ag 反射率的下降，因为 In
会造成 Ag 原子的晶格畸变，降低 Ag 膜层表面形貌质量，增加接触电阻，降低
芯片光电转换效率。

因此，为了克服 Ag 层黏附性差、易被氧化、高温退火易团簇、无法形成欧
姆接触、易扩散等缺点，目前共有以下两种方式来保护 Ag 层，一种是给 Ag 中掺
入亲氧性更好的金属，对 Ag 形成保护作用，防止其团簇、扩散及氧化。但低含
量的其他金属会导致其与 Ag 合金薄膜的阻值上升，即杂质散射效应。金属化 Ag
金属源需要稳定的掺杂配比，而在电子束蒸发或磁控溅射的过程更容易让金属源
中的合金金属的配比发生改变，从而影响到 Ag 反射镜的光电性能。另一种是基
于 Ni/Ag 的叠层反射镜，这也是目前主流的制备镜面结构的方案。

Ni/Ag 电极是利用很薄的一层 Ni 与 p-GaN 形成欧姆接触，并利用 Ni 后面
的 Ag 来实现高反射率，但工艺较难控制，主要是因为第一层 Ni 的蒸镀厚度控
制很困难。Ni 拥有较高的功函数，可减少整个界面的接触电阻。王光绪 [23] 提出
牺牲 Ni 技术以改善 Ag 与 p-GaN 间的欧姆接触特性，即在蒸镀 Ag 反射镜之前，
先采用电子束蒸发台在 p-GaN 表面蒸镀一层 Ni，然后经过一定的退火工艺后再
将 Ni 采用湿法腐蚀工艺清洗掉。牺牲 Ni 技术相比 Ni/Ag 双层结构可控性更高，
且在保证 Ag 反射镜反射率不降低的前提下，明显改善了 Ag 反射镜与 p-GaN
之间的欧姆接触特性。本团队 [24] 研究了 Ag 厚度的影响，发现在 75 nm 厚时，
Ag 反射镜反射率达 93%，此时处于 Ag 岛愈合的峰值，拥有最大的张应力，能够
与退火过程中引入的热压应力形成竞争机制并释放掉一部分热压应力，减轻 Ag
岛间因热应力引起的晶界槽加深的状况，进一步抑制了其形成团簇的可能性，因

而获得了最好的表面形貌，取得了最佳的反射率和光输出功率，如图 3.16 所示。1 mm×1 mm 尺寸的 Si 衬底垂直结构蓝光 LED 在 350 mA 电流下，采用牺牲 Ni 技术的芯片与传统技术芯片具有同样的光功率，但工作电压降低 0.1 V 左右。

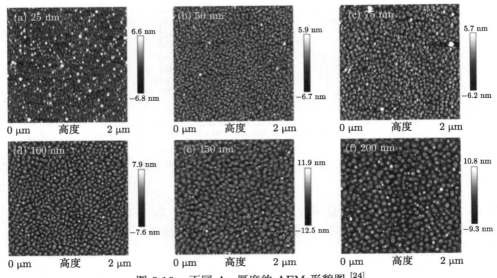

图 3.16　不同 Ag 厚度的 AFM 形貌图 [24]

对各种研究对比发现，以 Ni/Ag 为基础的金属反射镜对蓝光 LED 具有最佳的光电性能。这是因为一方面 Ni 具有最高的功函数，可以和 p-GaN 形成良好的欧姆接触；另一方面，对蓝光而言，Ag 具有最高的反射率，可以有效地反射射向衬底的光。因此垂直结构 LED 金属反射镜多以 Ni/Ag 为基础。

3.5.7　金属键合

键合技术是垂直结构 LED 芯片衬底转移工艺的核心技术，一般要达到必要的条件，如键合温度窗口、键合图形对准、键合压力和设备的腔室密闭能力。键合界面必须拥有高热导和高电导的性能，以便在键合金属熔合的界面上实现两种或多种金属原子的互相扩散形成化学键。

Si 衬底 GaN LED 工艺制程中，对晶圆键合温度有着较高的要求，原因是较低的晶圆键合温度不仅可以增加设备工艺窗口、降低设备使用成本，更重要的是相对低的晶圆键合温度可以减小由于热胀冷缩带来的晶圆弯曲形变以及保护 LED 芯片的欧姆接触不被破坏。因此，研究人员希望在比较低的温度下完成晶圆键合，同时希望键合之后键合金属再次熔化的温度远高于键合温度。这样可以保证 LED 芯片在后续使用中不会因为 LED 芯片键合金属的再次熔化而影响芯片的可靠性。

键合温度大部分位列 100~200 °C, 与垂直、倒装、三维通孔的制备工艺也有适配性。Au 是常用的完美键合金属, Au—Au 键合的抗氧化能力和抗沾污能力十分突出。

然而, 常用的键合层金属为 Au—Sn 或 Au—Si 键合, 并且 Au 层厚度常常需要几微米, 这会产生巨大的企业生产成本, 对于大规模量产造成阻碍。其次键合过程需要高温高压条件, 在此过程中, 会在晶圆内部积累巨大的应力, 这在后续的衬底减薄过程中会存在较大的应力释放, 从而在晶圆内部形成裂纹和孔洞, 从而影响芯片性能。

为了降低制造成本, 必须找到一种 Au 的替代金属。采用 Ni 和 Sn 两种高、低熔点金属, 用瞬态液相扩散键合 (transient liquid phase diffusion bonding, TLPDB) 的方法实现了低温度、低成本的晶圆键合。瞬态液相扩散键合的原理为两层高熔点金属中间夹着低熔点金属, 升高温度使低熔点金属熔化, 熔化后的低熔点金属扩散至高熔点金属中形成合金。瞬态液相扩散键合可以在低温下完成晶圆键合并得到高熔点合金。选用的高、低熔点金属分别为 Ni 和 Sn(图 3.17 中的金属 Ti 和其他物质的黏附性较好, 通常用作连接金属)。Ni 和 Sn 都是比较常用的金属, 价格便宜, 可以大幅度降低 LED 的制造成本。

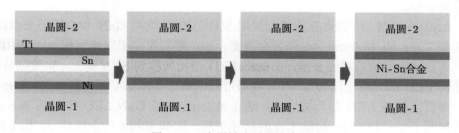

图 3.17　金属键合过程示意图

根据 Ni-Sn 合金相图可知, 即使 Ni 和 Sn 的原子比为 1:9, Ni-Sn 合金也需要到达 700 °C 左右才会出现液相。更具体地说, 假设 Sn 的厚度是 1 μm, 那么对应的 Ni 的理论厚度仅需要 45 nm(Sn 的密度是 7.3 g/cm^3, 原子量是 118.7, Ni 的密度是 8.9 g/cm^3, 原子量是 58.7)。不过, 在实际生产中, 为了保证 Sn 充分地扩散至 Ni 中, Ni 的厚度要比理论更厚, 确保 Sn 被充分吸收, 以免出现可能没有扩散完全的纯 Sn。假如有纯 Sn 存在, 在后续封装过程中, 温度一旦高于 Sn 的熔点 (232 °C), 就会有液相 Sn 出现, 从而影响 LED 的可靠性。

3.5.8　激光剥离技术

激光剥离技术与键合技术相结合能将 GaN LED 芯片从原生衬底转移到新的衬底上, 极大地改善了芯片的散热性能和导电性能, 提高了 LED 的出光效率。自 1996 年 Kelly 首次提出采用波长 355 nm 的脉冲激光将 GaN 外延层与衬底剥离以来，这一技术得到了快速发展。键合技术与激光剥离技术相结合实现 GaN 外延衬底转移是制备基于激光剥离技术的垂直结构 GaN LED 的关键。

激光剥离技术与化学剥离相比，主要有以下优势。

(1) 剥离速度快：选择合适的激光能量密度和光斑面积，可实现衬底的快速剥离，而化学剥离需要将样品长时间暴露在腐蚀液中。

(2) 对金属层无损伤：激光剥离不会对金属造成损伤。

(3) 可以实现衬底的重复利用：激光剥离过程中不会严重损伤衬底，可以实现衬底的循环使用。

采用光子能量介于衬底和 GaN 禁带宽度之间的激光从衬底侧照射衬底与 GaN 的分界面。交界面处的 GaN 吸收光子能量后，温度急剧升高，达到 1000 ℃ 时，GaN 材料会发生热分解转化为金属 Ga 和 N_2，促使 LED 外延层与衬底分离。分解残余的金属 Ga 降温后转变为固态，采用 50 ℃ 的盐酸溶液清洗即可去除。激光光束的能量密度和脉冲时间间隔是激光剥离技术的关键参数。能量密度过高可能会对 LED 外延层造成损伤，而能量密度过小则无法完全分离 LED 外延层和衬底。采用合适的脉冲时间间隔，保证 GaN 层具有适当的散热时间，可以避免热能累积。

Arokiaraj 等[25] 先在蓝宝石上采用 MOCVD 法沉积 GaN 和中间层 InGaN，再沉积 5 nm Ni 和 5 nm Au 作为金属键合层，接着用电子束来沉积 Si，再用激光剥离技术将蓝宝石衬底去掉，由此将 LED 结构转移到 Si 衬底上。实验制备的全结构 LED 的开启电压为 2.5 V，当通过的电流达 300 mA 时，其 LED 没有损伤，而蓝宝石基 LED 芯片被烧坏，这主要由于 Si 基 GaN LED 中包括 Au—Si 键合层易于导热以及 Si 衬底本身的热导率高。实验室制备的全结构 Si 基 LED 的 TEM 图如图 3.18(a) 所示，其对应的 I-V 曲线变化图如图 3.18(b) 所示。

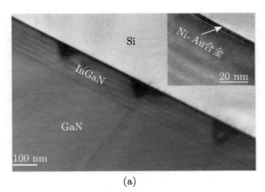
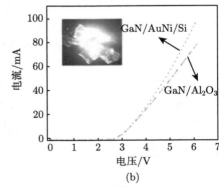

(a)　　　　　　　　　　　　　(b)

图 3.18　实验室制备的激光剥离技术的 Si 基 LED[25]

(a) 全结构 TEM 图；(b) 对应的 I-V 曲线变化图

3.5.9 表面粗化

表面粗化技术主要是为了解决由于半导体材料的折射率 (平均为 3.5) 大于空气的折射率，入射角大于临界角，光线发生全反射而无法出射引起的问题。表面粗化的目的是改变那些无法出射的光的方向，使其在另一表面或被反射回到原表面时不会因为全反射而透过界面，最终起到防反射的作用。增加透射率被认为是表面粗化技术的主要功能。

光在粗糙的出光面上发生散射，不但提高了出光面积，而且使更多光线落入多种角度的微型散射面的可透射区域，从而使光提取效率得到明显的提高。可通过湿法腐蚀或干法刻蚀实现各种表面的几何形状的粗化，如传统正面出光结构中的 p-GaN 表面粗化和透明欧姆接触层的粗化，在垂直结构中的 n-GaN 表面粗化。由于垂直结构 LED 芯片的上表面为 n-GaN 层的 n 极性面，在众多提升光提取效率的技术手段中，湿法腐蚀是最容易实施的表面粗化方式，且性能提升效果显著。

1998 年 Stocker 研究发现湿法腐蚀难以动摇沿 c 轴生长的 GaN，但后来研究却发现热的 KOH 或 H_3PO_4 溶液可以对 a 面和 m 面的 GaN 产生刻蚀，这些特殊刻蚀特性还与 GaN 自然形成的晶体结构有关，在刻蚀面上会形成金字塔结构，其表面如图 3.19 所示。因此可以用湿法刻蚀和光电化学刻蚀的方法形成粗糙

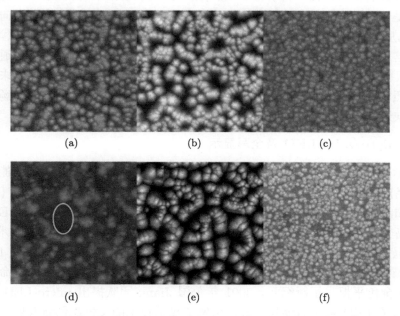

图 3.19　样品分别粗化 1 min 和 2 min 后芯片表面的 SEM 图 [27]

的 GaN 表面，进而提高 GaN 基 LED 的出光效率。Wang 等 [26] 通过化学湿法刻蚀技术在材料表面形成粗糙结构，使得 LED 的光提取效率提高了 56%。

3.6　Si 基 GaN LED 芯片的应用及发展趋势

3.6.1　照明及其发展趋势

LED 以其节能环保、高能效、长寿命、高可靠性、安全的优点而被广泛地应用于汽车照明、城市夜景和交通信号灯等领域，是节能减排战略的必然发展趋势。较之白炽灯和节能灯，LED 具有效率高、价格低及寿命长等优点。LED 的能耗分别是白炽灯的 1/10 和节能灯的 1/4，发光效率更高 (可达 249 lm/W，约为日光灯的 4 倍)，寿命高达 10 万个小时，稀土添加量是节能灯的 1/1000。LED 技术体系的日趋成熟、功能的不断完善和丰富给人类社会带来了翻天覆地的变化，其影响已经渗透到全球科技、经济、生活等各个领域，而在照明领域具有强大的优势和竞争力。

Si 基 GaN LED 芯片通常采用垂直结构，这一结构具有电流分布均匀且扩散快等特点，非常适合大功率应用。由于是单面出光，方向性好，光品质好，在汽车照明、探照灯、矿灯等移动照明、手机闪光灯以及光品质要求比较高的高端照明领域占据着优势地位。目前行业发展重点在于提高光效、降低成本和提高性价比，这是 LED 行业永恒不变的主题。同时，Si 基 GaN LED 也在逐渐向高附加值 (高品质、智能化) 领域和健康照明、植物照明、医疗照明等新兴细分领域进行扩展，这对 Si 基 GaN LED 提出了更为细致的要求。Si 基 GaN LED 通过在家居照明、工业照明等诸多领域逐步渗透，形成了潜力巨大的应用市场。未来，随着景观照明、汽车照明等细分行业的发展，相信 Si 基 GaN LED 照明市场需求仍将保持快速增长。

3.6.2　micro/mini-LED 及全彩显示

显示是我国战略性支柱产业，2022 年产业规模超 4900 亿元，面板产能居全球第一。当前，液晶显示屏 (liquid crystal display，LCD)/有机发光二极管 (organic light emitting diode，OLED) 占据 99% 以上的市场份额，micro/mini-LED 具有高速、高分辨、高亮度、高可靠性等优异特性，被公认为是下一代显示技术。1993年第一只实用性的高亮度 GaN 蓝光 LED 的问世填补了自 1962 年红光 LED 问世以来长达 30 多年的三基色高亮度蓝光的缺失，引发了显示技术的革命，开启了 LED 全色平板显示新纪元。2001 年美国 Jiang 团队提出 micro-LED 显示概念，开启了 LED 显示微缩化进程，引发了显示技术的又一次创新发展。该技术通过减小像素面积和像素间距，按需调控显示屏的分辨率和观看距离，从而扩展

LED 显示的应用范围, 如超大尺寸超高清显示、消费级电子显示和穿戴式终端微显示等。

micro/mini-LED 是常规 LED 显示屏微缩化至微米级的显示技术。micro-LED 和 mini-LED 分别是指芯片尺寸微缩至 100 μm 以下和 100~300 μm 的 LED 芯片。与 LCD、OLED 相比在亮度、分辨率、对比度、能耗、使用寿命、响应速度和热稳定性等方面具有更大的优势。然而, 当像素尺寸进入到微米级时, 芯片的尺寸效应、边缘效应和位错密度等极大地制约了 micro-LED 的性能。在应力、缺陷的控制和波长、亮度均匀性上比大尺寸芯片要求更高。同时要求整个外延片的波长均匀性控制在 1 nm 以内, 电流密度在 1 A/cm^2 以下仍需保持较高的内量子效率。另一关注点则是微米级发光芯片的巨量转移、测试和修复工艺技术。不同于传统的大尺寸芯片, 应用于显示的 micro-LED 芯片数量会达到数百万甚至上千万颗。然而, 在执行过程中仍存在许多技术困难, 影响转移成功率。拾取和放置的速度和准确性, 以及 micro-LED 和背板之间的互连是关键, 转移的产率小于 99.9999%。随着各种 micro-LED 技术路线的提出, 巨量转移方案也呈百花齐放之势, 主要有抓取释放法、激光选择性释放转印技术、流体组装法和滚轴转印法等。

目前, micro/mini-LED 显示技术迎来了新机遇, 开始了产业化进程, 但仍然面临着严峻挑战。许多企业都已经在部署包括转移打印在内的全彩化显示技术。未来, 大面积、低成本、高效率的 micro-LED 全彩显示有望成为未来的重要显示技术。

3.6.3　Si 基紫外 LED

与传统紫外光源相比, 紫外 LED 具有节能环保、长寿命、快速开启、调制频率高、体积轻便等特点, 随着紫外 LED 性能的提升, 其有望取代传统紫外光源, 成为未来的主流。得益于 GaN 基蓝光 LED 较为成熟的技术, 400~360 nm 近紫外芯片外量子效率也与蓝光 LED 的水平接近, 达到了 46%~76%。对于波长小于 360 nm 的紫外 LED, 外延材料则由 GaN 过渡到 AlGaN。尽管早在 1998 年就已经报道了第一只波长小于 360 nm 的紫外 LED, 但经过 20 余年的发展, 芯片性能仍有巨大的提升空间。图 3.20 为紫外 LED 性能对比情况。由此可知, 随着 LED 峰值波长由近紫外向深紫外, 芯片外量子效率大幅降低。特别是深紫外波段, 外量子效率不超过 10%, 甚至更低。这一现象的产生可归因于较低的内量子效率和较高的材料缺陷密度等。

Si 衬底与 AlGaN 材料之间的晶格失配和热失配较大, 外延技术难度较大, 材料缺陷较高, 外延层的应力控制和质量提升仍将是 Si 基紫外 LED 的重点关注方向。此外, Si 衬底对紫外波段的光吸收较强, 当紫外线照射到 Si 材料表面时, 其

能量会被 Si 原子中的电子吸收。如果光子的能量足够大 (即波长足够短), 就能将
电子从价带激发到导带, 形成电子–空穴对。在 150~400 nm 的紫光区域, 硅的吸
收能力逐渐增强, 直至在 195 nm 的紫光区域吸收达到最大。并且由于半导体的
全反射角很小 (约 20°), 因此有源层中只有约 4% 的辐射光能从芯片中逸出。很
大一部分光会经历多次反射、重吸收或者由于非辐射复合而损失。借助于衬底转
移技术和镜面结构, Si 基垂直结构 LED 可大幅度避免 Si 衬底吸光现象的产生,
有效增加出光面积, 提高光提取效率。

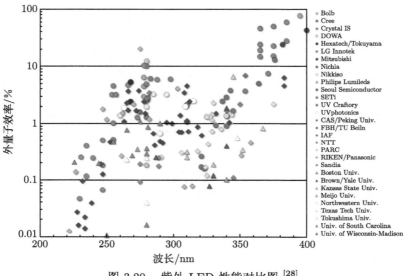

图 3.20　紫外 LED 性能对比图 [28]

　　偏振特性是另一个影响紫外 LED 光提取效率的原因。随着 Al 组分的增加,
芯片内部的发光模式逐渐由 TE(沿垂直方向传播) 模转化为 TM 模 (沿水平方向
传播), 对于深紫外 LED 来说, 其 TM 模的发光强度甚至超过 TE 模, 所以辐射
光侧面出光的比重增强, 并容易受全反射作用的影响而导致光提取效率下降。为
此, 本团队 [29] 采用三维时域有限差分法研究了单根纳米柱紫外 LED 的光波导
特性和共振特性, 发现波导参数的相关量如纳米柱半径、纳米柱折射率, 以及环
境折射率和波长, 均与纳米柱内的导模数量直接相关。纳米柱 LED 半径增加、折
射率增加或波长减小均会导致纳米柱内导模数量增加, 从而增加纳米柱内光的总
功率。纳米柱 LED 的顶部光萃取效率与纳米柱内导模数量成正比, 当导模数量
增加时, 更多的辐射模转为纳米柱内的导模, 从而沿纳米柱轴向射出。在此基础
上, 本团队 [30] 深入研究了光子晶体带隙对紫外 LED 提取效率的影响, 其能带
结构如图 3.21 所示, 第一带隙对应的纳米柱半径过小, 导致纳米柱内支持的导模

数量较小，不足以支撑与水平方向传输的辐射模的耦合，而第二和第三带隙对水平方向辐射模多的抑制明显强于第一带隙，可较好地将辐射模耦合至纳米柱内导模，使得光沿着纳米柱轴线在垂直方向传输，顶部光提取效率增加。这项工作为实现高光提取效率的紫外 LED 芯片提供了一个重要的设计策略，并进一步推动了紫外 LED 芯片的商业化应用。

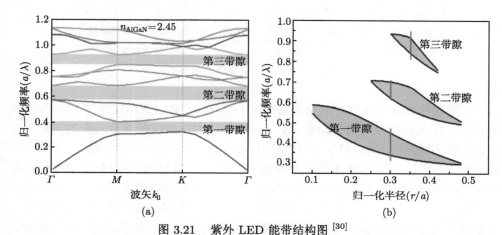

图 3.21 紫外 LED 能带结构图 [30]

(a) 纳米柱光子晶体紫外 LED 的 TM 偏振下光子能带结构图；(b) TM 偏振下纳米柱光子晶体紫外 LED 对应的带隙图谱

近年来，Si 基紫外 LED 的外延和芯片技术得到了大幅度改善。虽然单颗紫外 LED 光输出功率仍然偏低，量子效率仍然无法与蓝光 LED 相比拟，但随着外延技术的突破和材料质量的提升，紫外 LED 的性能必将得到大幅提升，并将在消毒净化、环境监测、光固化、无创光疗、非视距保密通信等领域得到广泛应用。

3.6.4 可见光通信应用及其发展趋势

随着无线互联网的飞速发展以及全球信息化进程的不断推进，人们对数据传输速率以及传输容量的需求不断扩大，传统无线电通信的频谱资源愈发显得匮乏。而万物互联、智慧城市等概念的提出使得全球对于通信流量的需求呈指数式增长。为缓解无线频谱资源紧张的问题，可见光通信 (visible light communication, VLC) 因其安全性高、高速和无射频 (RF) 干扰等优点，逐渐进入人们的视野。Si 基 GaN LED 则因其具备光效高、成本低、使用寿命长、绿色环保、市场应用广泛等优点，而被广泛认为是可见光通信系统最理想的光源。然而，作为发射端的 LED 光源的限制使得可见光通信系统无法同时满足下一代移动通信应用中"微型化""长距离""高速率"等典型应用需求，如图 3.22 所示。

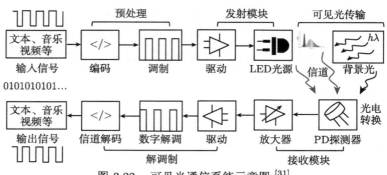

图 3.22　可见光通信系统示意图 [31]

　　光源芯片本身的性能对可见光系统至关重要，主要包括调制带宽，功率-电流密度 (P-J) 线性度及绝对光功率。影响 SiGaN LED 载流子复合寿命的因素主要是量子阱区域内较大的 MV/cm 级别的压电电场，注入量子阱区域的电子和空穴被 "强烈拉开"，导致载流子复合寿命增加，调制带宽降低。通过外延结构优化能够有效改善载流子分布并提高载流子输运速率，从而降低载流子以获得更为优异的调制带宽。本团队 [32] 设计了三个量子阱的 Si 基 GaN LED，通过减少量子阱数目增大了活性区载流子密度，提高了因极化的积累导致的电子-空穴波函数的重叠率，使得载流子复合效率得到明显提升，且缩短了载流子传输路径，有效缩短了载流子寿命。与具有七个量子阱的芯片对比，−3 dB 带宽从 80 MHz 提升到了 330 MHz。然而，这是以牺牲光输出功率为代价的，较弱的光输出功率 (LOP) 会导致较差的信噪比，增加调制带宽的同时需要保证一定的光输出功率。为此，本团队 [33] 采用 Si 掺杂的第一量子势垒结构，实现了带宽和光输出功率的同步提高，并通过实验结合模拟分析了其内在机制，这一结构不仅很好地缓解了量子阱内部因强极化引起的量子限制斯塔克效应，还有效提高了量子阱内的载流子浓度，使辐射复合率显著增强，相较于低掺杂含量的势垒结构，−3 dB 带宽和光输出功率分别提升了约 12% 和 9%，如图 3.23 所示。在此基础上，本团队 [31] 采用 AlInGaN 电子阻挡层结构替代 AlGaN 电子阻挡层结构，解决了电子泄漏、空穴注入率低的问题，并通过实验结合模拟分析了 In/Al 组分比的影响，高 In/Al 比的 $Al_xIn_yGa_{1-x-y}N$ 电子阻挡层能有效抑制电子泄漏，其量子阱内的载流子浓度高，有源区内大量的电子空穴辐射复合发光能缩短载流子的差分寿命从而提高 LED 的带宽，与传统结构相比，芯片的 −3 dB 提高了近 10%，光输出功率提高了 31%。

　　通过设计 Si 基 GaN LED 的芯片结构，能够改变 LED 内部的电流分布、结电容、结电阻以及出光效率，提高芯片的调制带宽，进一步提高可见光通信系统的数据传输能力。micro-LED 由于其异质结面积小，具有承受更高电流密度的能力，

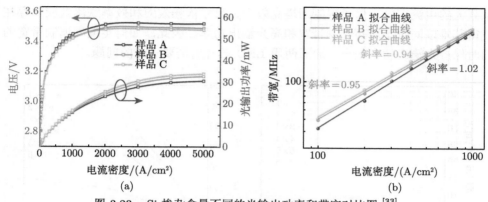

图 3.23 Si 掺杂含量不同的光输出功率和带宽对比图 [33]

(a) 光输出功率–电流密度–电压曲线; (b) −3 dB 带宽–电流密度曲线

通过减小芯片尺寸可以获得更高的调制带宽, 但同时也大幅牺牲了芯片光输出功率。针对 micro-LED 极低的光输出功率导致误码率较高的问题, 本团队 [34] 设计了分割线电极垂直并联结构的 LED 阵列, 通过驱动多个 micro-LED 单元同时发光的方式, 有效提高了光输出功率; 同时, 这一并列结构设计能够有效减小芯片的导通电阻, 降低 RC 时间常数。在相同注入电流密度下, 芯片具有更高的调制带宽和光输出功率。为了进一步改善电流拥挤问题, 本团队 [35] 提出了嵌入式电极结构的 micro-LED, 与分割线电极垂直结构 LED 相比, 这一结构可以有效地改善电流扩展分布, 降低串联电阻并提高可承受电流密度, 实现更多的载流子复合, 从而实现更高的调制带宽。在此基础上, 本团队 [36] 充分利用三维通孔结构 LED 具备的高注入电流密度、高光输出功率以及优散热能力等优势, 设计了基于三维通孔结构垂直阵列 micro-LED, 实现了极高的电流密度, 达 15.82 kA/cm^2。通过阵列化设计, 在保证光输出功率的同时, 减小了寄生电容, 大幅提升了 −3 dB 带宽, 如图 3.24 所示。为了进一步提高 micro-LED 阵列的 −3 dB 带宽, 本团队 [37] 提出了石墨烯 (Gr)/GaN 基 micro-LED 阵列, 采用石墨烯来改善电流扩展性能, 实现了光输出功率和 −3 dB 带宽的同步提高。此外, 石墨烯对可见光的透射率约为 97.7%, 最大限度地减少了发射光子的损失。此外, 石墨烯的添加可以改变界面处的光学性质, 潜在地提高有源区与外部环境之间的耦合效率, 从而提高光提取效率。制备的并联 micro-LED 阵列芯片的性能提升了约 35%。上述研究有力地推动了未来高性能通照两用 LED 芯片的技术研发, 在可见光通信系统的发展上具有重要意义。

目前, 微尺寸 LED 由于能够承受 kA/cm^2 甚至数十 kA/cm^2 的电流密度, 有很小的差分载流子寿命, 可以获得更高的调制带宽, 所以被视为高速可见光通信的理想光源。然而, 微尺寸 LED 的面积缩小并没有减小压电场, 而是为了能够

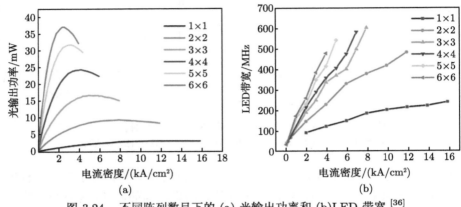

承载大的电流密度。量子限制斯塔克效应、尺寸依赖效应和效率跌落效应的存在使得其难以同时实现高调制带宽和高光输出功率。因此，如何实现高调制带宽的同时保持光输出功率是未来通照两用 LED 芯片所需要关注的问题。

图 3.24　不同阵列数目下的 (a) 光输出功率和 (b)LED 带宽 [36]

参 考 文 献

[1]　余金中. 半导体光子学. 北京: 科学出版社, 2015.

[2]　Li G Q, Wang W L, Yang W J, et al. GaN-based light-emitting diodes on various substrates: a critical review. Reports on Progress in Physics, 2016, 79: 056501.

[3]　Hangleiter A, Hitzel F, Netzel C, et al. Suppression of nonradiative recombination by V-shaped pits in GaInN/GaN quantum wells produces a large increase in the light emission efficiency. Physical Review Letters, 2005, 95: 127402.

[4]　江兴安. GaN/Si 基绿光 LED 外延设计与效率提升研究. 南昌: 南昌大学, 2019.

[5]　刘青明, 尚林, 邢茹萍, 等. GaN 基 LED 中 V 形坑缺陷的研究进展. 中国材料进展, 2020, 39: 968-973.

[6]　Kim J, Cho Y H, Ko D S, et al. Influence of V-pits on the efficiency droop in InGaN/GaN quantum wells. Optics Express, 2014, 22: A857.

[7]　Quan Z J, Wang L, Zheng C D, et al. Roles of V-shaped pits on the improvement of quantum efficiency in InGaN/GaN multiple quantum well light-emitting diodes. Journal of Applied Physics, 2014, 116: 183107.

[8]　Xu Z Y, Niu W Q, Liu Y, et al. 31.38 Gb/s GaN-based LED array visible light communication system enhanced with V-pit and sidewall quantum well structure. Opto-Electronic Science, 2023, 2: 230005.

[9]　Tsai P C, Su Y K, Chen W R, et al. Enhanced luminescence efficiency of InGaN/GaN multiple quantum wells by a strain relief layer and proper Si doping. Japanese Journal of Applied Physics, 2010, 49: 04DG07.

[10] Leem S J, Shin Y C, Kim K C, et al. The effect of the low-mole InGaN structure and InGaN/GaN strained layer superlattices on optical performance of multiple quantum well active layers. Journal of Crystal Growth, 2008, 311: 103.

[11] Lin Z T, Hao R, Li G Q, et al. Effect of Si doping in barriers of InGaN/GaN multiple quantum wells on the performance of green light-emitting diodes. Japanese Journal of Applied Physics, 2015, 54: 022102.

[12] Lin Z T, Wang H Y, Lin Y H, et al. Influence of in content in InGaN barriers on crystalline quality and carrier transport of GaN-based light-emitting diodes. Journal of Physics D: Applied Physics, 2016, 49: 115112.

[13] Lin Z T, Wang H Y, Wang W L, et al. Employing low-temperature barriers to achieve strain-relaxed and high-performance GaN-based LEDs. Optics Express, 2016, 24: 11885.

[14] Li Y, Xing Z H, Zheng Y L, et al. High-efficiency near-UV light-emitting diodes on Si substrates with InGaN/GaN/AlGaN/GaN multiple quantum wells. Journal of Materials Chemistry C, 2020, 8: 883-888.

[15] Li J F, Chen D, Li K L, et al. Optical properties of GaN-based green light-emitting diodes influenced by low-temperature p-GaN layer. Nanomaterials, 2021, 11: 3134.

[16] Lin Z T, Wang H Y, Chen S Q, et al. Achieving high-performance blue GaN-based light-emitting diodes by energy band modification on $Al_xIn_yGa_{1-x-y}N$ electron blocking layer. IEEE Transactions on Electron Devices, 2017, 64: 472-480.

[17] Li Y, Wang W L, Huang L G, et al. High-performance vertical GaN-based near-ultraviolet light-emitting diodes on Si substrates. Journal of Materials Chemistry C, 2018, 6(42): 11255-11260.

[18] Wang W L, Liu Z L, Zhou S Z, et al. Effect of p-GaN layer on the properties of InGaN/GaN green light-emitting diodes. Journal of Materials Research, 2015, 30(4): 477-483.

[19] Lin Z T, Wang H Y, Lin Y H, et al. A new structure of p-GaN/InGaN heterojunction to enhance hole injection for blue GaN-based LEDs. Journal of Physics D: Applied Physics, 2016, 49(28): 285106.

[20] 张云鹏. 垂直结构 LED 芯片 p 电极的设计及制备. 广州: 华南理工大学, 2018.

[21] Dong Y B, Han J, Xu C, et al. High light extraction efficiency AlGaInP LEDs with proton implanted current blocking layer. IEEE Electron Device Letters, 2016, 37: 1303-1306.

[22] Chen J L, Brewer W D. Ohmic contacts on p-GaN. Advanced Electronic Materials, 2015, 1: 1500113.

[23] 王光绪. 硅基 LED 量子阱相关特性及芯片 p 面技术研究. 南昌: 南昌大学, 2012.

[24] Zhang Z C, Gao F L, Zhang Y P, et al. Impact of silver surface morphology on the wall plug efficiency of blue vertical light-emitting diodes. IEEE Transactions on Electron Devices, 2019, 66: 2643.

[25] Arokiaraj J, Leong C K, Lixian V, et al. Bonding of GaN structures with Si(100)

substrates using sequentially deposited NiAu metal layers. Applied Physics Letters, 2008, 92: 124105.

[26]　Wang H, Wang L, Sun J, et al. Role of surface microstructure and shape on light extraction efficiency enhancement of GaN micro-LEDs: a numerical simulation study. Displays, 2022, 73: 102172.

[27]　Liu J L, Tang Y W, Wang G X, et al. High optical efficiency GaN based blue LED on silicon substrate. Scientia Sinica Physica, Mechanica & Astronomica, 2015, 45: 067302.

[28]　Kneissl M, Seong T Y, Han J, et al. The emergence and prospects of deep-ultraviolet light-emitting diode technologies. Nature Photonics, 2019, 13: 233.

[29]　Zhang Z, Gao F L, Li G Q. The impact of resonance on the light extraction efficiency of single nanowire ultraviolet light emitting diodes. IEEE Photonics Journal, 2020, 12(4): 8200610.

[30]　Zhang Z, Gao F L, Zhang Y P, et al. Theoretically enhance the vertical light extraction efficiency of the AlGaN-Based nanowire photonic crystal ultraviolet light-emitting diodes by selecting the band gap. IEEE Photonics Journal, 2021, 13: 8200211.

[31]　陈淑琦. 可见光通信中高性能光电器件的结构设计与制备. 广州: 华南理工大学, 2018.

[32]　柴华卿. 面向可见光通信的垂直结构 LED 芯片的设计与制备. 广州: 华南理工大学, 2022.

[33]　Lei L, Zhu Z H, Wei J X, et al. Improved modulation bandwidth of c-plane micro-LED arrays by varying Si doping in the quantum barrier. IEEE Transactions on Electron Devices, 2024, 71: 1969.

[34]　Yao S N, Chai H Q, Lei L, et al. Parallel micro-LED arrays with a high modulation bandwidth for a visible light communication. Optics Letters, 2022, 47(14): 3584.

[35]　Zhu Z H, Lei L, Lin T J, et al. Embedded electrode micro-LEDs with high modulation bandwidth for visible light communication. IEEE Transactions on Electron Devices, 2023, 70(2): 588-593.

[36]　Chai H Q, Yao S N, Lei L, et al. High-speed parallel micro-LED arrays on Si substrates based on via-holes structure for visible light communication. IEEE Electron Device Letters, 2022, 43: 1279.

[37]　Zhu Z H, Wang W L, Liu P X, et al. Demonstration of graphene/GaN-based micro-LEDs arrays for visible light communication. IEEE Transactions on Electron Devices, 2024, 71: 3090-3095.

第 4 章 Si 基 GaN 高电子迁移率晶体管

4.1 引 言

由于 GaN 材料具有很强的自发和压电极化效应,未掺杂的 AlGaN/GaN 异质结中能形成高密度二维电子气 (2DEG),且 2DEG 具有显著高于体电子的迁移率,因此基于 AlGaN/GaN 异质结构的高电子迁移率晶体管 (HEMT) 迅速成为 GaN 电子芯片的主流结构。高开关速度、低损耗和高工作频率等特点促使 GaN HEMT 芯片在许多领域得到了广泛的应用。例如,在通信领域中,GaN HEMT 芯片被应用于 5G 和卫星通信系统中的高频功率放大器,实现高速的数据传输和广泛的覆盖范围;在雷达领域中,GaN HEMT 芯片被应用于雷达系统中的低噪声放大器、混频器等电路,以实现高精度的目标探测和跟踪;在无线电能传输领域中,GaN HEMT 芯片也成为无线充电系统中的核心元件。

GaN HEMT 芯片的基本材料结构为异质结,其导带底在异质界面形成带阶和量子阱,电子分布在量子阱中,形成高浓度的 2DEG。2DEG 在沿着异质界面的方向可以自由运动,在垂直于异质界面方向上运动受到限制。芯片的源、漏极均与 2DEG 形成欧姆接触,令 2DEG 沿异质结界面输运形成电流;肖特基势垒栅极利用栅压控制 2DEG 沟道的开启和关闭,因此该芯片也被称为异质结场效应晶体管 (HFET)。2DEG 沟道的高导电特性结合 GaN 材料的高耐压能力,使得 GaN HEMT 成为微波功率芯片研究中的热点。自 1993 年 Asif Khan 等 [1] 首次报道 AlGaN/GaN HEMT 以来,利用异质结产生 2DEG 的 GaN HEMT 芯片得到了飞速发展。1994 年,Asif Khan 等 [2] 发现了 AlGaN/GaN HEMT 的频率特性。1996 年,加利福尼亚大学圣巴巴拉分校 (UCSB)[3] 研究了 AlGaN/GaN HEMT 的功率特性。经过不断的发展,研究人员 [4-7] 发现采用钝化层结构能够有效地减小势垒界面处的缺陷态密度,抑制电流崩塌,以提高芯片的功率特性。此外,引入合适的场板结构 [8] 不仅能够使得沟道区域电场分布可调,降低栅极边缘电场峰值,还能有效提高芯片击穿电压。

GaN 异质外延材料的晶体质量很大程度上决定了 GaN HEMT 芯片的性能。为了获得高质量的 GaN 异质外延材料,选择合适的衬底是非常重要的。由于 SiC 衬底的材料生长质量优势以及良好的耐高温和散热性能,因此以 SiC 作为衬底的 GaN HMET 芯片能够实现较好的器件性能。但由于 SiC 衬底产能较低且价格昂贵，SiC 基 GaN HEMT 难以实现大规模商业化生产，因此 SiC 基 HEMT 大多应用于航空航天和工业控制领域。此外，SiC 衬底与 Si 基半导体集成电路工艺不兼容等问题也导致了它的系统集成度较低。

提高材料晶圆尺寸，降低 GaN HEMT 芯片的生产成本也是非常重要的。相比于 SiC 衬底，Si 衬底具有制备工艺成熟、低成本、大尺寸、与 Si 基半导体集成电路工艺兼容等优势。因此，以 Si 衬底制备的 GaN HEMT 芯片能够大幅降低生产成本并提高生产效率，在大规模商业化生产上具有巨大优势。在过去十几年的发展中，Si 基 GaN HEMT 芯片在材料、芯片结构设计与工艺方面均取得了重大突破 [9]。然而，在 Si 衬底上制备 GaN HEMT 芯片仍面临着各种问题，例如，Si (111) 面与 GaN 之间存在较大的晶格失配 (16.9%) 和热失配 (56%)，使得 GaN 外延层存在较大的张应力，导致外延材料厚度大时易开裂，晶圆尺寸大时易翘曲和开裂；GaN 和 Si 之间在高温下的 "回熔刻蚀" 以及缓冲层和表面的缺陷捕获电子引起的漏电流和电流崩溃等问题。因此，为了推动 Si 基 GaN HEMT 芯片的进一步发展，仍然有很多问题需要深入研究。例如，异质结构的极化机理与极化应用 (极化工程)，异质材料结构的优化，芯片结构工艺优化等。

4.2　GaN HEMT 芯片的工作原理及制备工艺

4.2.1　GaN 异质结及其极化效应

氮化物半导体中纤锌矿结构是最稳定的，同时也是非中心对称的，因此 c 轴为该结构的极轴。如图 4.1 所示的 GaN 晶体结构，沿着平行于 c 轴的 [0001] 方向从下往上依次排列为 Ga 原子和 N 原子，材料表面形成 Ga 面极性；沿着平行于 c 轴的 [000$\bar{1}$] 方向从下往上依次排列为 N 原子和 Ga 原子，材料表面形成 N 面极性，同时产生极强的自发极化效应。在 GaN 晶体结构中，Ga 原子与 N 原子形成共价键。由于 N 元素具有大的电负性，而 Ga 元素具有较小的电负性，因此在 Ga 原子与 N 原子形成共价键时，共用电子会靠近 N 原子一侧。此外，在没有应力的条件下，纤锌矿晶体结构的不对称性会导致 Ga—N 之间的偶极矩矢量之和不等于零，方向向下 (Ga 面) 或者向上 (N 面)，从而在沿着 [0001] 或 [000$\bar{1}$] 方向产生自发极化效应，可用极化强度来描述。极化强度的空间变化会产生出极化束缚电荷。在外力的作用下，Ga—N 之间的键长会受到拉伸或挤压等作用，从而导致它的偶极矩之和不为零，在晶体的表面出现极化电荷，表现出压电极化。

从宏观角度来看，GaN 晶体的两个表面会分别具有正、负电荷，从而在晶体内部产生极化电场。自发极化沿着纤锌矿结构的 c 轴导致强电场为 3 MV/cm。由于 Ga 面材料具有更光滑的表面以及更稳定的性质，因此在研究中多采用 Ga 面材料。

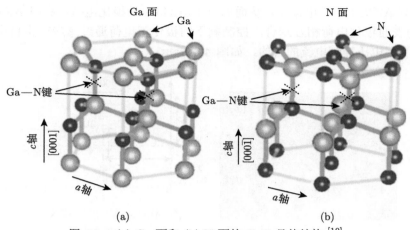

图 4.1 (a) Ga 面和 (b) N 面的 GaN 晶体结构 [10]

均匀极化的晶体薄膜相对的两个表面若均与非极性材料交界 (如一侧是衬底、一侧是空气)，则分别形成大小相等、电性相反的极化电荷，在晶体中形成内建电场，如图 4.2 所示。在氮化物异质结中，AlN 的极化强度比 GaN 的更强以及它的晶格常数要小，因此在 AlGaN/GaN 异质结中，由于 AlGaN 的极化强度要比 GaN 的要大，晶格常数要小，且 AlGaN 的厚度相对于 GaN 的厚度来说几乎可以忽略不计，因此在 AlGaN/GaN 异质结中，AlGaN 所产生的极化电荷要比 GaN 所产生的要多。因此，在异质结中，AlGaN 下表面中的部分极化电荷和 GaN 上表面的电荷相互抵消，只剩下被束缚的正电荷。根据电荷平衡原理，这些被束缚的正电荷会感应产生自由电子。

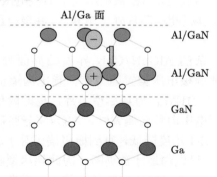

图 4.2 异质结界面晶体结构示意图 [11]

由于 AlGaN 和 GaN 的禁带宽度不一样，前者要高于后者，所以两者之间的导带底存在一个带阶差，这个带阶差和上面分析的界面处存在着大量的正电荷，会使导带底能带弯曲，产生二维势阱，2DEG 被限制在其中。在外电场的作用下，通过调节 AlGaN 的压电极化, 从而调节了 AlGaN 的极化电荷, 利用 AlGaN 和 GaN 的表面极化电荷相互结合, 控制剩下的极化正电荷通过感应产生自由电子, 达到了利用电压控制电流的目的, 如图 4.3 所示。

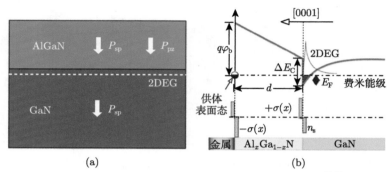

图 4.3　(a) 异质结结构图; (b) 异质结能带示意图 [12]

4.2.2　GaN HEMT 芯片的工作原理

GaN HEMT 工作的基本原理为芯片中漏极、源极与异质结中 2DEG 形成欧姆接触, 在漏极施加正电压, 形成横向电场使得 2DEG 在电场作用下定向运动形成漏极电流, 通过栅极电场调控沟道中 2DEG 浓度以及沟道的开关, 从而控制漏极电流的大小。沟道中 2DEG 浓度为零时所对应的栅极电压称为阈值电压 V_{th}, 当栅极电压小于阈值电压时, 栅下载流子面密度为零, 芯片处于截止区, $I_d = 0$。当栅极电压大于阈值电压且漏极电压较小时, 芯片处于线性区, 漏极电流主要由栅极电压、漏极电压决定。当栅极电压大于阈值电压且漏极电压较大时, 沟道中横向场强超过临界电场强度, 芯片处于饱和区, 漏极电压不会影响漏极电流的大小。

通常情况下, 非掺杂的 AlGaN/GaN 异质结界面处的载流子浓度可高达 $10^{12} \sim 10^{13}$ cm^{-2}, 即使栅极电压偏置为 0 V, 导电沟道仍处于开启状态, 因此天然制备的 AlGaN/GaN HEMT 为耗尽型芯片, 也即阈值电压 $V_{th} < 0$ V。如图 4.4 (a) 所示, 当栅极电压向负向偏置时, AlGaN 导带底被抬高, 二维量子阱的面积减小, 从而使 2DEG 浓度降低, 直到栅极偏压等于芯片阈值电压, 量子阱消失, 耗尽栅下 2DEG, 导电沟道才被夹断, 因此耗尽型芯片在电路设计中需要额外的负电极电压驱动。在 GaN HEMT 芯片的发展后期, 为了简化电路设计以降低电路的额外功耗和提高电路的安全性, 以及实现互补的数字逻辑电路, 人们逐渐把目光转向增强型芯片。如图 4.4 (b) 所示, 增强型芯片在栅极零偏置时, 导电沟道关断; 增大栅极电压至大于阈值电压时, 栅下产生 2DEG, 导电沟道开启; 继续增大栅极电压, 二维量子阱面积增大, 输出电流密度增加。因此, 只要利用

栅极电压的高低电平就能控制增强型 GaN HEMT 芯片的导通和关断，从而可实现 GaN 大功率开关芯片及电路。

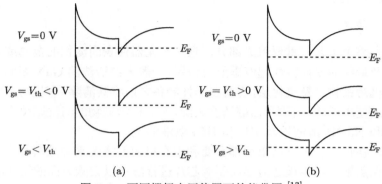

图 4.4 不同栅极电压偏置下的能带图[13]

(a) 耗尽型芯片；(b) 增强型芯片

4.2.3 GaN HEMT 芯片的基本工艺技术

GaN HEMT 芯片的制备工艺技术主要包括台面隔离、源漏极欧姆接触制备、栅极肖特基接触制备、器件表面钝化、电极互连等工艺，如图 4.5 所示。每一步

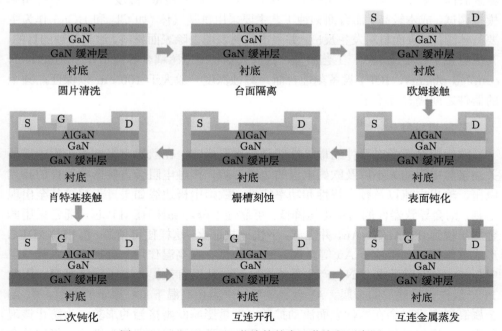

图 4.5 GaN HEMT 芯片的基本工艺流程示意图

的器件工艺和清洗、光刻等都对器件的性能有影响。每一步的工艺都需要充分的优化，形成合理而稳定的整套器件工艺流程，最终才能制备出具有高水平器件性能的 GaN HEMT。

1. 圆片清洗

清洗是整个工艺的重要组成部分，它对于在器件表面淀积的金属或者介质的黏附性以及最终的器件特性起着重要的作用。一般未经清洗的 GaN 表面主要含有无机和有机污染物以及氧化层，需要在器件制备之前将其清除。有机污染物的清洗一般是通过使用醋酸、丙酮和乙醇清洗去除，而无机污染物的清洗则使用 NH_4OH、$(NH_4)_2S$ 和 NaOH 溶液以及 HF 和 HCl 溶液清洗。

此外，在每一步工艺结束后都需要利用有机溶剂清洗来去除芯片表面的光刻胶，并且在蒸镀金属电极之前都需要对芯片进行酸洗以去除表面的氧化物。

2. 台面隔离

为了将晶圆上的器件彼此隔离开，保证其工作过程中不会发生互相干扰，需要将器件有源区外的 2DEG 消除。隔离方法有两种：一是干法刻蚀工艺，将台面区域的有源材料层去除；二是高能离子注入，通过高能离子破坏台面区域的晶格结构，使其变为高阻态。高能离子注入隔离法的优势在于隔离后器件漏电小、均匀性好、对有源区表面无影响，但其缺点在于工艺复杂，需要对注入能量、深度、角度等进行精确模拟调试，成本较高。而台面刻蚀工艺主要采用氯基气体 (如 Cl_2 和 BCl_3) 作为主要气体源，与表面材料发生反应，并轰击材料表面去除表面材料，达到刻蚀的目的。其优势在于设备成本低，工艺简单。目前大多利用电感耦合等离子体 (inductively coupled plasma，ICP) 设备刻蚀台面，刻蚀深度一般大于 100 nm 以保证晶圆上的器件之间隔开互不干扰。

3. 欧姆接触

欧姆接触质量对器件的最终性能具有重要影响，在欧姆电极制作过程中需要关注接触电阻的大小以及欧姆电极的边缘形貌。接触电阻会直接影响器件的膝点电压、输出电流以及频率特性和功率特性。欧姆电极边缘如果过于粗糙甚至出现毛刺，则会导致器件的击穿电压降低，可靠性下降。GaN HEMT 芯片通常采用的金属堆栈为 Ti/Al/Ni/Au，并在 N_2 下快速热退火，这样便可使源、漏极与 2DEG 形成欧姆接触。相较于 Au 等金属，Ti 熔点低，在高温作用下会扩散进入势垒层中与 GaN 反应形成 TiN，产生重掺杂区域，从而有效提升电子隧穿概率，因此 Ti 一般作为最底层的金属。Al 金属主要用来阻止高温下 Ga 原子的扩散，但 Al 金属高温退火时会在器件表面流动扩散，严重影响欧姆接触的形貌。为防止该现象出现且隔绝外界空气防止金属氧化，需要在顶层覆盖物理化学性质更稳定的金属 Au。为防止 Al 金属与 Au 金属之间的相互扩散,需要添加 Ni 金属作为隔离层,此外,隔离层的选择还有 Ti、Cr、Pt、Pd、Mo 等金属。

4. 表面钝化

GaN HEMT 芯片表面态情况非常复杂,在脉冲电压下会产生电流崩塌现象,表现为输出电流降低,导通电阻升高。这是由于器件受到反向偏压应力 (沟道关闭、高漏极电压) 时,栅漏区域的表面态会俘获从栅极、沟道等处注入的电子,从而在栅–漏沟道区域产生虚拟栅极,耗尽沟道 2DEG。当器件导通时,表面态不能快速"去俘获"释放电子,导致输出电流降低,这种效应也被称为"虚栅效应"。在器件表面使用合适的介质材料进行表面钝化能有效地抑制表面态缺陷在高频大功率条件下的电子俘获,从而降低电流崩塌带来的影响。对于高频 GaN HEMT 芯片来说,钝化层带来的寄生电容电阻会极大地影响其射频表现,因此钝化层选择尤为重要。目前最常用的钝化层材料有 Si_3N_4、SiO_2、AlN、Al_2O_3 等。其中,SiO_2 具有沉积工艺简单、原料便宜、技术成熟等优势;Si_3N_4 结构更为致密,介电常数更高,能引入更小的寄生电容。同时 Si_3N_4 钝化层相较于 SiO_2 有着更好的散热系数,可以有效降低器件的自热效应。Al_2O_3 具有宽禁带、高介电常数、高击穿场强的特点,利用原子层沉积的 Al_2O_3 层具有高均匀性、低缺陷密度、可扩展性强等特点,有利于降低器件的关态漏电流、电流崩塌并提高器件击穿电压。因此常采用 PECVD 法沉积 Si_3N_4 来作为钝化层。

5. 栅槽刻蚀与肖特基接触

对于 GaN HEMT 芯片来说,栅极工艺包括栅极刻蚀、栅介质沉积以及栅电极制作。栅极刻蚀是栅极制备的首道工艺,其目的是去除栅极下方的 Si_3N_4 层,实现栅电极与势垒层的直接接触。对于常规 HEMT 工艺来说,栅极常用肖特基接触,从而使得栅极具有肖特基整流特性,肖特基结的反向漏电流直接决定了器件的关态漏电流和击穿电压,肖特基正向导通电压直接决定了器件的栅极耐压,这种特性使得常规 GaN HEMT 芯片具有栅压摆幅小、关态漏电大等问题。尽管 MIS-HEMT 结构栅极漏电小,栅压摆幅大,但采用功函数较高的栅极金属如 Pb (5.12 eV)、Pt (5.56 eV)、Ni (5.15 eV) 能进一步提升势垒高度,降低栅极漏电。一般情况下,采用 Ni/Au 金属堆栈作为栅极金属,Ni 的黏附性较好,在后期的工艺处理中栅极不易脱落,Au 的化学性质稳定,不易氧化,导电率高,能降低栅阻,可用于与上级金属进行连接。栅极金属采用电子束蒸发工艺配合负胶剥离工艺完成,Ni/Au 厚度为 50 nm/150 nm。利用反应性离子刻蚀 (RIE) 设备将栅极下方的 Si_3N_4 层去除。

6. 二次钝化、互连开孔以及互连金属蒸发

栅极制作完成后需要对器件进行二次钝化，其主要作用是保护金属、介质材料表面免受外界环境中的氧、水等对其的腐蚀作用，以提高器件性能稳定性。通过二次钝化处理，还可以有效地降低材料表面态密度，提升器件可靠性。在有平面场板制备需求时，二次钝化层还能作为场板介质层，避免场板金属与其他电极直接连接同时起到支撑场板金属的作用，改变钝化层的厚度能够调控场板离电极或沟道的距离，起到分散电场的作用。

以上为 HEMT 芯片的基本工艺流程，值得考虑的是外延材料、器件结构、器件尺寸发生改变都可能导致制备工艺发生改变，灵活调整制备工艺顺序、工艺条件等能实现性能更佳的 GaN HEMT 芯片。

4.3　GaN HEMT 芯片分类及应用

GaN HEMT 芯片具有以下特点。① 高速开关特性：GaN HEMT 芯片的通道层结构使得电子能够快速通过通道，从而实现极快的开关速度，这使得它在高频率应用中非常有用，并且适用于需要快速响应的系统。② 低导通电阻：GaN HEMT 芯片具有较低的导通电阻，即当芯片处于导通状态时，能够通过更大的电流而产生较小的功耗，这使得 GaN HEMT 芯片在高功率应用中具有更高的效率，并减少了能量损失。③ 高温稳定性：GaN HEMT 芯片具有出色的热特性和高温稳定性，它能够在高温环境下保持可靠性和性能，不易发生漏电和热失控问题，这使得它非常适合在高温工作环境中使用，例如航空航天和高温工业应用。

GaN HEMT 芯片在许多领域中具有广泛的应用：

(1) 射频芯片方面。① 射频功率放大器：GaN HEMT 芯片可用于射频功率放大器，如通信系统、雷达和卫星通信。它能够提供高功率和高频率的信号放大。② 电力转换器：GaN HEMT 芯片在交流–直流转换器、直流–交流逆变器和太阳能发电系统中用于能量转换和控制。它能够提供高效率和高功率密度的能源转换解决方案。③ 照明系统：GaN HEMT 芯片在 LED 照明系统中得到了广泛应用。它能够提供高亮度、长寿命和低功耗的照明解决方案。

(2) 功率芯片方面。① 手机充电器：由于氮化镓的高效率和小尺寸特性，氮化镓芯片在快速充电器中的应用越来越普遍。② 车载充电器：提高充电效率和速度，减少充电时间。③ 电源转换器：提高电动汽车电池组和电机之间的电能转换效率。④ 逆变器：提高电动汽车电动机的驱动效率，提供更高的功率密度和更小的体积。⑤ 卫星电源系统：提高卫星的电能管理和转换效率，减少重量和发热。⑥ 航空电源：提高航空电子设备的功率密度和效率，优化飞行器的能源管理。⑦ 雷达系统：提高雷达系统的功率输出和效率，增强探测和通信能力。

总之, 功率/射频 GaN HEMT 芯片以其高速开关特性、低导通电阻和高温稳定性等优点, 在电源快充、逆电器、能量转换和照明系统等领域具有重要的应用价值。随着相关技术的不断发展, 功率/射频 GaN HEMT 芯片的进一步创新和应用也在不断地推进。得益于 2DEG 显著高于体电子的迁移率与饱和速度以及 AlGaN/GaN 材料较宽的整体禁带宽度和较强的耐压能力, AlGaN/GaN 异质结构材料是理想的微波功率芯片材料。因此, AlGaN/GaN 异质结也成为目前 GaN HEMT 芯片材料的主流结构。然而, 在常规 AlGaN/GaN 异质结中, 由于 GaN 沟道材料势垒高度低, 在高温高频大功率条件下 2DEG 的限域性有限所引起的短沟道效应可能导致芯片性能退化。因此, 针对功率与微波射频应用的不同需求, 需要分别对 HEMT 芯片的材料层结构进行优化, 以提升 GaN HEMT 芯片的性能。

GaN HEMT 芯片根据导通方式及控制方式的不同也可以分为耗尽型与增强型。耗尽型芯片在栅极不加电压时沟道导通, 且栅极电压可以用正、零、负电压控制导通; 而增强型芯片只有在开启后, 且 $V_{gs} > V_{th}$ (栅极阈值电压) 时才会出现沟道导通。一般情况下, GaN 射频芯片多为耗尽型 GaN HEMT 芯片; GaN 功率芯片出于设计成本、系统安全性考虑, 多为增强型 GaN HEMT 芯片。本章节将以耗尽型与增强型的分类方式来具体介绍不同类型的 GaN HEMT 芯片。

4.3.1 耗尽型 GaN HEMT 芯片

如图 4.6 所示, 最初的 AlGaN/GaN HEMT 芯片, 表面并没有栅介质层。由于 AlGaN 表面存在悬挂键等缺陷因素, 所以 AlGaN/GaN HEMT 芯片在射频应用时存在较明显的电流崩塌效应。另外, 由于芯片的栅极是肖特基接触, 栅极漏电高, 栅压摆幅小, 栅极很容易击穿, 所以, 在芯片材料外延和芯片制备过程中, 经常在 AlGaN 势垒层或者 GaN 沟道层之上生长一层介质层, 形成金属–绝缘体–半导体 (MIS) 结构。其中的绝缘体层作为钝化层可以钝化材料表面的缺陷和悬挂键, 减小芯片表面漏电及电流崩塌效应, 提高芯片的击穿电压; 作为栅介质层, 可以有效减小栅极漏电, 提高栅压摆幅, 增强栅极的可靠性和稳定性。因此, 对于常开型的 AlGaN/GaN MIS-HEMT 芯片, 通常会在栅下生长 SiO_2、SiN_x、AlN、Al_2O_3 等介质层来改善芯片的相关性能。在 MIS 结构中, 介质的介电常数越大, 制备的 AlGaN/GaN MIS-HEMT 芯片的跨导就越大, 栅控能力就越好; 另外, 介质的禁带宽度越大, 即介质与 AlGaN 的导带差越大, 芯片的栅极漏电就越小。因此, 在选择介质的时候, 尽可能选择介电常数大、禁带宽度大的介质。此外, 还要考虑到介质生长过程中, 与 AlGaN 形成的界面的质量、介质薄膜本身的质量以及介质本身和后续工艺兼容性的问题, 在工业应用中, 还应考虑生长方式是否可以大规模量产以及成本问题。

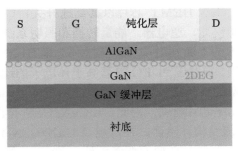

图 4.6   耗尽型芯片结构图

4.3.2   增强型 GaN HEMT 芯片

在功率转换中,耗尽型芯片的主要问题为需要一个负偏置来截止。出于安全原因,人们需要一个通常关闭的操作。因此,学术界和工业界正在努力创造和销售可靠的增强型 GaN HEMT 芯片。目前主要有以下几种技术来实现 GaN 增强型芯片。

1. 栅槽刻蚀型技术

该技术主要通过减薄甚至刻穿 AlGaN 势垒层以削弱其产生的极化效应,从而耗尽栅下的 2DEG,使之在栅极电压为 0 V 时,芯片仍处于关断状态,如图 4.7 所示。该技术存在刻蚀损伤、可控性、残留物以及较大的栅肖特基接触漏电等问题,所以一般采用 MIS-HEMT 结构。这是因为 MIS-HEMT 结构不仅能有效抑制栅极漏电,还能提高芯片的阈值电压。

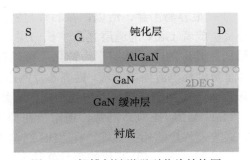

图 4.7   栅槽刻蚀增强型芯片结构图

2. 氟离子注入技术

该技术通过在 AlGaN 势垒层中注入带负电的氟离子,抬高能带,使得AlGaN/GaN 界面处沟道中的 2DEG 被耗尽,如图 4.8 所示。结合 MIS-HEMT技术,该技术也能将阈值推进到 +3 V 以上。然而氟离子注入深度较难控制,阈值电压重复性较差。另外，注入沟道中的 F⁻ 通常会造成 2DEG 输运性能的降低，使得栅极下方 2DEG 的电阻较大。注入的 F⁻ 在栅极高电场下的可靠性还有待深入研究。

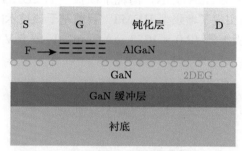

图 4.8　氟离子注入增强型芯片结构图

3. p-GaN 栅技术

该技术利用 pn 结形成的空间电荷区扩展耗尽栅下的 2DEG，同时保留 2DEG 的沟道，其电子迁移率较高，如图 4.9 所示。目前有些公司基于该技术已经推出了商业化的产品，美国的 EPC 是其中的代表公司之一。该技术能将芯片阈值推进到 1.5 V，但一般不会超过 2 V，主要局限是 pn 结的正向开启导致栅极正向漏电增大，过低的阈值电压和栅极耐压使得制备的 p-GaN E-HEMT 芯片需要专门设计的驱动电路，以确保芯片的正常工作。

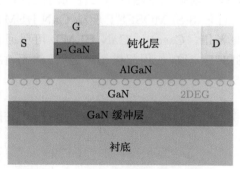

图 4.9　p-GaN 栅增强型芯片结构图

4. Mg 掺杂超晶格技术

本团队[14-16]通过热扩散将 Mg 掺杂到超晶格势垒中以实现增强型器件，如图 4.10 所示为该器件的基本结构。采用 Mg 掺杂技术手段，大大简化了传统 p-GaN E-HEMT 芯片的结构复杂程度，克服了传统 p-GaN E-HEMT 在工艺要求方面存在的刻蚀精度要求高、p 型掺杂困难、栅极控制弱和栅极泄漏大等问题, 同时还能有效地降低器件漏电, 提升器件的可靠性。研究结果表明, Mg 在超晶格结构中的掺杂和激活效率高于其在 AlGaN 结构中的掺杂和激活效率。在 Mg 的掺杂下, 有效地形成了 p-GaN/AlN, 消耗了栅极下的 2DEG, 使得 HEMT 器件的 V_{th} 正向偏移, 从而实现了增强型 HEMT。目前基于该技术的器件实现了 1.17 V 的 V_{th} 以及较小的漏极电流 (2.0×10^{-8} mA/mm, $V_g = 0$ V)。

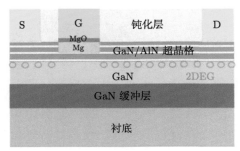

图 4.10　Mg 掺杂超晶格增强型芯片结构图

5. 级联技术

该技术避开了 GaN 增强型技术的难点, 采用低压 Si-MOSFET 实现增强型, 而利用耗尽型 GaN HEMT 芯片实现高击穿电压, 然后通过键合技术制成增强型电力电子芯片, 如图 4.11 所示。基于该技术实现的芯片阈值电压能达到 3 V。虽然该技术避开了 GaN 技术增强型难题, 但芯片间的键合封装不可避免地会引入较大的寄生电感等, 而且采用 Si-MOSFET 驱动 GaN HEMT 的方案都制约着该技术能达到的工作频率范围。Cascode GaN HEMT 可保证较快的开关速度, 且驱动电平与常规 MOSFET 一致, 应用门槛相对更低。然而, 由于其级联了低压 Si-

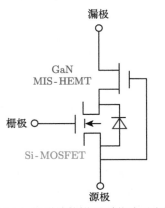

图 4.11　级联结构增强型芯片示意图

MOSFET, 在开关管关断时存在反向恢复损耗, 限制了开关频率的进一步提高, 使得 Cascode GaN HEMT 芯片的开关频率被限制在 $0.3 \sim 1$ MHz。

总之, 无论是增强型芯片还是耗尽型芯片, GaN HEMT 芯片都具备高速开关特性、低导通电阻和高温稳定性等优点, 在电源快充、逆电器、能量转换和照明系统等领域有重要的应用价值。随着相关技术的不断发展, 我们可以期待 GaN HEMT 芯片在功率/射频领域的进一步创新和应用。

4.3.3 GaN HEMT 芯片的性能参数

对于射频, 尤其是放大应用的 GaN HEMT 芯片来说, 芯片主要工作在饱和区。如图 4.12 所示, 在饱和区芯片的栅极输入一个小功率射频信号, 其输出信号会继承栅极输入的射频特性, 输出功率为漏极输入功率, 从而对射频信号起到放大的作用。对于高频应用的 GaN HEMT 芯片来说, 其频率特性参数能更为全面地评估芯片的射频应用能力。频率特性参数分为小信号参数与大信号参数。

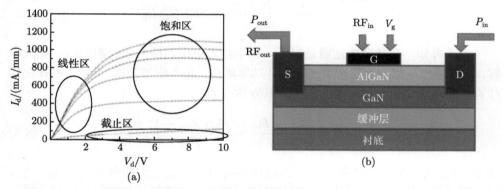

图 4.12　(a) 典型的 GaN HEMT 芯片的输出特性曲线; (b) HEMT 功率放大示意图

芯片小信号参数包括最大截止频率 f_t 和最高振荡频率 f_{max}。其中 f_t 是芯片在共源电路中, 输出端电流与输入端电流相同 (即电流增益为 1) 时对应的频率。在非本征参数情况下, f_t 可表示为

$$f_t = \frac{g_{m.int}}{2\pi \left(C_{gs} + C_{gd}\right)\left[1 + \left(R_s + R_{ds}\right)/R_{ds}\right] + g_{m.int} C_{gd}\left(R_s + R_d\right)} \tag{4.1}$$

式中, R_s 为源极电阻; R_d 为漏极电阻; R_{ds} 为输出电阻; $g_{m.int}$ 为本征跨导; C_{gs} 和 C_{gd} 分别为栅源电容与栅漏电容。由式可知, 提高芯片本征跨导 $g_{m.int}$, 降低 R_s、R_d、R_{ds} 及 C_{gs} 与 C_{gd} 可以提高芯片的最大截止频率。而最高振荡频率 f_{max} 是指在输入输出匹配时, 单向功率增益 (UPG) 为 1 时所对应的频率, 可表示为

$$f_{max} = \frac{f_t}{2\sqrt{\left(R_s + R_g + R_i\right)/R_{ds} + 2\pi f_t R_g C_{gd}}} \tag{4.2}$$

式中，R_i 为输入电阻；R_g 为栅极电阻。由式可知，减少栅极电阻与栅漏电容可提高最高振荡频率 f_{max}。

大信号参数包括输出功率 P_{out}、功率增益 G_{ain} 和功率附加效率 PAE。其中芯片输出功率 P_{out} 可表示为

$$P_{out} = \frac{(V_{br} - V_{knee}) \times I_{dmax}}{8} \tag{4.3}$$

式中，V_{br} 为击穿电压；V_{knee} 为膝点电压；I_{dmax} 为饱和漏极电流。提高芯片输出功率需要从提高芯片击穿电压、减小膝点电压、提高饱和漏极电流入手。功率增益是输出功率与输入功率的比值，其值可通过最大可用增益 (maximum available gain，MAG) 的表达式得到

$$MAG = \frac{(f_t/f)^2}{4\dfrac{R_g + R_i + R_s}{R_{ds}} + 8\pi f_t C_{gd} R_g} \tag{4.4}$$

由式可知，在频率固定的情况下，减小输入电阻、栅电阻、源电阻、栅漏电容，提高输出电阻等途径皆可提高芯片功率增益。功率附加效率 (PAE) 是评价器件直流功率转化为射频功率的能力，其表达式为

$$PAE = \frac{P_{out} - P_{in}}{P_{DC}} = \frac{P_{in}(G_{ain} - 1)}{P_{DC}} \tag{4.5}$$

式中，P_{in} 为射频输入功率；P_{out} 为射频输出功率；G_{ain} 为功率增益；P_{DC} 为直流偏置功率。因此提高芯片功率附加效率主要从提高增益，抑制电流崩塌、减小直流功耗入手。

对于功率 GaN HEMT 芯片来说，在开关转换中，功率芯片不停地从开态到关态转换，通常可以通过监测其特征性能参数来评估芯片性能。特征性能参数有阈值电压 V_{th}、跨导 g_m、饱和输出漏极电流 I_{ds}、导通电阻 R_{on}。

阈值电压 V_{th}：在 AlGaN/GaN HEMT 微波功率芯片中，阈值电压是使得沟道导通的临界栅极电压。栅极上施加偏压能控制 HEMT 芯片的输出特性。耗尽型芯片 AlGaN/GaN HEMT 在没有施加栅极偏置的条件下沟道已经导通，故阈值电压为负值，反之增强型芯片需要正的栅极电压才能开启芯片，故阈值电压为正值，阈值电压对于 AlGaN/GaN HEMT 的开关特性起着至关重要的作用。阈值电压 V_{th} 为

$$V_{th} = \varphi(x) - \Delta E_C(x) - \frac{\sigma(x)}{\varepsilon_{AlGaN}} d \tag{4.6}$$

式中，$\varphi(x)$ 是栅极金属材料相对 AlGaN 半导体材料的肖特基势垒高度；$\Delta E_{\mathrm{C}}(x)$ 是 AlGaN/GaN 异质结材料 AlGaN 和 GaN 的导带差；$\sigma(x)$ 是 AlGaN/GaN 异质结界面处的极化电荷密度；$\varepsilon_{\mathrm{AlGaN}}$ 和 d 分别是 AlGaN 势垒层的介电常数和厚度。

跨导 (g_{m})：g_{m} 是表征芯片栅极源极之间电压对源极漏极之间电流控制能力强弱的重要物理量，通常用来表征芯片栅极控制芯片能力的优劣。所以芯片跨导越大，栅极电压的微小变化对输出电流产生的影响越大，即栅极电压对芯片沟道的控制能力越强。当忽略 AlGaN/GaN HEMT 芯片栅源和栅漏串联后，所获得的本征跨导 g_{m}^{*} 的表达式为

$$g_{\mathrm{m}}^{*} = \frac{\partial I_{\mathrm{ds}}}{\partial V_{\mathrm{gs}}} = \begin{cases} \beta V_{\mathrm{GT}}, & \text{长沟道芯片} \\ \beta V_{\mathrm{L}}, & \text{短沟道芯片} \end{cases} \tag{4.7}$$

式中，V_{GT} 与 V_{L} 分别代表长沟道与短沟道芯片漏极和源极之间的饱和电压；β 为芯片的跨导系数，其表达式为

$$\beta = \frac{W\mu\varepsilon_1}{dL} \tag{4.8}$$

式中，ε_1 代表 AlGaN 材料的介电常数；d 代表势垒层的厚度。可以看出 AlGaN/GaN HEMT 可以通过减小势垒层厚度以及栅极长度来有效提高芯片的本征跨导，从而提高 HEMT 芯片栅极控制能力。

饱和输出漏极电流 I_{ds}：在 AlGaN/GaN HEMT 微波芯片中，饱和输出漏极电流是决定芯片输出特性的重要参量。饱和输出漏极电流 I_{ds} 的定义为

$$I_{\mathrm{ds}}(x) = Wq\mu_{\mathrm{n}}n_{\mathrm{s}}(x)\frac{\mathrm{d}V_{\mathrm{c}}(x)}{\mathrm{d}x} \tag{4.9}$$

式中，W 代表栅宽；$V_{\mathrm{c}}(x)$ 为芯片沟道 x 处的表面电势。假设单位面积的栅电容为 C_{g}，栅极电压为 V_{g}，则单位面积的沟道电荷 $n_{\mathrm{s}}(x)$ 有如下表达式：

$$n_{\mathrm{s}}(x) = \frac{C_{\mathrm{g}}}{q}(V_{\mathrm{g}} - V_{\mathrm{th}} - V_{\mathrm{c}}(x)) \tag{4.10}$$

假设电子迁移率 μ_{n} 为定值，将式 (4.10) 代入式 (4.9) 中并在芯片沟道长度内对 $I_{\mathrm{ds}}(x)$ 进行积分可得如下表达式：

$$I_{\mathrm{ds}} = W\mu_{\mathrm{n}}\frac{C_{\mathrm{g}}}{L}\left[(V_{\mathrm{g}} - V_{\mathrm{th}})V_{\mathrm{d}} - \frac{1}{2}V_{\mathrm{d}}^2\right] \tag{4.11}$$

由式 (4.11) 得出提高芯片饱和输出漏极电流可以从优化芯片材料特性与芯片结构两方面入手，即一方面可以提高材料的电子迁移率和异质结材料的 2DEG 浓

度，另一方面可以在避免芯片短沟道效应的前提下增大栅宽、减小栅长以及减小源极和漏极间的距离。

　　导通电阻 $R_{\rm on}$：AlGaN/GaN HEMT 的导通电阻是指芯片有源区内所有电阻的综合。源极和漏极金属材料与沟道 2DEG 之间 AlGaN 势垒层的电阻 $R_{\rm C}$、沟道 2DEG 的电阻 $R_{\rm 2DEG}$、芯片栅极下方沟道 2DEG 的电阻 $R_{\rm 2DEG(gate)}$ 三者综合的导通电阻 $R_{\rm on}$ 近似值为

$$R_{\rm on} = 2R_{\rm C} + R_{\rm 2DEG} + R_{\rm 2DEG(gate)} \tag{4.12}$$

其中沟道 2DEG 的电阻 $R_{\rm 2DEG}$ 的表达式为

$$R_{\rm 2DEG} = \frac{L_{\rm 2DEG}}{q \cdot \mu_{\rm 2DEG} \cdot N_{\rm 2DEG} \cdot W_{\rm 2DEG}} \tag{4.13}$$

式中，$L_{\rm 2DEG}$ 和 $W_{\rm 2DEG}$ 分别表示沟道 2DEG 中电子可移动的最大长度和最大宽度；$N_{\rm 2DEG}$ 代表沟道 2DEG 中的电子数量；$\mu_{\rm 2DEG}$ 表示沟道电子的电子迁移率。

4.4　Si 基 GaN HEMT 芯片性能提升技术

4.4.1　Si 基 GaN HEMT 芯片性能提升面临的难点

　　GaN HEMT 芯片衬底主要有三种：蓝宝石、SiC 以及 Si。其中，蓝宝石晶体质量高、热导率高、透光性好，但存在尺寸较小、与 GaN 的晶格失配较大、耐压能力较低等劣势。为了进一步改善 GaN HEMT 芯片的热特性，研究人员开发了 SiC 基 GaN HEMT 芯片。良好的晶格匹配程度以及 SiC 衬底优秀的散热能力，使得 SiC 基 GaN HEMT 芯片拥有更高的工作频率和输出功率。但 SiC 衬底的产能较低且价格昂贵，从而限制了其大规模应用。此外，与 Si 基半导体集成电路工艺不兼容等问题也导致了 SiC 衬底上系统集成度较低。

　　为了降低成本并易于集成，研究人员又开发了 Si 基 GaN HEMT 芯片。由于 Si 衬底的成本较低、制备工艺成熟、尺寸大以及能够与 Si 基半导体集成电路工艺兼容，所以 Si 基 GaN HEMT 芯片也在迅猛发展。随着大尺寸 Si 基 GaN 外延技术和 GaN/Si 异构集成技术的突破，新一代低成本 Si 基高频功率和射频芯片的发展也被带动起来。尽管 Si 基 GaN HEMT 芯片已经取得了明显的进展，并在中等电压领域的功率开关应用中得到了广泛的应用，但为了实现在未来取代 Si 基功率器件的目标，Si 基 GaN HEMT 芯片仍然存在一些挑战。

　　(1) 尽管已经实现了在 Si 上具有低位错密度 ($10^7\ {\rm cm}^{-2}$) 且没有裂纹的 GaN，但具有 $10^8\ {\rm cm}^{-2}$ 高位错密度的大尺寸 Si 基 GaN HEMT 外延片可能会导致外延

GaN 薄膜的晶体质量差，晶圆弯曲太高而无法制备器件。因此，需要进一步探索具有低位错密度的 Si 基 GaN HEMT 芯片和大尺寸基板 (> 200 mm) 上的应力控制工程，特别是在 p-GaN HEMT 芯片外延片领域。

(2) Si 和 AlGaN/GaN 异质结之间的应力控制层和高阻 GaN 已被插入以提高晶体质量和电特性，但会产生更高的界面热阻，导致器件散热问题。此外，器件小型化和相关的高功率密度要求会影响 Si 基 GaN HEMT 芯片的热可靠性。因此，在不改变其性能的情况下，减小 Si 基 GaN HEMT 芯片的厚度是有必要的。

(3) Si 基 GaN HEMT 芯片如今已应用于消费电子产品。然而，它们仍然受到缓冲/表面陷阱引起的电流崩溃的限制，这使得开发新的电动汽车等高压开关应用变得困难。因此，应进一步研究 Si 基 GaN HEMT 芯片在超过 650 V (可能高达 1200 V) 电压下的可靠性和故障物理。

(4) Si 基 GaN HEMT 芯片的制造工艺与 Si CMOS 兼容，但由于其相对较低的 V_{th} (约 1.5 V)，Si 基 GaN HEMT 芯片仍然面临着栅极驱动电路的新挑战，这可能会导致集成 Si 基 GaN HEMT 更加复杂。尽管如此，仍有可能实现高效率、高稳定性和小型化的 Si 基 GaN HEMT 芯片。

4.4.2　异质外延结构调控技术

由于 AlGaN/GaN 材料具有较宽的整体禁带宽度，耐压能力强；同时由于 AlGaN/GaN 界面导带带阶大，且该异质结材料结构具有很强的压电和自发极化效应，在异质结界面处会出现导带不连续形成量子阱，在极化电场的作用下，AlGaN 势垒层中的电子会注入量子阱中，在 GaN 侧形成 2DEG，如图 4.13 (a) 所示。得益于 2DEG 自身的分布和输运的特点，具有显著高于体电子的迁移率与饱和速度，AlGaN/GaN 2DEG 材料是理想的微波功率芯片材料，AlGaN/GaN 异质结也成为目前 GaN HEMT 芯片材料的主流结构。然而，在常规 AlGaN/GaN 异质结中，GaN 沟道材料势垒高度低，在高温高频大功率的应用条件下，2DEG 限域性有限，产生的短沟道效应也可能导致芯片性能退化。

对于功率芯片来说，增强型的 GaN HEMT 芯片在零栅极偏压下沟道中的 2DEG 耗尽，这有利于系统安全及栅极驱动的简易设计。因此，针对不同需求，需要分别对 HEMT 芯片的材料层结构进行优化，以提升 GaN HEMT 芯片的性能。而在微波射频应用中，GaN HEMT 芯片的一个重要目标是实现其超高频大功率工作。因此，为了使 GaN HEMT 微波功率芯片达到更高的工作频率，如毫米波频段甚至 THz 频段，需要保持高的异质结沟道电导特性，同时降低高温、高场条件沟道载流子溢出带来的芯片性能退化问题。提高沟道电导特性常用的方法为增大势垒层 A1 组分以维持高的 2DEG 密度。然而，在材料特性上，高 Al 组分 AlGaN 和 GaN 的晶格失配增大，所引起的应力会导致 AlGaN/GaN 界面粗糙度增加以及 AlGaN 势垒层结晶质量的恶化甚至应变弛豫，从而降低 2DEG 面密度和迁移率，甚至影响芯片的性能和长时间在高压高温情况下的可靠性。目前，从异质结方面对芯片结构进行优化主要有两种趋势，一种是通过背势垒层、插入层或直接形成多沟道异质结来提高 HEMT 的电导，另一种是通过采用新型的势垒层材料来增强沟道计划效应，同时避免短沟道效应带来的栅控能力变弱，漏电增大的问题。

1. 高阻缓冲层外延结构

目前，实现高阻 GaN 缓冲层的方法主要有引入类受主态的位错缺陷，利用 n 型背景杂质补偿来捕获 GaN 缓冲层中的载流子。除此之外，还可以通过掺杂 GaN 并引入受主态以补偿高浓度的 n 型杂质，实现高阻 GaN 缓冲层，如图 4.13 (a) 所示。

其中通过调整生长条件以引入由位错密度引起的高密度深受主态，能有效实现高阻 GaN 缓冲层，这一种方法不存在额外的杂质污染。然而，引入高位错密度将不可避免地导致 GaN 外延薄膜的晶体质量恶化，且位错可能充当垂直泄漏电流路径，导致 2DEG 电学特性受到严重影响。更重要的是，在生长过程中引入的位错难以重现以及生长条件难以控制将严重影响 GaN HEMT 芯片的商业化应用，因此，有必要开发一种可重复的工艺来实现高电阻 GaN 缓冲层。为此，研究人员致力于在 GaN 薄膜中人为引入补偿深能级掺杂剂来获得高电阻 GaN 薄膜，如铁 (Fe)、镁 (Mg)、锰 (Mn)、碳 (C)、锌 (Zn) 和铬 (Cr)，这成为获得高电阻 GaN 薄膜，且有效控制体泄漏电流的重要方法。当前，高阻 GaN 薄膜最常用的掺杂剂主要是 Fe 和 C。

(1) Fe，主要来源于二茂铁前体 (Cp_2Fe，双 (环戊二烯基) 铁)，是一种补偿深能级掺杂剂。掺 Fe 的 GaN 缓冲层位于导带下方 $0.5 \sim 0.7$ eV 处 [17]，如图 4.13 (b) 所示。研究表明，Si 衬底上的高电阻 (>1 GΩ/□) GaN 薄膜中的 Fe 浓度主要为 10^{17} cm^{-3}，所制备出来的芯片与传统芯片相比，表现出更低的泄漏电流和更高的击穿电压。其中 Fe 掺杂具有掺杂简单、均匀的特点；然而，Fe 掺杂具有严重的记忆效应，容易造成有源区的杂质污染，严重影响到沟道中的 2DEG。

(2) C 杂质掺杂被用来提高 GaN 薄膜的电阻率，通过产生补偿中心来降低背景载流子浓度，从而提高芯片的击穿电压。其中 C 杂质主要来源于三甲基镓的自掺杂或外部引入掺杂，如丙烷和乙烯。然而，C 掺杂 GaN 的浓度与 MOCVD 生长条件密切相关，例如温度、压力和 V/Ⅲ 比率。Lesnik 等 [18] 研究了 C 掺杂 GaN 薄膜中的 C 浓度从 5×10^{17} cm^{-3} 增加到 1.2×10^{19} cm^{-3} 能有效提升功率芯片的击穿电压，如图 4.13 (c) 所示。然而，最高击穿电压的 GaN HEMT 芯片并不对应于最高 C 掺杂浓度的 GaN 缓冲层，这主要归因于 C 原子占据 Ga 空位形成了浅施主陷阱 [18]，如图 4.13 (d) ~ (f) 所示。其中，对于高击穿电压的 GaN 薄膜，

$10^{19}\,\mathrm{cm^{-3}}$ 的 C 掺杂浓度为最佳的掺杂浓度。然而,研究表明,C 掺杂 GaN 薄膜会引入高位错密度,高碳掺杂浓度会导致 C 扩散至相邻外延层,导致 AlGaN/GaN 异质结沟道中 2DEG 下降。因此,为了更好地控制 GaN HEMT 芯片中的 C 掺杂浓度,优化外延结构和生长参数极其重要。

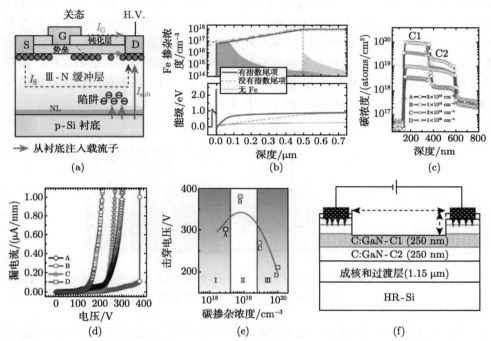

图 4.13 (a) 横向 GaN-on-Si 芯片中缓冲陷阱和关态下的主要泄漏电流路径 (栅极泄漏电流、缓冲的横向泄漏电流和垂直泄漏电流) 的示意图 [19];(b) Fe 掺杂浓度的分布 [17];(c) 缓冲层 C1 区域的碳掺杂浓度在二次离子微探针质谱法 (SIMS) 中的分布图;(d) 室温下样品 A～D 的横向漏电流与外加电压的关系;(e) 碳掺杂浓度与击穿电压之间的关系和 (f) GaN 缓冲层泄漏电流的测量示意图 [18]

在上述两种方法中,Fe 掺杂因在生长过程中具有记忆效应而污染相邻的外延薄膜。与 Fe 掺杂相比,C 掺杂 GaN 薄膜没有记忆效应,能有效控制其在外延薄膜中的掺杂浓度。此外,C 掺杂 GaN 薄膜工艺简单、可用于工业化生产。然而,高质量的 GaN HEMT 芯片并不局限于高阻 GaN 缓冲层,这主要归因于高 2DEG 的 GaN 基异质结。

2. AlN 界面插入层异质外延结构

在 AlGaN/GaN 界面引入厚约 1 nm 的 AlN 插入层形成 AlGaN/AlN/GaN 异质结有利于改善异质结材料特性。如图 4.14 所示,由于极化效应的存在,AlN

插入层能够提高 AlGaN 势垒层和 GaN 沟道层的有效导带带阶，从而形成更深的量子阱，提高沟道电子面密度。同时该导带带阶还能抑制 2DEG 注入 AlGaN 势垒层中，降低合金的无序散射，从而提升沟道电子迁移率。当 AlN 插入层过厚时，由于 AlN 与 GaN 的晶格失配达到 2.4%，会给势垒层带来更大的应力，降低 AlGaN 层的外延质量，导致沟道电子迁移率的降低。当 AlN 插入层达到最佳厚度时，在 AlN 与 GaN 之间较大失配应力的作用下，位错发生弯曲并且在异质界面湮灭，使得 AlGaN 势垒层具有最均匀的应力分布和最低的穿透位错密度。由此可见，AlN 插入层不仅可以平滑异质界面，还能减少沟道层的缺陷延伸，提升势垒层质量。根据目前的研究报道，如图 4.14 所示，AlN 插入层的优化厚度约为 1 nm，这也成为异质结特性优化的一种常见做法。

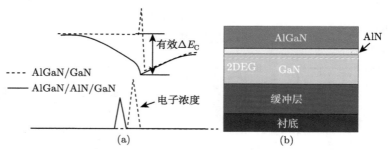

图 4.14　(a) AlGaN/GaN 与 AlGaN/AlN/GaN 异质结的导带和电子密度分布；(b) 典型 AlN 插入层 GaN HEMT 外延结构

　　然而，AlN 插入层可能影响 HEMT 芯片的可靠性。据报道，AlN 插入层可能导致 AlGaN/AlN/GaN HEMT 芯片在射频功率应力下出现栅漏电流上升的情况，这是由于 AlN 厚度仅为 1 nm 左右，在材料生长中，无法将 AlN 插入层的微观厚度起伏控制到不超过单分子层。也就是说，AlN 插入层厚度无法达到厚度处处相等，这使得栅与沟道间的有效势垒高度不一致。从而在 AlN 层局部较薄处容易引起上方栅条的局部击穿，造成芯片栅漏电流增大。

3. 帽层异质结外延结构

　　帽层是一种在 GaN 基芯片中广泛使用的优化材料结构的措施，其典型结构如图 4.15 所示。有研究表明：在 AlGaN/GaN HEMT 材料顶部加上 InGaN 帽层能够有效减少欧姆接触的电阻。GaN 材料作为帽层，在极化效应的作用下，能够以载流子浓度略微下降的代价提高 2DEG 迁移率；GaN 与栅极金属形成的肖特基接触势垒更高，可以有效减小栅漏电流。另外，GaN 作为帽层可以用作 GaN HEMT 芯片的栅极绝缘层和钝化层。

图 4.15   典型帽层 GaN HEMT 外延结构

分析认为，引入 GaN 帽层会使 AlGaN 势垒层完全应变为共格生长，而 AlN 帽层会对 AlGaN 势垒层施加更大的应力，导致 AlGaN 势垒层弛豫度大幅增加，加剧 AlGaN 与 GaN 间的晶格失配，导致表面粗糙度上升，使极化效应减弱，载流子面密度与迁移率显著降低。对于 GaN 帽层来说，尽管 GaN 帽层提高了 AlGaN 势垒层的有效势垒高度，使得电子面密度降低，但是由于 AlGaN 处于完全应变状态，位错密度和粗糙度较低，散射作用变弱，因此拥有更高的 2DEG 迁移率。因此，不同晶格常数的帽层结构会改变势垒层的应变状态，导致位错密度和界面形貌的改变，从而影响 2DEG 的输运特性，进而改变芯片性能。

4. InGaN 沟道层异质结外延结构

常规 AlGaN/GaN 异质结中，GaN 既是缓冲层材料也是沟道材料，由于沟道下方 GaN 侧的势垒高度较低，在高温、栅极电压或漏极电压较高的情况下，沟道中的载流子容易溢出沟道进入缓冲层成为三维电子，从而使 2DEG 限域性变差，芯片性能退化。深亚微米 GaN HEMT 芯片中，短沟道效应也引起沟道难以夹断、关态漏电大的问题。

为克服这一问题，可以将沟道材料由 GaN 更换为禁带宽度更窄的 InGaN，形成 AlGaN/InGaN/GaN/成核层/衬底材料。导带的带阶和极化效应使得 GaN 对于 InGaN 形成了一个较高的背势垒，如图 4.16 所示。这有利于提高 2DEG 的限域性，从而减小芯片的关态泄漏电流，改善芯片的夹断特性。AlGaN/InGaN/GaN 材料中极化效应比 AlGaN/GaN 异质结更强，因此也有利于提高 2DEG 密度。然而，在实际的材料生长过程中，由于 InGaN 的生长温度低于 GaN 和 AlGaN，且 In 组分对温度很敏感，所以对 InGaN 沟道层而言，后续 AlGaN 势垒层的高温生长会恶化 InGaN 层的材料质量，引起 In 的偏析，还会使异质结界面更加粗糙，影响界面 2DEG 的电学特性。因此，通常在 InGaN 沟道上方采用与 InGaN 同样的生长温度生长薄层 AlN 界面插入层来保护 InGaN 表面，随后高温生长 AlGaN

势垒层形成整个异质结材料。同时，InGaN 沟道层下方的 GaN 模板应尽可能地降低位错密度以减少 In 在缺陷处偏析的可能。

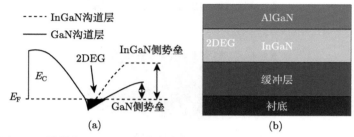

图 4.16　(a) GaN 沟道与 InGaN 沟道异质结能带示意图；(b) 典型 InGaN 沟道层 GaN HEMT 外延结构

　　典型 InGaN 沟道层 GaN HEMT 外延结构如图 4.16 (b) 所示，根据已报道的实验结果，AlGaN/InGaN/GaN 双异质结材料拥有更高的霍尔电子密度，但霍尔迁移率较低，将 InGaN 的厚度降低至 3 nm 左右时，由于薄 InGaN 层的 In 组分起伏较小，霍尔迁移率可得到大幅提升。同时，由于 InGaN/GaN 界面处可形成耗尽型空间电荷区，所以在高温下 GaN 中热激发载流子形成的并行电导效应被隔离，因此 AlGaN/InGaN/GaN 异质结构在高温芯片应用上具有更大的优势。

5. 背势垒异质结外延结构

　　在 GaN 沟道层下方插入一层其他材料形成背势垒，将使得导电沟道中的 2DEG 被限制在顶势垒与背势垒之间。比如，在 AlGaN/GaN 异质结中，在 GaN 沟道下方引入较薄的 AlGaN 层而缓冲层仍为 GaN，即形成 AlGaN/GaN/AlGaN/GaN 结构，较低的 AlGaN 层对顶部沟道可以起到背势垒的作用，但同时会引起较低的 AlGaN/GaN 界面处形成寄生沟道。因此，通常在 GaN 沟道下方到成核层之间引入厚的 AlGaN 缓冲层作为背势垒，形成单沟道 AlGaN/GaN/AlGaN (顶势垒/沟道/背势垒) 双异质结构。对于该结构来说，随着缓冲层 Al 组分的增大，背势垒升高，2DEG 限域性增强，但面密度降低。这是由于厚的 AlGaN 缓冲层已完全弛豫，其上生长的 GaN 沟道层较薄，处于压应变状态，减弱了随后生长的 AlGaN/GaN 异质结中的晶格失配程度，从而减弱了异质结中的压电极化效应，导致 2DEG 面密度下降。因此，AlGaN 背势垒的 Al 组分需要优化，以平衡 2DEG 限域性和密度的关系。另外，厚 AlGaN 缓冲层的材料生长难度也会随 Al 组分增加而增加。典型的背势垒 GaN HEMT 外延结构如图 4.17 所示。

图 4.17 典型的 AlGaN 及 InGaN 背势垒外延结构

同时，实验证明，采用复合 AlGaN/GaN 缓冲层结构的 AlGaN 缓冲层结晶质量得到了显著提高，电学特性测试表明复合 AlGaN/GaN 缓冲层结构同时提高了霍尔迁移率和面密度，降低了方阻的不均匀性。对于 AlGaN 背势垒结构的双异质结来说，低温下 AlGaN/GaN/AlGaN 双异质结构的迁移率略低于 AlGaN/GaN 单异质结，这主要是由于双异质结中具有顶势垒/沟道和沟道/背势垒两个界面，2DEG 受到的界面粗糙度散射和合金无序散射更强。对 AlGaN 缓冲层的优化能使得背势垒界面的界面粗糙度散射和合金无序散射大大降低，从而使其霍尔迁移率接近于常规单异质结样品。分析认为，在 AlGaN/GaN 单异质结中，随着温度升高，GaN 缓冲层的背景掺杂或一些深能级的杂质可能进一步电离，使背景电子浓度增大；另外，沟道中的二维电子能够获得足够大的能量溢出到缓冲层成为体电子。因此，低迁移率体电子电导的作用在高温下显著增强，使得高温下材料的整体霍尔迁移率明显下降而电子密度升高。双异质结样品中，AlGaN 背势垒层对沟道 2DEG 的限域性增强，抑制了沟道中的二维电子向缓冲层的溢出，使得量子电导在高温下具有更强的稳定性，且 AlGaN 背势垒层本身的导带底和费米能级之间具有较大的能量间距，抑制了背景掺杂或可能的深能级杂质的电离作用。因此，高温下双异质结样品的霍尔迁移率大于单异质结样品，且电子密度基本不变。

常见的背势垒结构除了 AlGaN 背势垒结构，还有 InGaN 背势垒结构。InGaN 材料的禁带宽度比 GaN 窄，然而若在 AlGaN/GaN 异质结结构中 GaN 沟道下方插入薄层 InGaN 形成 AlGaN/GaN/InGaN/GaN 双异质结构，则 InGaN 处于压应变状态，其电极化方向与 AlGaN/GaN 相反，极化电场使得能带倾斜，导致 InGaN 插入层连同下方的 GaN 缓冲层能带显著上升，形成 InGaN 背势垒结构，增强 2DEG 的限域性阻止载流子溢出到缓冲层。此外，极化效应和 InGaN 较窄的禁带宽度使得在 GaN 沟道和 InGaN 背势垒层界面处形成了一个非常浅的次沟道，其载流子很容易运动到主沟道中参与导电。InGaN 背势垒双异质结构中，这种主沟道和次沟道彼此连通的特性使得电沟道被扩展，有利于提高芯片的线性度。同时，GaN 中的主沟道仍然起主导性的作用，因此 2DEG 的迁移率通常不会因为 InGaN 次沟道中微弱的合金无序散射出现恶化，这是 InGaN 背势垒双异质结构相比于 InGaN 沟道层的 AlGaN/InGaN/GaN 异质结构的优势。

6. 多沟道异质结外延结构

以上涉及的异质结均为单沟道异质结结构。若将单沟道变为双/多沟道，并设法保持每沟道的 2DEG 密度和迁移率均与单沟道的情况相当，则材料的电导将随着沟道数目的增加而线性地增大，大幅提高芯片的电流驱动能力。在双/多沟道 HEMT 芯片肖特基栅之外的区域，材料面电阻的减小也有利于减小芯片源极–栅极和栅极–漏极之间的通道电阻，提高芯片的跨导和截止频率的线性度 (即在较大的漏极电流下仍保持较高的跨导和截止频率)，有利于提高芯片在高频下的功率性能和线性度。

对双沟道 AlGaN/GaN 异质结，即 AlGaN/GaN/AlGaN/GaN 结构进行分析，若 AlGaN/GaN 异质结整体非故意掺杂，将两个 AlGaN 势垒层的 Al 组分和厚度以及两个 GaN 沟道层的厚度等结构参数分别进行变化，极化电场将使两个沟道中 2DEG 密度以及能带结构发生变化。然而，除了顶部 AlGaN 势垒层的 Al 组分或厚度增加能使两层 2DEG 的密度之和增加外，其他情况下异质结总体的 2DEG 密度基本不变，与采用同样顶部 AlGaN 势垒层结构的 AlGaN/GaN 单异质结的 2DEG 密度相等。这说明，虽然极化效应令 AlGaN/GaN 异质结中插入较薄且未故意掺杂的 AlGaN 势垒层就能形成第二层 2DEG，但极化电场只是改变了载流子和能带的分布，却不能产生电子，未掺杂 AlGaN/GaN 异质结中电子应来源于表面态。因此，第二 AlGaN 层的组分、厚度和位置的变化都不能令异质结的总体电子密度显著增加 (多沟道异质结中第一沟道下其他势垒区的背景掺杂电离作用有可能会使总电子密度有微弱上升)，AlGaN/GaN 异质结要形成 2DEG 密度随沟道数目线性增加的目标，就必须对 AlGaN 势垒层进行掺杂。另外，为了令各沟道之间电子转移时能量势垒降低 (欧姆接触源漏电极制备在异质结材料上表面，电极电流进入和流出各沟道要求各沟道间电子能够相互转移)，增加两沟道之间的连通性，第二势垒层宜采用自顶向下 Al 组分逐渐增加的渐变 AlGaN 材料。

双沟道异质结的温度特性与单沟道异质结的不同。由于双沟道结构中第二沟道对应的量子阱本身就比较浅，高温下量子阱将变得更浅，沟道中载流子容易溢出沟道到缓冲层。温度升高，第一沟道中载流子浓度峰值向表面的偏移量非常小，而第二沟道载流子浓度峰值则有很大的偏移量，高温对第二沟道的影响要远大于第一沟道。通过材料结构的优化增加第二沟道的量子阱深度或在第二沟道下方加背势垒可以抑制载流子浓度峰值偏移。同时，多沟道异质结拥有更高的电流驱动能力，尤其是对于凹槽栅芯片来说，在其他条件相同的情况下，多沟道异质结 GaN HEMT 的电流大小远超单沟道 GaN HEMT。同样是凹槽栅芯片，多沟道异质结芯片跨导高，线性度高，开态电流大，具备更好的耐压特性。

7. 新型势垒层材料

射频应用 GaN HEMT 芯片的一个重要目标是实现超高频工作。为了使 GaN HEMT 微波功率芯片达到更高的工作频率，如毫米波频段甚至 THz 频段，芯片的栅长往往要缩短到 150 nm 以下，甚至 50 nm 或更短的 10 nm，这时芯片的短沟道效应将成为一个重要的问题。为了克服短沟道效应对毫米波芯片的影响，往往需要减薄 AlGaN 势垒层厚度 (减小栅和 2DEG 沟道之间的距离)，同时采用背势垒、高阻缓冲层等手段获得更低的夹断特性和更高的输出电阻。但是，减薄势垒层的同时还要保持高的异质结沟道电导特性，这就必须增大势垒层 Al 组分以维持高的 2DEG 密度。然而，在材料特性上，高 Al 组分 AlGaN 和 GaN 的晶格失配增大，其所引起的应力会导致 AlGaN/GaN 界面粗糙度增加以及 AlGaN 势垒层结晶质量的恶化甚至应变弛豫，从而降低 2DEG 面密度和迁移率、影响芯片的性能和长时间在高温高压情况下的可靠性。在芯片工艺上，一方面，薄而且缺陷密度高的 AlGaN 势垒层会使 2DEG 对势垒层表面状态和应力非常敏感，在芯片加工中，若氧化、刻蚀损伤等使表面退化，就有可能会耗尽 2DEG；另一方面，高 Al 组分 AlGaN 的绝缘性增加，欧姆接触电阻不可避免地增大，这也给毫米波芯片研制造成了困难。AlGaN/GaN HEMT 芯片中的 2DEG 电荷主要是依靠材料的自发极化和压电极化得到的。当芯片工作在高电压和短沟道状态时，材料会因为受到过强的电场作用而产生逆压电极化效应，从而使材料发生退化，严重时会产生材料微裂纹。针对这些问题，发展更适合工作在高频、高温和高可靠等应用场合的新型势垒层材料是非常有必要的。将 AlGaN 势垒层更换为 InAlN、AlN 等势垒层已被证明是一种有效的策略。

相对于势垒层为 AlGaN 材料的 GaN 基 HEMT 异质结构，InAlN 势垒层具有其独特的优势。① 表面耗尽效应较弱。势垒层可以做得很薄，有效抑制芯片的短沟道效应，从而大幅度提高芯片的工作频率。② 通过调控 Al (In) 组分含量，InAlN 可以实现与 GaN 的近晶格匹配生长，两者之间几乎不存在应力，能够提高芯片在高输出功率时的可靠性。③ InAlN 具有四倍于 AlGaN 的自发极化效应，确保了高浓度的 2DEG，从而有效提高了芯片输出功率。因此，基于 AlnN 势垒层的 HEMT 在微波功率芯片中更具有优势。另外，InGaN/GaN HEMT 芯片表现出更强的电流驱动能力，在芯片的等比例缩小方面具有明显的优势，这正是高频功率芯片需要的特性。已报道的栅长 30 nm 具有 InGaN 背结构的 InAlN/GaN

HEMT 芯片的 f_{T} 达到了 $290 \sim 300$ GHz，甚至有报道栅长为 20 nm 时，达到了 370 GHz。此外，InAlN 势垒层无应变的特点使得 InGaN/GaN HEMT 芯片还表现出比 AlGaN/GaN HEMT 芯片更强的高温工作能力，在 1000 ℃ 真空下仍可输出高于 600 mA/mm 的电流 (其中 InAlN 的生长温度只有 840 ℃ 左右)，且温度降回室温后芯片的退化可以完全恢复，这种高温的稳定性与 InAlN 和 GaN 晶格匹配有直接的联系。

AlN 材料作为势垒层材料比传统的 AlGaN/GaN 异质结构具有更强的极化不连续性，能为薄势垒层 (< 10 nm) 的异质结构提供更高的电荷密度。而 AlN 与 GaN 之间有着更大的导带偏移量，且其与 GaN 的极化不连续性相较于 InAlN 与 AlGaN 更强，有效增强了 2DEG 的限域性。同时，其导热系数高达 3.4 W/(cm·K)，可以实现更好的散热性能，这三者的结合使得 AlN/GaN HEMT 芯片有着超浅 (ultra-shallow) 的沟道与极高的载流子迁移率，能最大限度地抑制短沟道效应并获得优秀的散热能力，特别适合高频大功率应用的 GaN HEMT 芯片。

为了推动新势垒层 Si 基 GaN HEMT 芯片的发展，本团队[14]采用新型 GaN/AlN 超晶格势垒层异质结结构，并通过对异质结构进行预处理，在实现高性能器件的同时也提升了其可靠性，如图 4.18 所示。此项工作研究了掺杂 Mg 的 GaN/AlN 超晶格 HEMT 在关态和半开态偏压条件下的时间依赖退化情况，并提出了 GaN/AlN 超晶格作为势垒层可以解决 GaN HEMT 在关态和半开态偏压下的 V_{th} 不稳定性问题。一方面，在半开状态下，热电子效应导致 I_{g}、$g_{\mathrm{m,max}}$ 和 $I_{\mathrm{d,sat}}$ 产生不同程度的下降。然而，由于 GaN/AlN 超晶格结构中良好的 2DEG 约束，制备的 HEMT 芯片在热电子注入下表现出良好的 V_{th} 稳定性 (几乎没有变化)。另一方面，在关态下，在反向偏置应力下，GaN/AlN 超晶格结构中的空穴发射引起了正的 V_{th} 位移 (约 0.12 V)。此外，应力引起的 MgO 栅介质的破坏导致栅泄漏，增加了两个数量级，引发 g_{m} 的不可逆下降 (约 10%)。这些结果有望为 GaN HEMT 芯片的 V_{th} 不稳定性提供一个解决方案。

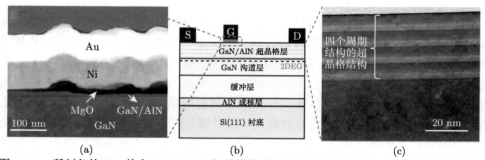

图 4.18　所制备的 Mg 掺杂 GaN/AlN 超晶格势垒层异质结结构器件的 (a) 栅极区域示意图和 (b) 器件结构示意图；(c) TEM 形貌图[14]

在 GaN/AlN 超晶格的基础上，本团队[20] 研究了具有 Al_2O_3 介电层的 Si 基 GaN/AlN 超晶格 MIS-HEMT 的电学特性和偏置应力可靠性，其器件结构如图 4.19 所示。与传统的 AlGaN 势垒 MIS-HEMT 相比，GaN/AlN 超晶格 MIS-HEMT 具有更高的开/关电流比 (10^{10})，更高的栅极正向击穿电压 (15.2 V) 和关态击穿电压 (495 V)，以及更低的接触电阻 (9.5 Ω/mm)。此外，GaN/AlN 超晶格 MIS-HEMT 表现出良好的 V_{th} 和 R_{on} 稳定性，这归功于优越的介电层/势垒界面质量和 GaN/AlN 超晶格结构提供的有效二维电子气体限制。这些结果确保了 GaN/AlN 超晶格 MIS-HEMT 在功率/射频应用中的优越性能和稳定性。

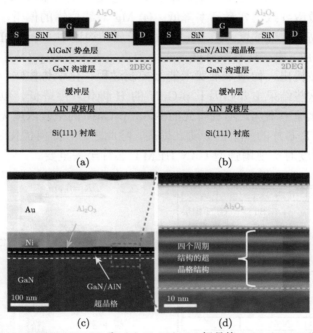

图 4.19   (a) Al GaN MIS-HEMT 和 (b) GaN/AlN 超晶格 MIS-HEMT 的横截面示意图；
(c) 栅极区域横截面和 (d) GaN/AlN 超晶格的 TEM 图像[20]

8. p-GaN/AlGaN/GaN 异质结外延结构

上述的耗尽型 (D-mode) GaN HEMT 需要负栅压关断，这对栅驱动电路设计是个极大的挑战，驱动失效会带来短路等安全问题。出于对电力电子系统安全性的考虑，功率芯片需要为常关型芯片。p-GaN 有效地将 AlGaN/GaN HEMT 的 GaN 导带提高到费米能级以上，并在零栅极偏压下耗尽沟道中的 2DEG，从而实现了增强型的 GaN HEMT，如图 4.20 (a) 所示，该结构因其性能稳定、可靠性高等而被成功应用于商业化市场[21]。

　　如图 4.20 (b) 所示，p–GaN HEMT 芯片通常需要 Mg 掺杂浓度约为 3×10^{19} cm^{-3}、厚度为 $60 \sim 150$ nm、空穴浓度为 $10^{17} \sim 10^{18}$ cm^{-3} 的 p-GaN 层才能完全耗尽电子面密度约为 10^{13} cm^{-2} 的 2DEG[22]。尽管 p-GaN 的 Mg 掺杂浓度已达到 10^{19} cm^{-3}，但 Mg 掺杂 GaN 中受体的高激活能 $(160 \sim 180$ meV) 以及生长过程中 Mg—H 键的形成，导致 p-GaN 中的 Mg 激活率低于 1%(空穴浓度约为 10^{17} cm^{-3})，因此当 Mg 浓度增加到 2×10^{19} cm^{-3} 以上时，空穴浓度并没有增加。其中 Mg 掺杂 GaN 中难以实现高空穴浓度的 Mg 掺杂 GaN 的主要原因有：① Mg 掺杂 GaN 过程中，会引入大量晶体缺陷；② p-GaN 因 Mg—H 配合物导致 GaN 的激活率低，p-GaN 的电阻率更高；③ 氮空位供体 (V_N) 及其配合物所引起的自补偿效应导致空穴激活率降低；④ Mg 对线位错的偏析，导致晶体质量下降和产生更高的缺陷浓度；⑤ Mg 扩散至异质结沟道中，导致 2DEG 的方块电阻增加以及 2DEG 电子迁移率降低。迄今为止，关于提升 p-GaN 中 Mg 掺杂浓度的研究方案被提出，如缺陷准费米能级控制过程、化学势控制、金属调制外延和相移外延。这些结果主要归因于 p-GaN 的 H 钝化程度降低，以及相同 Mg 掺杂水平下的活化速率增加。随着研究的深入，p-GaN 的空穴浓度无疑会进一步提高，GaN HEMT 芯片的 V_{th} 也会随之提高。除此之外，如何优化 AlGaN 势垒层中 Al 组分和厚度对实现增强型 GaN HEMT 芯片至关重要。

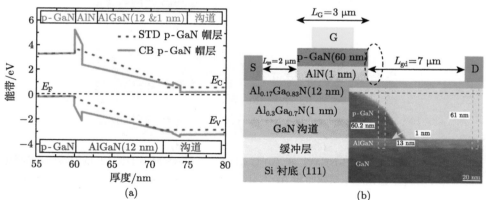

图 4.20　(a) 复合势垒和标准 p-GaN HEMT 栅极位置的能带结构 [21]；(b) p-GaN HEMT
截面结构的 TEM 图像 [22]

　　其中，除了 p-GaN 的厚度、掺杂浓度以及空穴激活率等因素，能否耗尽沟道中的 2DEG 与 AlGaN 势垒层的厚度、AlGaN 中 Al 组分等因素有关。其中 AlGaN 势垒层中高 Al 组分和较厚的势垒层会提高 AlGaN/GaN 异质结中的 2DEG，导致 p-GaN 难以耗尽沟道中的 2DEG。Al 组分设得过低 (低于 20%) 会引入较大的晶格失配，不利于外延结构的生长，而太高 (高于 45%) 则会削弱压电极化效应。当 Al 组分增加时，芯片阈值电压减小，而最大输出饱和电流增加，这主要归因于 AlGaN 中 Al 组分增加导致异质结之间的自发极化效应增强，沟道中的 2DEG 浓度增加，输出电流增大，而 p-GaN/AlGaN 势阱相对浅，只需要施加更低的电压来开启芯片。反之，高 Al 组分的 AlGaN 势垒层因其极化效应较弱，沟道中的 2DEG 浓度下降，输出电流下降，而 AlGaN/GaN 势阱相对较深，需要施加更大的电压使芯片开启。因此，综合考虑芯片性能，若想同时得到较大的阈值电压和输出饱和电流，通常采用 Al 组分为 23% 作为最优选择。

为了研究不同 AlGaN 势垒层厚度对芯片性能的影响，随着 AlGaN 厚度的增加，p-GaN/AlGaN/GaN 势阱最深，因此需要施加更大的栅压才能使芯片导通，阈值电压减小，而最大输出饱和电流增加。反之，当 AlGaN 势垒层厚度较薄时，AlGaN/GaN 势阱最浅，即沟道中电子浓度最小，阈值电压增大，输出电流下降。因此，综合考虑芯片性能，若想同时取得较大的阈值电压和输出饱和电流，AlGaN 层厚度通常为 15 nm 为最优选择。

为了提高 Si 基 p-GaN HEMT 的器件性能，本团队 [23] 采用低损伤氨等离子体预处理，制备了低泄漏电流和高击穿电压常关型 p-GaN HEMT，如图 4.21 所示。在 PECVD-SiN$_x$ 沉积前，我们在 PECVD 系统中进行氨等离子体预处理，有效去除了表面氧化物等杂质，抑制了 SiN$_x$ 与 (Al)GaN 之间的界面陷阱，降低了关闭状态下器件的总漏电流。与未经预处理的装置相比，经氨等离子预处理的开/关电流比为 10^9，低反向栅泄漏电流为 2.86×10^{-8} mA/mm，栅极击穿电压为 9.1 V，p-GaN HEMT 芯片击穿电压为 690 V。此外，氨等离子体预处理有效地抑制了 p-GaN 中充放电效应引起的阈值电压位移。结果表明，氨等离子体预处理能有效地提高器件的性能，如泄漏电流、击穿电压和阈值电压的稳定性。

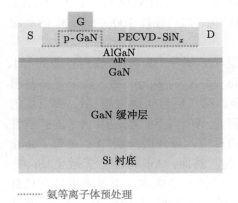
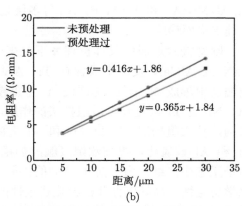

(a)   (b)

图 4.21　(a) 用氨等离子体预处理的 p-GaN HEMT 芯片栅极的横截面示意图；
(b) 电阻作为传输线模型 (TLM) 距离的函数的线性拟合 [23]

4.4.3　Si 基 GaN HEMT 芯片关键技术

1. 欧姆接触制备技术

金属与半导体接触时可以形成非整流接触，即欧姆接触，它不产生明显的阻抗，而且不会使半导体内部的平衡载流子浓度发生显著的改变。对 AlGaN/GaN HEMT 芯片而言，源电极和漏电极均要求是欧姆接触电极，以减少 AlGaN 和金属之间的接触电阻，最终使电流从通道中的 2DEG 流向源/漏极电极。良好的欧姆接触可使芯片通态电阻低，电流输出大，具有更好的稳定性；避免因粗糙的金属表面以及电极尖峰引起表面峰值电场的变化，进而产生额外的泄漏电流以及降低芯片的击穿电压。因此欧姆接触的制备及质量对 AlGaN/GaN HEMT 芯片的制备至关重要。与 Si、GaAs 和 InP 等带隙较窄的材料不同，通常在 AlGaN、GaN 等宽带隙半导体上制备低电阻的欧姆接触是比较困难的，这与表面态、金属的选择和比例、AlGaN 中的 Al 组分、合金温度和时间等诸多因素有关。为了使 AlGaN/GaN HEMT 芯片达到预期的性能，欧姆接触电阻要求低至 $1\ \Omega\cdot\mathrm{mm}$，目前已报道的最低欧姆接触电阻能够达到 $0.27\ \Omega\cdot\mathrm{mm}$[24]。然而，一些最常用的重要半导体材料，一般都有很高的表面态密度。无论是 n 型材料还是 p 型材料，与金属接触都会形成势垒，而与金属功函数关系不大。因此，不能用选择金属材料的办法来获得欧姆接触。目前，在实际生产中，主要是利用隧道效应的原理在半导体上制造欧姆接触。金属和半导体接触时，如果半导体掺杂浓度很高，则势垒区宽度变得很薄，电子就会通过隧道效应贯穿势垒产生相当大的隧道电流，甚至超过热电子发射电流而成为电流的主要成分。当隧道电流占主导地位时，它的接触电阻可以很小，可以用作欧姆接触。AlGaN/GaN HEMT 芯片的欧姆接触主要通过在 AlGaN 或 GaN 表面淀积 Ta/Al/Ni/Au、Ti/Al/Ni/Au、Ti/Al/Ti/Au、Ti/Al/Mo/Au 和 Ti/Al/Pt/Au 等多层金属结构，然后经过 $700\sim900\ ℃$ 的高温快速退火而形成。

欧姆接触形成的具体机理如下：第一层 Ti 或者 Ta 与扩散到界面的 Al、GaN 或 AlGaN 反应生成含有 Ti、Al、Ga 和 N 的多元产物，在半导体材料表面层中形成 N 空位，相当于 n 型重掺杂。第二层金属通常是 Al。第三层的 Pt、Ni 或 Ti 则是起扩散阻挡层的作用，阻止 Au 向下扩散。因 Au 的扩散性很强，扩散阻挡层可减少 Au 和 Al 之间的反应。最外面一层 Au 是为了防止 Ti 和 Al 被氧化，提高欧姆接触的热稳定性。然而，Au 可能会扩散至 Si 中，污染工艺生产线。为了防止 Au 的扩散以及降低制造成本，通过采用具有良好化学稳定性、高导电性和优异热稳定性的金属，如 TiN、TiW、W 和 Cu 来代替 Au，如 Ti/Al/TiN、Ti/Al/Ti/TiN、Ti$_x$Al$_y$/TiN、Ti/Al/W、Ti/Al/Ni/TiN、Ti/Al/Ti/TiW、Ti/Al/Ni/Cu、Ti/Al/TiN/Cu、Ti/Al/Ti/TiN/Cu 和 Ti/Al/Ti/

TiN/Cu 已应用于 AlGaN/GaN HEMT 芯片，并展示了更低的接触电阻和优越的电学特性。多层金属的高温退火条件的选择是欧姆接触形成的关键，一个好的欧姆接触应具有足够低的接触电阻、平整的外金属表面、稳定的合金以及好的黏附性等。因此退火温度的选择需要综合考虑接触电阻和表面形貌两个因素。当前主要采用 Ti/Al/Ni/Au 多层金属作为欧姆接触金属，其 Ti/Al/Ti/Au 金属结构的厚度为 20 nm/100 nm/40 nm /55 nm，并在 N_2 氛围下 850 ℃ 退火 30 s。

由于高温气氛 (> 800 ℃) 会导致 GaN 的分解且 Al 的熔点为 660 ℃，因此高温会使得欧姆接触金属表面变得粗糙，从而严重影响 GaN HEMT 芯片的性能。为此，低温快速退火被提出，主要通过借助 ICP 干法刻蚀工艺来降低金属和 AlGaN 之间的肖特基势垒高度来制备低阻高质量的欧姆接触。其中 Ti 和 Al 之间的厚度比、退火温度和时间成为制备低阻高质量欧姆接触的主要因素。如图 4.22 所示，本团队[25] 引入了低于 600 ℃ 的欧姆接触退火工艺，通过该过程，电极与 AlGaN/GaN 界面接触。欧姆接触点的比接触电阻率值为 6.29×10^{-5} $\Omega \cdot cm^2$。改进器件的方块电阻降低到 313 $\Omega/\square$ (是常规器件的 74.5%)，随着欧姆接触距离的增加，我们的工艺在器件性能上的优势更大。当源极与漏极之间的距离为 40 μm 时，改进器件的饱和电流增加了约 23‰。

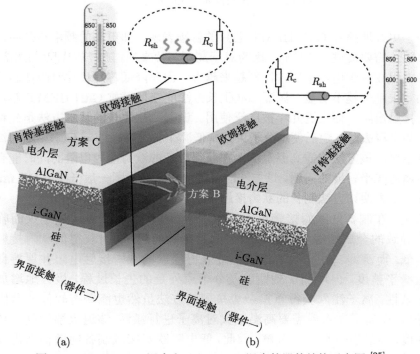

图 4.22　(a) 850 ℃ 退火和 (b) 600 ℃ 退火的器件结构示意图[25]

　　除此之外，一种采用激光退火的工艺技术也被提出，激光退火的原理是用激光束照射欧姆接触电极表面，在照射区内产生极高的温度，使金属与 AlGaN 之间形成欧姆接触以得到退火的效果，如图 4.23 所示。本团队[26] 还开发了一种选择性激光退火方法，通过聚焦激光在 GaN 异质系统/器件中实现欧姆接触的微米级退火，使温度敏感部件不受热影响。该方法可以在金属–半导体界面上形成一个相对较厚的 TiN 层 (35 nm)，因此实现了 0.3 Ω·mm 的低接触电阻。此外，小型化退火使得 GaN HEMT 芯片的栅极优先的工艺得以实现。因此，基于该退火工艺的 GaN HEMT 芯片获得了更大的输出电流、更小的栅极泄漏以及更大的动态范围。

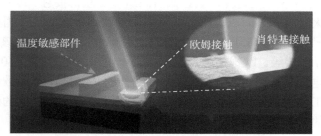

温度敏感部件　　　　　　　　　　　欧姆接触　　　肖特基接触

图 4.23　　微米级激光退火的示意图 [26]

　　为了更好地提升 GaN HEMT 芯片的射频表现，如更高的频率与效率，欧姆接触电阻还需要被进一步降低。因为对于高频芯片来说，随着芯片尺寸的减少，欧姆接触电阻在寄生电阻中所占比例越来越大，因此降低芯片尺寸对降低芯片寄生电阻的效果越来越不明显。源漏二次生长方法能获得目前 GaN HEMT 芯片最低的欧姆接触电阻，而在近几年被广泛使用。源漏二次生长的基本方法是先将源漏区域的势垒层去除，随后使用分子束外延低温生长重掺杂的 n-GaN，随后淀积金属形成电极，该方法无需高温退火，在获得极低的欧姆接触电阻的同时能有效地解决金属边缘平整度的问题，该方法制备的欧姆接触电阻一般低于 0.1 Ω·mm。量子接触理论表明该方法制备的欧姆接触电阻极限可低于 0.02 Ω·mm。

　　总之，在制备低欧姆接触电阻的方法中，叠层金属高温快速退火面临着高温退火导致的金属边缘不平整以及表面粗糙等问题，同时获得的欧姆接触电阻也并不低。而源漏二次生长方法虽然能获得极低的欧姆接触电阻并保持良好的金属边缘平整度，但增加了刻蚀以及分子束外延的生长过程，极大地增加了工艺的复杂性。离子注入获得重掺杂势垒层的方法虽然也能获得较低的欧姆接触电阻，但其在离子注入后需要高温退火对离子进行激活，该退火温度高于势垒层生长温度，容易造成势垒层分解。因此，低电阻欧姆接触制备问题仍然需要特别关注。

2. 肖特基接触制备工艺

肖特基栅的制作是 GaN 芯片制备工艺流程中最为关键的工艺步骤。对于功率应用中的 GaN HEMT 芯片，2DEG 沟道传输由肖特基栅极调制。与欧姆接触相反，AlGaN/GaN HEMT 芯片的肖特基栅金属需要选用与 AlGaN、GaN 材料功函数相差较大的金属。常用的栅金属为：Pt (5.65 eV)、Ni (5.15 eV)、Ir (5.46 eV)、Pd (5.12 eV) 或 Au (5.1 eV) 等。其中由于 Au 的扩散性很强，用它制作的肖特基势垒很快就会退化，所以目前用于制作 AlGaN/GaN HEMT 芯片的栅金属主要为 Ni、Pt 等金属，具体有 Ni/Au、Pt/Au 和 Pt/Ti/Au 等形式。Au 的引入是为了防止金属氧化，同时降低栅电阻，Ni 和 Pt 用于肖特基结构时性能都较好，与 Pt 相比，Ni 的黏附性要更好一些，一般采用 Ni/Au 作为 AlGaN/GaN HEMT 芯片的金属栅。

高功函数的肖特基金属可有效提高氮化物层和栅极金属之间的肖特基势垒高度，有利于降低开/关状态下的栅极漏电流。其中正向栅极漏电流会限制栅极电压摆幅并导致驱动损耗，而反向会导致关断状态功耗并限制击穿电压。此外，更高的漏电流具有更强的自热效应和更高的芯片温度，导致导通状态下的潜在功率损耗，限制了功率转换的效率。更重要的是，由栅极的充电和放电周期引起的开关损耗与栅极漏电流相关。迄今为止，福勒–诺德海姆 (Fowler-Nordheim) 隧道效应、普尔–弗仑克尔 (Poole-Frenkel) 发射、陷阱辅助隧道效应或这些效应的组合被认为是主要的电流传输机制。

肖特基势垒的高度与接触界面的性质有关。在实际工艺中，肖特基势垒的高度会由于材料本身和处理方法不同而发生变化，如表面缺陷、金属蒸发前的表面清洗工艺、化学配比的变化、表面的粗糙程度等。GaN 表面的氧化物能用 HCl 或 HF 洗掉，脏污等能用有机溶剂加超声的办法洗掉。

3. 钝化与场板结构技术

广大科研工作者在研究 AlGaN/GaN HEMT 芯片的表面态效应之后，发现了芯片表面存在大量的负电荷和表面势负偏的现象，由此提出了表面态俘获电子而形成虚栅造成电流崩塌的模型，这也是目前普遍被人们采用和最有说服力的模型。

在 HEMT 工作过程中，当源漏电压足够大时，沟道内的热电子会隧穿到 AlGaN 表面，从而被栅漏区之间的表面态俘获，这些负电荷好比在栅漏电极之间存在另一个栅极，也就是形成虚栅，从而使栅耗尽区横向扩展，降低沟道中 2DEG 浓度，出现电流崩塌现象。由于这些表面态能级的充放电时间通常很大，赶不上开关信号的频率，因此虚栅会调制沟道电子的浓度，使芯片输出电流减小，膝电压增加，输出功率密度减小。更严重的是，由虚栅效应引起的俘获电子在高压应力下急剧增加，导致沟道中 2DEG 部分或全部耗尽。输出电流的降低意味着动态导通电阻的增加，已成为高压功率芯片中的一个关键难题。为了抑制电流崩塌，引入表面钝化与场板结构相结合的方法，以降低表面态密度并调制栅极–漏极边缘的电场分布。

其中钝化可以降低介质与 AlGaN 之间的界面态密度，降低泄漏电流，提高栅极可靠性。同时钝化层作为电极和空气之间的电气隔离。在芯片势垒层的上方再进行一步或者多步介质层外延，并在介质层上沉积金属电极以作为场板，场板结构既可以与栅极相连接，也可以与源极相连接，连接的目的是让场板整体处于一个固定且不高于栅极的电势。由于场板金属本身的高导电性，整个场板在横向都是等电势的，场板的存在会极大地弱化栅极靠近漏端边缘处的峰值电场，从而减少应力下栅极电子的注入和界面俘获，因此可以有效改善电流崩塌效应 [27]，如图 4.24 所示。由于场板结构的横向延伸，其边缘更加靠近漏极，因此场板的边缘会产生一个新的电场峰值。该峰值的大小由场板下方介质层的介电常数、介质层的厚度、场板与漏电极之间的距离以及漏极–场板电势差共同决定。因此，如何设计和优化钝化材料种类、厚度，场板的形状以及长度等参数来调控栅极–漏极之间的电场峰值以及提升芯片耐压变得十分重要。本小节将从钝化材料种类、厚度，场板的形状以及长度等几个方面去分析钝化与场板技术对芯片性能的影响。

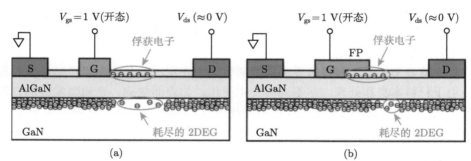

图 4.24　(a) 无场极板和 (b) 带场极板 AlGaN/GaN HEMT 电子俘获示意图 [27]

在 GaN HEMT 芯片的场板结构中，设计场板结构下的钝化层厚度、钝化层介质常数，场板长度、形状和结构等来减小栅极边缘峰电场，提高击穿电压，抑制导通电阻的增加。

首先，优化钝化层的介质常数、厚度和结构有利于降低电场峰值。根据高斯定律，在恒定电压下，钝化层的电场与钝化层的相对介电常数成反比，因此高介质常数的钝化层能有效降低栅极–漏极边缘的电场峰值，使电场分布更加均匀，芯片硬击穿电压的提高更为显著。沟道的耗尽程度由该处介质层的厚度和场板与沟道之间的电势差共同决定，电势差越大，介质层越薄，栅和场板电极对其下方沟道电子的控制能力越强。同时增加钝化层的物理厚度有利于减少直接隧穿效应，防止场板边缘处产生强电场，抑制电流崩塌效应。其中芯片的击穿电压会随着钝化层的厚度和介电常数的增加而增加,而最佳电场峰值随着厚度和介电常数的增加而减小,这是钝化技术和场板结构共同作用的效果。随着场板下方介质层的增厚,场板电极与沟道的距离变远,其对沟道电势变化的平缓作用减弱,对栅极靠近漏端边缘的电场峰值降低作用变小。随之场板下方介质层增厚引起场板对沟道控制能力的降低,场板下沟道在高压深关断时的耗尽程度减弱。由于在沉积钝化层过程中,主要采用 PECVD 或者 LPCVD 等方法来沉积氮化硅或氧化硅等钝化层。为了进一步降低钝化层与 AlGaN 之间的界面态,研究者提出了 HfO_2/SiN_x、AlN/SiN_x、ZrO_2/SiN_x 和 AlN/Al_2O_3 等多层钝化层解决上述问题。通过原子层沉积技术来沉积高介质常数的钝化层,能有效钝化 AlGaN 表面陷阱。与低介电常数的介质层相结合,多层钝化技术使得 GaN HEMT 芯片在击穿特性和动态特性等方面的性能显著提高。

其次,击穿电压在一定范围内与场板长度成正比,这是由于栅极–漏极边缘的电场峰值随着场板长度的增加而下降。当芯片处于高压深关断状态时,由于场板的分压,栅极靠近漏极一侧边缘的电场峰值显著降低。场板向漏极的延伸越长,其与漏极之间的距离越近,对电场的分担能力越强,对栅极边缘电场的降低作用越显著。这是由于场板的存在减缓了栅极边缘至漏极之间的电势变化,由于场板与栅极相连,因此具有相同的电势。然而,当场板长度达到一定值时,电场峰值并不随着场板长度的增加而减小。在 GaN HEMT 芯片设计和优化过程中,需要精心设计场板长度才能实现更高的击穿电压,从而保证功率芯片在复杂和严苛的工作环境中的稳定性和可靠性。此外,栅极–漏极电容和开关电容随着场板长度的增加而增加。因此,为了获得击穿电压的最优值,必须优化场板长度。

再次,场板结构主要包括平行场板和倾斜场板。其中,平行场板是直接沉积钝化层上的电极结构。而倾斜场板主要是通过精确控制垂直方向上倾斜氧化物的厚度和角度 (一般小于 90°),倾斜场板在栅极和场板之间具有一定的角度,因此制备倾斜场板相对于平行场板更具挑战性。与平行场板相比,倾斜场板能更有效地降低电场峰值,提高 GaN 的击穿电压。研究表明,在 AlGaN/GaN HEMT 芯片中引入倾斜场板,在电流为 1 mA/mm 时可以实现 1900 V 的击穿电压。

最后,场板结构——包括单一场板、双场板和多层场板,被成功应用于改善 GaN HEMT 芯片的电场分布均匀性。单一场板在调控电场峰值过程中,会在场板的边缘处产生新的电场峰值,双场板结构或多层场板结构可以有效地降低新的电场峰值,从而提升氮化镓功率芯片的击穿电压。同时,双/多层场板结构可以将芯片内部的电场分布变得更加均匀,降低局部热点和热效应的产生,有助于提高氮化镓功率芯片的稳定性和可靠性,延长其使用寿命。其中,双场板或多层场板主要结合了栅场板和源场板,到目前为止,栅场板和源场板的配置组合能有效抑制电流崩塌和提升芯片的击穿电压。虽然双层或多层场板结构对抑制电流崩塌现象是有效的，但会增加栅极电荷，降低芯片的开关速度。因此，场板结构的设计必须充分考虑 GaN HEMT 芯片的总体性能，进一步优化钝化技术和场板参数来提高 AlGaN/GaN HEMT 芯片的性能。

本团队[28] 提出了一种夹心结构的 Si 基 AlGaN/GaN HEMT 芯片。通过转移衬底和制造顶场板，我们制备了一个三明治结构的 AlGaN/GaN HEMT 芯片，该设计包括底栅、顶场板和 AlN 介电层，同时实现宽跨导 (栅电压工作在 $-3 \sim 3$ V) 和高断态击穿电压 (620 V @ $V_g = -10$ V)，如图 4.25 所示。该器件在实现良好线性特性的大功率电子器件的应用中具有巨大潜力。

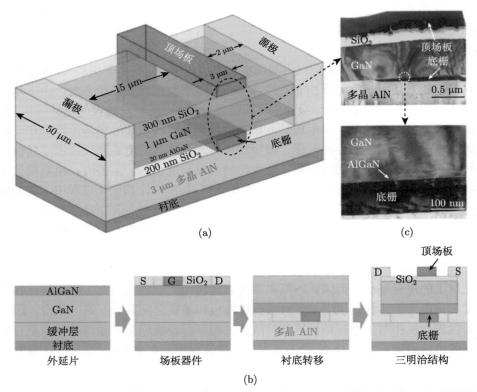

图 4.25 (a) 带底栅和顶场板的夹层结构 HEMT 示意图；(b) 夹层结构的制造工艺流程说明；(c) 栅极区域的横断面透射电镜图像[28]

4.5 Si 基 GaN HEMT 芯片应用及发展趋势

4.5.1 电力电子应用及其发展趋势

由于 GaN 材料具有高临界击穿场强、宽禁带带隙、高电子饱和漂移速度、高热导率以及稳定性好等特性，因此基于 GaN 材料的 HEMT 具有低导通电阻、耐高压、高频、高温、抗辐射等优异特性，能够工作在更高的电压和电流等级以及更高的温度下，很多性能超越传统 Si 基功率器件，在高频、高效转换器中具有很强的应用优势。随着 GaN 外延材料质量不断提高与芯片制备技术的快速发展，Si 基 GaN HEMT 芯片的性能将会不断提升。此外，Si 基 GaN HEMT 可集成在 Si 基半导体集成电路，能够有效拓宽系统功能并提升系统的集成度。目前高性能、低成本的 Si 基 GaN HEMT 芯片电力电子器件正处于高速发展阶段，在电力电子器件领域大有取代 Si 基功率器件的趋势。Si 基 GaN HEMT 以更小的芯片尺寸来实现需要的电流容量，具有高击穿强度、低导通电阻和更快的开关速度，非常适合中低压和中小功率系统，目前在 600 ~ 650 V 击穿电压的高频转换器中最具吸引力，广泛应用于消费类电子产品、工业领域、汽车领域等。

在消费类电子产品领域，GaN HEMT 芯片主要应用于手机快充、无线充电、D 类音频放大器等。与传统 Si MOSFET 相比，GaN HEMT 芯片具有以下优点：开关速度快、开关频率高、开关损耗少；无反向恢复损失；传导损耗降低。上述优异特性有效降低了 GaN 的适配器尺寸、提高了电能转换的效率。Si 基 GaN HEMT 芯片具有寄生电容更小、开关速度更快、单位面积导通电阻更小等优点，应用于无线充电系统时，Si 基 GaN HEMT 芯片降低了开关损耗和导通损耗，使无线充电系统具有更高的系统效率和更长的传输距离。基于 Si 基 GaN HEMT 芯片所制备的 D 类放大器能够具有更好的音质，更少的发热，更高的效率，更小的电路板面积，以及减小音频系统体积，降低成本，延长便携式系统的电池寿命等优势。

在工业领域，主要应用于通信基站、光伏及储能系统、数据中心等。随着 5G 的快速发展，消费者将获得更高的带宽、更低的延迟和更先进的服务，这也将导致基站的电力消耗急剧增加。由于小寄生电容、快开关速度等优异特性，Si 基 GaN HEMT 芯片为 5G 基站提供了高效、小容量的供电系统，并有效地降低了基站功耗。Si 基 GaN HEMT 芯片在提高效率、减小系统成本和体积上起着关键作用。Si 基 GaN HEMT 芯片有效提高了光伏转换系统的效率，降低了系统的能量传输损失和提高了系统的能量转换效率。Si 基 GaN HEMT 芯片显著提高了数据中心的电力转换效率，对提高供电机架各功率转换级的效率和减小功率转换级的尺寸起着关键作用，为数据中心提供了更紧凑、更高效、更可靠的电力转换系统。

在汽车领域，Si 基 GaN HEMT 芯片主要应用于车载充电器、电池管理系统、车载激光雷达等。车载充电器是电动汽车的核心部件，能将交流电转换为直流电。提高充电速度，缩短充电时间，增加充电系统的整体功率密度，意味着需要更小、更轻的系统。Si 基 GaN HEMT 芯片的寄生电容小、开关速度快、高频能力强、静态和动态损耗小等特点，使得车载充电系统的效率更高。电池管理系统是一种确保安全充放电以及防止车辆电池组损坏和故障的系统，通常配备电池保护单元，利用 GaN HEMT 可以替换传统的 Si 基功率器件，有效节省了成本，并使整个系统更简单、高效。Si 基 GaN HEMT 可用于车载激光雷达系统内的激光器驱动，通过提供更短、更快的脉冲，使激光雷达系统比传统硅技术具有更高的分辨率和更长的射程。

相比而言，Si 超级结金属–氧化物–半导体场效应管已将 Si 器件的击穿电压拓展到超过 Si 材料的理论极限，而目前已报道的高压 GaN HEMT 芯片和 MIS-HEMT 芯片的击穿电压通常为 1.5 ~ 2.2 kV，相应的实际击穿场强为 0.7 ~ 1.4 MV/cm，显著低于 GaN 材料的理论极限，说明材料和器件还有很大的优化空间。随着 Si 基 GaN 技术的快速发展，具有低成本和性能优势的 GaN HEMT 芯片势必会在光伏逆变器、新能源汽车、轨道交通等工业领域中得到广泛应用。

除此之外，后摩尔时代下，无论是 Si CMOS、Ⅲ-V 族光电器件，还是通信芯片或存储单元都朝着高能量密度的方向发展，而这些离不开与之匹配的高功率密度电能转换单元。GaN 凭借其高击穿电压和高电流密度，能够实现高功率密度输出，无论是同质单片集成或紧凑型异质集成，GaN 功率集成电路都将推动能量转换系统朝着低功耗、高效率、紧凑体积的方向发展，推动下一代电力电子器件的发展。

4.5.2　射频应用及其发展趋势

基于 GaN HEMT 芯片的射频芯片，具备高功率密度、高效率、低损耗、高线性、高工作电压、抗辐照等优异特性，是新一代通信、雷达、电子等领域的关键器件，在多场景射频前端中发挥着至关重要的作用，随着 5G、物联网等技术的快速发展，GaN 射频芯片的市场需求不断增长，成为推动无线通信技术革新的重要力量。

民用通信方面，5G 作为当前代表性、引领性的网络信息技术，其基站对射频芯片提出了更高的要求，传统的横向扩散金属氧化物半导体 (LDMOS) 无法适应 5G 的高频率，而 GaN 适应的频率范围拓展到了 40 GHz 甚至更高，可适应 5G 高频的需求；GaN 射频芯片具有软压缩特性，更容易预失真和线性化，能实现更高的效率；GaN 射频芯片具有更高的功率密度，是 LDMOS 芯片功率密度的 4 倍左右；尺寸方面，GaN 射频芯片封装尺寸仅是 LDMOS 的 1/7 ~ 1/4。综上，GaN 射频芯片更适用于 5G 基站。2010 年，GaN 基高功率微波放大器件首先应用于小体积、高线性度等高端基站设备，随后开始向移动通信市场投放。随着第四代移动通信 (4G) 无线网络基础设施建设的全面铺开，2014 年 GaN 射频芯片应用明显增多，而 2 GHz 以上 Si 基 LDMOS 芯片的市场占有率从 92% 下降至 76%。而 5G 的推出让 GaN 微波功率放大器接受度更高，在高频段下，只能依赖 GaN HEMT 芯片。目前，GaN HEMT 芯片的微波射频技术基本实现了第三代半导体相对于前代半导体 (Si 基 LDMOS、GaAs/InP HEMT 芯片等) 的大跨越。根据移动通信"十年一代"的发展特点，5G 发展由浅入深，5G 技术还在持续向前演进，5.5G 已于 2024 年进入商用阶段。新的标准将通过构建频谱利用、原生人工智能、上行增强、聚焦行业、智能管理及绿色低碳等 6 大核心支柱，达到能力增强、边界延伸和效率提升的最终目标，推动 5G 行业应用的全面渗透。伴随低频段的饱和应用和更宽带宽、更大通信容量的需求，5G 通信必将向毫米波频段演进，6G 移动通信甚至将频率提高到太赫兹。随着频率大幅提升，传统收发模块将无法满足基站小型化、高效率、高集成的要求，需创新研发利用微电子工艺的三维封装工艺，实现从传统的二维集成向三维集成跨越，向集成天线、收发、控制、数模转换等功能的三维集成多功能封装器件发展，实现 GaN 射频芯片及模块的体积、质量的双重优化降低。

在军事及国防应用方面，军事装备对新材料、新器件、新工艺的需求是促进半导体领域发展的重要诱因。GaN 材料及芯片具备的优异性能可使雷达、通信装备、导引头体积大幅减小。同时能够大幅提升作战效能，对于提高装备无人化、智能化、信息化水平都具有十分重要的支撑作用，已成为各国在国防科技领域博弈的焦点。例如，采用 GaN 射频芯片后，雷达在不增加体积和质量的前提下，其探测距离和精度实现了大幅提升，可发现并锁定隐身目标；通过巨大组合功率可直接烧毁敌方电子器件，实现电子对抗硬杀伤；特种战斗队伍在无线电静默条件下，可实现保密通信。美国在下一代电子干扰机、远程识别雷达、制导导弹、全电化舰船综合电力系统等方面也广泛使用了第三代半导体。目前，GaN 基 HEMT 的微波射频技术基本实现了相对于前代半导体的大跨越。全球布局 GaN 基半导体射频芯片的重要厂商有美国的 Cree (现 Wolfspeed)、Qorvo、MACOM 和 Raytheon 等，还有德国的 Infineon，加拿大的 GaN Systems，日本的三菱电机，以及荷兰的 NXP 等。从制造成熟度方面看，美国 Raytheon 公司和 Qorvo 公司的 GaN 产品已达到其国防部制造成熟度评估最高级，GaN 射频芯片的制造工艺已满足最佳性能、成本和容量的目标要求，并已具备支持全速率生产的能力。2014 年，Raytheon 公司宣布在"爱国者"防空系统部署使用 GaN 模块的先进雷达；2021 年，将其"GaN-on-Si"技术授权给了 Global Foundries 公司，以共同开发出能处理 5G 和 6G 毫米波信号的集成电路 (IC) 制程，将 GaN 基射频芯片规模化量产水平升至一个新台阶，进一步压缩了射频芯片的成本。然而，随着军事应用场景的复杂化，基于 GaN 射频芯片的可重构多功能功放、集成不同功能的微波毫米波多功能电路、收发一体组件、数字收发组件、太赫兹芯片、三维集成多功能器件、超大功率芯片、异质异构集成器件等新形态的产品需求不断被提出，促进了 GaN 新技术新产品的探索与创新性研发与产业化，传统的单功能射频芯片将会被高频段、高功率、多功能、高集成、小型化的集成器件替代，并持续支撑数字经济等新兴产业和数十万亿级的市场发展。

参 考 文 献

[1] Asif Khan M, Bhattarai A, Kuznia J, et al. High electron mobility transistor based on a GaN/Al$_x$ Ga$_{1-x}$N heterojunction. Applied Physics Letters, 1993, 63: 1214-1215.

[2] Asif Khan M, Kuznia J, Olson D, et al. Microwave performance of a 0.25 μm gate AlGaN/GaN heterostructure field effect transistor. Applied Physics Letters, 1994, 65: 1121-1123.

[3] Wu Y F, Keller B, Keller S, et al. Measured microwave power performance of AlGaN/GaN MODFET. IEEE Electron Device Letters, 1996, 17: 455-457.

[4] Koehler A D, Anderson T J, Tadjer M J, et al. Impact of surface passivation on the dynamic on-resistance of proton-irradiated AlGaN/GaN HEMTs. IEEE Electron Device Letters, 2016, 37: 545-548.

[5] Higashiwaki M, Hirose N, Matsui T. Cat-CVD SiN-passivated AlGaN-GaN HFETs with thin and high Al composition barrier layers. IEEE Electron Device Letters, 2005, 26: 139-141.

[6] Edwards A P, Mittereder J A, Binari S C, et al. Improved reliability of AlGaN-GaN HEMTs using an NH$_3$ plasma treatment prior to SiN passivation. IEEE Electron Device Letters, 2005, 26: 225-227.

[7] Green B M, Chu K K, Chumbes E M, et al. The effect of surface passivation on the microwave characteristics of undoped AlGaN/GaN HEMTs. IEEE Electron Device Letters, 2000, 21: 268-270.

[8] Ando Y, Okamoto Y, Miyamoto H, et al. 10-W/mm AlGaN-GaN HFET with a field modulating plate. IEEE Electron Device Letters, 2003, 24: 289-291.

[9] Wu N, Xing Z, Li S, et al. GaN-based power high-electron-mobility transistors on Si substrates: from materials to devices. Semiconductor Science and Technology, 2023, 38: 063002.

[10] Meneghini M, Meneghesso G, Zanoni E. Power GaN Devices: Materials, Applications and Reliability. Cham: Springer International Publishing, 2017.

[11] 陈丁波. 倒装结构 GaN HEMT 及其光电集成器件的制备. 广州: 华南理工大学, 2019.

[12] Wang Z, Zhang B, Chen W, et al. A closed-form charge control model for the threshold voltage of depletion-and enhancement-mode AlGaN/GaN devices. IEEE Transactions on Electron Devices, 2013, 60: 1607-1612.

[13] 孙佩椰. 基于超晶格结构的增强型 GaN HEMT 器件及其高场可靠性研究. 广州: 华南理工大学, 2021.

[14] Li S, Sun P, Xing Z, et al. Degradation mechanisms of Mg-doped GaN/AlN superlattices HEMTs under electrical stress. Applied Physics Letters, 2022, 121: 062101.

[15]　Wan L, Sun P, Liu X, et al. A highly efficient method to fabricate normally-off AlGaN/GaN HEMTs with low gate leakage via Mg diffusion. Applied Physics Letters, 2020, 116: 023504.

[16]　Xing Z, Sun P, Wu N, et al. Novel E-mode GaN high-electron-mobility field-effect transistor with a superlattice barrier doped with Mg by thermal diffusion. CrystEngComm, 2023, 25: 3108-3115.

[17]　Arteev D, Sakharov A, Lundin W, et al. Influence of doping profile of GaN: Fe buffer layer on the properties of AlGaN/AlN/GaN heterostructures for high-electron mobility transistors. Journal of Physics: Conference Series, 2020, 1697(1):012206.

[18]　Remesh N, Mohan N, Raghavan S, et al. Optimum carbon concentration in GaN-on-silicon for breakdown enhancement in AlGaN/GaN HEMTs. IEEE Transactions on Electron Devices, 2020, 67: 2311-2317.

[19]　Yang S, Zhou C, Han S, et al. Impact of substrate bias polarity on buffer-related current collapse in AlGaN/GaN-on-Si power devices. IEEE Transactions on Electron Devices, 2017, 64: 5048-5056.

[20]　Li S, Zeng F, Xing Z, et al. High on/off current ratio and high $V_{\text{th}}/R_{\text{on}}$ stability GaN MIS-HEMTs with GaN/AlN superlattices barrier. IEEE Transactions on Electron Devices, 2024, 71: 2920-2924.

[21]　Chiu H C, Chang Y S, Li B H, et al. High-performance normally off p-GaN gate HEMT with composite AlN/Al$_{0.17}$Ga$_{0.83}$N/Al$_{0.3}$Ga$_{0.7}$N barrier layers design. IEEE Journal of the Electron Devices Society, 2018, 6: 201-206.

[22]　Chiu H C, Chang Y S, Li B H, et al. High uniformity normally-off p-GaN gate HEMT using self-terminated digital etching technique. IEEE Transactions on Electron Devices, 2018, 65: 4820-4825.

[23]　Wu N, Luo L, Xing Z, et al. Enhanced performance of low-leakage-current normally off p-GaN gate HEMTs using NH$_3$ plasma pretreatment. IEEE Transactions on Electron Devices, 2023, 70: 4560-4564.

[24]　Benakaprasad B, Eblabla A M, Li X, et al. Optimization of ohmic contact for AlGaN/GaN HEMT on low-resistivity silicon. IEEE Transactions on Electron Devices, 2020, 67: 863-868.

[25]　Chen D, Wan L, Li J, et al. Ohmic contact to AlGaN/GaN HEMT with electrodes in contact with heterostructure interface. Solid-State Electronics, 2019, 151: 60-64.

[26]　Liu Z, Chen D, Wan L, et al. Micron-scale annealing for ohmic contact formation applied in GaN HEMT gate-first technology. IEEE Electron Device Letters, 2018, 39: 1896-1899.

[27]　Hasan M T, Asano T, Tokuda H, et al. Current collapse suppression by gate field-plate in AlGaN/GaN HEMTs. IEEE Electron Device Letters, 2013, 34: 1379-1381.

[28]　Chen D, Liu Z, Liang J, et al. A sandwich-structured AlGaN/GaN HEMT with broad transconductance and high breakdown voltage. Journal of Materials Chemistry C, 2019, 7: 12075-12079.

第 5 章　Si 基 GaN 肖特基二极管

5.1　引　　言

　　电能传输不仅是现代社会运转的基础, 也是推动经济增长、提升生活质量、保护环境和促进可持续发展的关键要素之一。其中, 交流电具有易实现电压升降、输电损耗低、适合长距离传输等优势, 成为主要的输电方式。整流是将交流电转换为直流电的过程或装置。在电力系统中, 通常发电机产生的电是交流电, 而许多电子设备或特定应用需要直流电才能正常工作。整流技术在各个领域中的应用非常广泛, 主要体现在: 电力供应、电动车充电、电子设备、电信和通信设备、微波设备、医疗设备等, 整流器在这些设备的电源转换系统中起着重要作用。整流技术是电力转换和电源管理中不可或缺的一部分, 影响着现代工业和生活的方方面面。

　　近年来, 随着大功率整流和微波整流的发展, 肖特基势垒二极管 (Schottky barrier diode, SBD) 逐渐被应用在日常使用的各种设备中。在大功率整流应用中, SBD 具有更低的开启电压、低反向恢复时间和高温稳定性等优势, 可以降低能量损耗、提高功率转化效率。在微波整流中, SBD 更快的开关速度、小尺寸和轻量化等优点更适用于高集成度和轻量化设计的电子设备。

　　在所有的电力系统中, 能量转换效率是非常关键的指标, 而最有效的手段就是设计关键器件——肖特基势垒二极管来提高整体的转换效率, 其中, 可以采用 GaN 材料来制备 SBD。GaN 具有禁带宽度大、电子饱和速度高、击穿电场强和耐高温等优点, 所以由其制作的 SBD 具有耐高温、高压和低导通电阻等优点。AlGaN/GaN 异质结强自发极化与压电极化在异质结界面产生二维电子气, 具备约 10^{13} cm^{-2} 量级的电子面密度和高达 2000 cm^2/(V·s) 的迁移率, 这些优势都更有利于其制作高性能 SBD。

　　目前, 针对 Si 基 GaN SBD 已经展开了大量的研究工作, 这主要有以下原因: ① 目前 GaN 的异质外延主要采用 SiC 和 Si 衬底, 尽管碳化硅 (SiC) 材料的热导率高, 晶格匹配性优异, 由其外延得到的 GaN 薄膜结晶质量是最优的, 然而 SiC 衬底的价格高昂, 晶圆尺寸相对较小 (4 ~ 6 英寸为主), 不利于 SiC 基 GaN 器件的产业化。Si 基 GaN 相比 SiC 基 GaN 便宜很多, 大规模生产和处理 Si 衬底的技术已经非常成熟, 并且成本效益高, 这极大地促进了 Si 基 GaN 的普及度。② Si 衬底可以实现更大直径 GaN 晶圆的生产，例如 12 英寸甚至更大的 Si 衬底晶片已经成为行业标准。这使得在相同的 Si 衬底上能够实现更多的 GaN SBD 器件单元，从而提高了生产效率和降低了制造成本。③ Si 基 GaN SBD 可以更容易地与现有的 Si 基电子器件集成，且发展相当成熟的 GaN HEMT 芯片可以为结构类似的 GaN SBD 提供工艺兼容和技术支撑，更有利于制备单片集成芯片实现 Si 基 GaN 混合集成芯片，这在集成电路和系统级集成中尤为重要，有利于推进 Si 基 GaN 集成电路的商业化应用。

目前 Si 基 GaN SBD 的研究主要集中在横向结构 Si 基 GaN SBD 上。经过数十年的发展，Si 基 GaN 材料生长发展出一系列新技术新方法，但由于其异质外延的制约，材料仍然具有相当高密度的位错与缺陷，深刻影响着芯片工作的可靠性；其次，横向结构 Si 基 GaN SBD 属于表面芯片，导电沟道离芯片表面只有数十纳米，容易受表面态影响而产生电流崩塌，影响芯片的高频性能，需要更高质量的钝化方案加以解决；另外，宽禁带给 GaN 材料带来优势的同时，也带来了挑战，相比于传统芯片，GaN 材料与金属间具有更高的肖特基势垒，因此 SBD 开启电压 (V_{on}) 较高，影响着芯片效率；最后，芯片 V_{on} 与反向击穿电压 (reverse breakdown voltage，V_{br})、反向漏电流 (reverse leakage current，I_s) 之间存在矛盾，导通电阻、正向电流与结电容间也存在矛盾，各核心参数间相互制约，所以需要开发更先进的结构与工艺，并展开折中设计，满足不同应用的需求。

因此，Si 基 GaN SBD 在未来很长时间内仍然有很多问题需要深入研究，值得进行系统的研究与开发。

5.2 Si 基 GaN SBD 的原理及性能参数

5.2.1 工作原理

1. 理想条件的肖特基势垒

当金属与半导体接触时，两种材料的界面会形成一个势垒，称为肖特基势垒[1]。在本节中，我们将分析肖特基势垒的形成过程，以及能改变势垒值的一些因素。

在理想状态下 (没有表面态和其他反常情形)，将具有较高功函数的金属和 n 型半导体相连接，二者将形成肖特基势垒，电子将从半导体流到金属，最后建立起热平衡状态，两种材料的费米能级将在同一水平线，半导体中的费米能级相对于金属中的费米能级降低，降低量等于两者功函数之差，如图 5.1 所示。

真空能级和费米能级之间的能级差叫做功函数，金属的功函数记做 $q\phi_m$，半导体的功函数为 $q(\chi+\phi_n)$，式中的 $q\chi$ 为亲和能，其值等于导带底 E_C 与真空能级的差值。$q\phi_n$ 为 E_C 和费米能级之间的能量差，接触电势为两个功函数之间的电势差

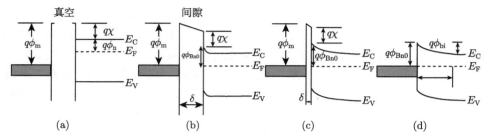

图 5.1　(a) 分立系统；(b) 连接成一个系统；(c) 原子间隙 δ 缩小；(d) 间隙变为 0

$\phi_{\mathrm{m}} - (\chi + \phi_{\mathrm{n}})$。随着金属与半导体间隙 δ 的减小，间隙之间的电场强度增大，在金属表面的负电荷不断增加，半导体耗尽层内必然存在等量而符号相反的电荷 (正电荷)，耗尽层势垒的变化与单边 pn 结相似。当 δ 减小到 0 时，显然势垒高度的极限值 $q\phi_{\mathrm{Bn0}}$ 为

$$q\phi_{\mathrm{Bn0}} = q(\phi_{\mathrm{Bn}} - \chi) \tag{5.1}$$

势垒高度简单地表示为金属功函数和半导体电子亲和势之差。相反，金属和 p 型半导体之间理想接触时，势垒高度 $q\phi_{\mathrm{Bp0}}$ 为

$$q\phi_{\mathrm{Bp0}} = E_x - q(\phi_{\mathrm{Bn}} - \chi) \tag{5.2}$$

因此，n 型和 p 型衬底的势垒高度之和就等于带隙，表示为

$$q(\phi_{\mathrm{Bn0}} + \phi_{\mathrm{Bp0}}) = E_{\mathrm{k}} \tag{5.3}$$

事实上，金属的 $q\phi_{\mathrm{m}}$ 对表面的污染情况非常敏感，可能会因此而发生势垒的改变，实际的势垒高度和理想条件下存在偏差的原因在于：① 不可避免的界面层；② 界面态的存在；③ 镜像力的降低。

2. 肖特基势垒的耗尽层

当金属与半导体紧密接触时，在二者接触的界面处，半导体的导带、价带与金属的费米能级之间会建立确定的能量关系 [1]。这种确定的能量关系可以作为求解半导体内泊松方程时的边界条件。在不同偏置条件下金属与 n 型和 p 型半导体材料形成的能带图如图 5.2 所示。

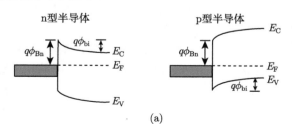

(a)

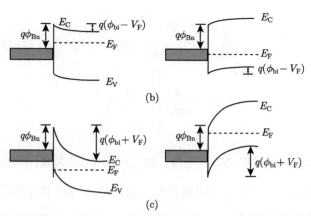

图 5.2 不同的偏置下, 金属与 n 型半导体接触 (左图)、金属与 p 型半导体接触
(右图) 的能带图

(a) 热平衡；(b) 正向偏置；(c) 反向偏置

当金属与 n 型半导体接触时, 根据突变结近似的条件, 即 $x < W_d$ 时 $\rho = qN_d$, $x > W_d$ 时 $\rho \approx 0$, 且 $\varepsilon \approx 0$, 其中 W_d 为耗尽层宽度, 得到

$$W_d = \sqrt{\frac{2\varepsilon_s}{qN_d}\left(\phi_{bi} - V - \frac{kT}{q}\right)} \tag{5.4}$$

$$|\varepsilon(x)| = \frac{qN_d}{\varepsilon_s}(W_d - x) = \varepsilon_m - \frac{qN_d x}{\varepsilon_s} \tag{5.5}$$

$$E_C(x) = q\phi_{Bn} - \frac{q^2 N_d}{\varepsilon_s}\left(W_d x - \frac{x^2}{2}\right) \tag{5.6}$$

式中, $\dfrac{kT}{q}$ 项为多数载流子分布尾 (n 型一侧为电子) 造成的, ε_m 为 $x = 0$ 处出现的最大电场强度。

$$\varepsilon_m = \varepsilon(x = 0) = \sqrt{\frac{2qN_d}{\varepsilon_s}\left(\phi_{bi} - V - \frac{kT}{q}\right)} = \frac{2\left(\phi_{bi} - V - \dfrac{kT}{q}\right)}{W_d} \tag{5.7}$$

半导体单位面积的空间电荷 Q_{jc} 和单位面积的耗尽层电容 C_d 为

$$Q_{jc} = qN_d W_d = \sqrt{2q\varepsilon_s N_d\left(\phi_{bi} - V - \frac{kT}{q}\right)} \tag{5.8}$$

$$C_d = \frac{\varepsilon_s}{W_d} = \sqrt{\frac{q\varepsilon_s N_d}{2\left(\phi_{bi} - V - \dfrac{kT}{q}\right)}} \tag{5.9}$$

$$\frac{1}{C_{\rm d}^2} = \frac{2\left(\phi_{\rm bi} - V - \dfrac{kT}{q}\right)}{q\varepsilon_{\rm s} N_{\rm d}} \tag{5.10}$$

$$N_{\rm d} = \frac{2}{q\varepsilon_{\rm s}}\left[\frac{{\rm d}V}{{\rm d}\left(\dfrac{1}{C_{\rm d}^2}\right)}\right] \tag{5.11}$$

在整个耗尽区内，如果 $N_{\rm d}$ 为常数，将 $\dfrac{1}{C_{\rm d}^2}$ 与 V 的关系图画出来可以得到一条直线；如果 $N_{\rm d}$ 不为常数，可用微分电容法由式 (5.11) 确定掺杂分布。

3. 肖特基势垒的界面态

金属的功函数和界面态决定了金属–半导体系统的势垒高度 [1]。势垒高度通常的表达式可以基于以下两种假设获得：① 金属和半导体紧密接触，中间有原子尺寸的界面层，这一层对电子而言是透明的，但可以有电势差；② 表面处单位面积、单位能量界面态取决于半导体表面特性，与金属无关。

图 5.3 给出了在实际情况下，金属-n 型半导体接触的详细能带图，下面推导中用到的各种量在图中给出了定义。

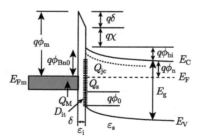

图 5.3　具有原子数量级的界面层 (真空) 的金属-n 型半导体接触的详细能带图

第一个要讨论的量是半导体表面 $E_{\rm V}$ 以上的能级 $q\phi_0$，称为中性能级，该能级以上的状态为受主型，能级空时呈现出电中性，充满电子后带负电，该能级以下的状态为施主型，能级空时呈现出电中性，充满电子后带正电。当表面的费米能级与中性能级处于同一水平时，净界面陷阱电荷为零，在金属接触前，在表面此能级趋近于钉扎在半导体费米能级上。

第二个关心的量是金属与半导体接触界面的势垒高度 $\phi_{\rm Bn0}$，电子从金属运动到半导体必须克服这个势垒高度，假设界面层的厚度为几埃，界面层对于电子本质上是透明的。

　　假定在一个 n 型半导体表面存在表面态。半导体费米能级将高于 $q\phi_0$，如果 $q\phi_0$ 以上存在受主表面态，则在 $q\phi_0$ 与费米能级间的能级将基本上被电子填满，表面带负电，半导体表面附近必定带正电，形成正的空间电荷区，结果形成电子的势垒，势垒高度恰好使表面态上的负电荷与势垒区正电荷数量相等。

　　如果表面态密度很大，只要费米能级比 $q\phi_0$ 高一点，在表面态上就会积累很多负电荷，由于能带向上弯，表面处费米能级很接近 $q\phi_0$，高度就等于原来费米能级 (设想没有势的情形) 和 $q\phi_0$ 之差，这时势垒高度称为被高表面态密度钉扎。

　　对于 Si、GaAs、GaN 这样的半导体材料，$q\phi_0$ 的值非常接近带隙的 1/3，针对其他半导体材料，$q\phi_0$ 的值也得到类似的结果，这说明大多数共价键半导体的表面在中性能级附近有高的表面态或缺陷峰值分布，中性能级约在价带顶以上 1/3 带隙处。

4. 镜像力

　　镜像力降低指的是存在电场时，对于载流子发射，镜像力引发的势垒降低的现象 [1]。首先考虑金属–真空系统，电子从费米能级处的起始能量逃逸到真空所需的最低能量定义为功函数 $q\phi_m$。如果电子与金属之间的距离为 x，则在金属表面会感应出一个正电荷，电子与感应出的正电荷之间的吸引力等于电子与位于 $-x$ 处的相等正电荷 (就是所谓镜面电荷) 之间的吸引力，指向金属的吸引力称为镜面力，表示为

$$F = \frac{-q^2}{4\pi\varepsilon_0(2x)^2} = \frac{-q^2}{16\pi\varepsilon_0 x^2} \tag{5.12}$$

式中，ε_0 为自由空间介电常数。将一个电子从无限远处移到点 x 所做的功为

$$E(x) = \int_\infty^x F\mathrm{d}x = \frac{-q^2}{16\pi\varepsilon_0 x} \tag{5.13}$$

该能量相当于位于距金属表面处的一个电子的势能，在外加电场 ε 的作用下 (在这种情况下，力的方向为 $-x$)，总势能 PE 与距离的函数关系表示为以下两项的和

$$\mathrm{PE}(x) = \frac{-q^2}{16\pi\varepsilon_0 x} - q|\varepsilon|x \tag{5.14}$$

此式有一个最大值，由镜像力降低 $\Delta\phi$ 和相应的位置 $\mathrm{d}(PE)/\mathrm{d}x = 0$ 确定，或

$$x_\mathrm{m} = \sqrt{\frac{q}{16\pi\varepsilon_0|\varepsilon|}} \tag{5.15}$$

$$\Delta\phi = \sqrt{\frac{q|\varepsilon|}{4\pi\varepsilon_0}} = 2|\varepsilon|x_\mathrm{m} \tag{5.16}$$

　　例如，当 $\varepsilon = 10^5$ V/cm 时，得到 $\Delta\phi = 0.12$ V，$x_{\mathrm{m}} = 6$ nm；当 $\varepsilon = 10^7$ V/cm，时，$\Delta\phi = 1.2$ V，$x_{\mathrm{m}} = 1$ nm。因此，在高电场下，肖特基势垒会显著降低，金属发射热电子的有效功函数也会降低。

　　这些结果可用于金属–半导体系统，但电场应该用界面处特定的电场代替，自由空间介电常数 ε_0 用表征半导体介质的特定介电常数 ε_{s} 代替，即

$$\Delta\phi = \sqrt{\frac{q\varepsilon_{\mathrm{m}}}{4\pi\varepsilon_{\mathrm{s}}}} \tag{5.17}$$

　　请注意，即使没有偏置，金属–半导体接触的内部电场也不会为零，因为它具有内建电势。由于金属–半导体系统中的内建电势值较大，因此势垒降低的程度要小于相应的金属–真空系统。

　　在实际的肖特基势垒二极管中，电场并不随距离而恒定，表面附近的电场最大值可通过近似耗尽层来获得

$$\varepsilon_{\mathrm{m}} = \sqrt{\frac{2qN|\psi_{\mathrm{s}}|}{\varepsilon_{\mathrm{s}}}} \tag{5.18}$$

其中表面势 ψ_{s} (n 型衬底) 为

$$|\psi_{\mathrm{s}}| = \phi_{\mathrm{Bn0}} - \phi_{\mathrm{n}} + V_{\mathrm{R}} \tag{5.19}$$

将 ε_{m} 代入式 (5.17) 得到

$$\Delta\phi = \sqrt{\frac{q\varepsilon_{\mathrm{m}}}{4\pi\varepsilon_{\mathrm{s}}}} = \left(\frac{q^3 N|\psi_{\mathrm{s}}|}{8\pi^2\varepsilon_{\mathrm{s}}^3}\right)^{1/4} \tag{5.20}$$

5. 肖特基二极管的正向导通输运机制

　　当施加较小的正向偏压 V 在芯片上时，电子从半导体流向金属。半导体一侧的费米能级提高 qV，其势垒高度减小为 $q(\phi_{\mathrm{bi}} - V)$。因此更多的电子可以越过势垒进行导电，从而使芯片导通 [1]。图 5.4 给出了肖特基二极管正向导通电流的主要组成部分。正向导通电流的输运过程包括：① 热电子发射电流，半导体中的电子在足够的能量下越过肖特基势垒进入金属；② 隧穿电流，半导体电子通过量子隧穿效应穿过势垒进入金属；③ 复合电流，半导体中的电子和空穴在空间电荷区进行复合而产生的电流；④ 电子扩散，耗尽区电子的扩散；⑤ 空穴扩散，空穴从金属注入并扩散注入半导体。

　　对于掺杂浓度较低且禁带宽度较大的半导体材料，热电子发射电流是主要的正向电流输运过程，其载流子传输形式如图 5.4 所示。

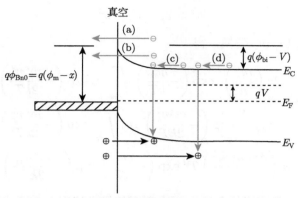

图 5.4   正向偏置下肖特基二极管的主要输运过程

Bethe 的热电子发射理论是基于以下假设推导的：① 势垒高度 $q\phi_{\text{Bn}}$ 远大于 kT；② 在决定发射的平面上已建立起热平衡；③ 净电流的存在不影响这种平衡，因而可以将两股电流叠加起来，一股是从金属到半导体的电流，另一股是从半导体到金属的电流，金属和半导体各有不同的准费米能级。如果热电子发射为其极限情形，则 E_{Fn} 在整个耗尽区是水平的。由于这些假定，势垒的形状是不重要的，电流仅取决于势垒的高度，从半导体到金属的电流密度 $J_{\text{s}\to\text{m}}$ 由能够克服势垒能量的电子的浓度及沿 x 方向的电子渡越给出

$$J_{\text{s}\to\text{m}} = \int_{E_{\text{F}_\text{m}}+q\phi_{\text{Bn}}}^{\infty} qv_x\mathrm{d}n \tag{5.21}$$

$$\mathrm{d}n = N\left(E\right)F\left(E\right)\mathrm{d}E \approx \frac{4\pi(2m^*)^{\frac{3}{2}}}{h^3}\sqrt{E-E_\text{C}}\exp\left(-\frac{E-E_\text{C}+q\phi_\text{n}}{kT}\right)\mathrm{d}E \tag{5.22}$$

式中，$N\left(E\right)$ 和 $F\left(E\right)$ 分别为状态密度和分布函数。

如果假定导带中电子的全部能量均为动能，则

$$E-E_\text{C} = \frac{1}{2}m^*v^2 \tag{5.23}$$

$$\mathrm{d}E = m^*v\mathrm{d}v \tag{5.24}$$

$$\sqrt{E-E_\text{C}} = v\sqrt{\frac{m^*}{2}} \tag{5.25}$$

将式 (5.23) ∼ 式 (5.25) 代入式 (5.22)，得到

$$\mathrm{d}n \approx 2\left(\frac{m^*}{h}\right)^3\exp\left(-\frac{q\phi_\text{n}}{kT}\right)\exp\left(-\frac{m^*v^2}{2kT}\right)\left(4\pi v^2\mathrm{d}v\right) \tag{5.26}$$

式 (5.26) 给出了速度在 v 和 $v+\mathrm{d}v$ 之间分布在所有方向上的单位体积电子数，若速度沿坐标轴分解成三个分量，且轴平行于输运方向，则有

$$v^2 = v_x^2 + v_y^2 + v_z^2 \tag{5.27}$$

作 $4\pi v^2 \mathrm{d}v = \mathrm{d}v_x \mathrm{d}v_y \mathrm{d}v_z$ 变换，得

$$
\begin{aligned}
J_{\mathrm{s}\to\mathrm{m}} =& 2q\left(\frac{m^*}{h}\right)^3 \exp\left(-\frac{q\phi_{\mathrm{n}}}{kT}\right) \int_{v_{0x}}^{\infty} v_x \exp\left(-\frac{m^* v_x^2}{2kT}\right) \mathrm{d}v_x \\
& \times \int_{-\infty}^{\infty} \exp\left(-\frac{m^* v_y^2}{2kT}\right) \mathrm{d}v_y \int_{-\infty}^{\infty} \exp\left(-\frac{m^* v_z^2}{2kT}\right) \mathrm{d}v_z \\
=& \left(\frac{4\pi q m^* k^2}{h^3}\right) T^2 \exp\left(-\frac{q\phi_{\mathrm{n}}}{kT}\right) \exp\left(-\frac{m^* v_{0x}^2}{2kT}\right)
\end{aligned}
\tag{5.28}
$$

这里速度 v_{0x} 为电子克服势垒沿 z 方向所需的最小速度，由下式给出：

$$\frac{1}{2} m^* v_{0x}^2 = q(\phi_{\mathrm{bi}} - V) \tag{5.29}$$

将式 (5.29) 代入式 (5.28)，得

$$J_{\mathrm{s}\to\mathrm{m}} = A^* T^2 \exp\left(-\frac{q\phi_{\mathrm{Bn}}}{kT}\right) \exp\left(\frac{qV}{kT}\right) \tag{5.30}$$

且

$$A^* = \frac{4\pi q m^* k^2}{h^3} \tag{5.31}$$

是热电子发射的有效理查森数，它忽略了光学声子散射和量子力学反射效应。对于自由电子 ($m^* = m_0$)，理查森数 $A^* = 120\ \mathrm{A/(cm^2 \cdot K)}$。

因为不同偏置下从金属进入半导体的电子的势垒高度相同，因此从金属流入半导体的电流不受外加电压的影响，这个电流必须等于热平衡时从半导体流到金属的电流，令式 (5.30) 中 $V = 0$，相应的电流密度为

$$J_{\mathrm{m}\to\mathrm{s}} = -A^* T^2 \exp\left(-\frac{q\phi_{\mathrm{Bn}}}{kT}\right) \tag{5.32}$$

总电流密度为式 (5.30) 和式 (5.32) 之和，即

$$
\begin{aligned}
J_{\mathrm{n}} &= \left[A^* T^2 \exp\left(-\frac{q\phi_{\mathrm{Bn}}}{kT}\right)\right]\left[\exp\left(\frac{qV}{kT}\right) - 1\right] \\
&= J_{\mathrm{TE}}\left[\exp\left(\frac{qV}{kT}\right) - 1\right]
\end{aligned}
\tag{5.33}
$$

式中

$$J_{\mathrm{TE}} = A^* T^2 \exp\left(-\frac{q\phi_{\mathrm{Bn}}}{kT}\right) \tag{5.34}$$

6. 肖特基二极管的反向漏电流输运机制

理想肖特基二极管的反向漏电流主要由电子在金属–半导体中的渡越和隧穿引起的漏电流组成,其主要形式是热电子发射电流,在低反向偏置电压和低掺杂时占主导地位;随着反向偏置电压的增加,电场强度增大,高电场导致更高的电子隧穿效应,发射电流逐渐占据主导地位 [1]。在氮化镓芯片中,由于材料在外延过程中存在大量的点缺陷和位错,实际漏电流大于理论漏电流,这表明缺陷中可能存在其他类型的漏通道。接下来简单介绍热电子发射电流和热电子场发射电流。

热电子发射电流是由金属中电子越过肖特基势垒进入半导体产生的。根据热电子发射电流公式,当 V 为负值时,反向漏电流密度 J 等于反向饱和电流 J_0

$$J_0 = A^* T^2 \mathrm{e}^{-\frac{q\phi_{\mathrm{Bn}}}{kT}} \tag{5.35}$$

J_0 的具体表达式如式 (5.35) 所示,其值的大小与肖特基势垒的高度和温度有关,使用高功函数金属时,阳极金属与 GaN 形成金属–半导体接触,接触势垒的高度越高,允许电子通过势垒的机会就越少,芯片的漏电流就越小。随着温度升高,电子获得能量和速度,通过势垒的机会就增加,导致漏电流增大。热电子发射电流是芯片的理论最小反向漏电流。

当对半导体进行重掺杂或者在更高偏压下时,隧穿效应逐渐增强,场发射电流即将成为主导的漏电形式。热电子场发射电流与金属–半导体接触的电场强度 E 有关,对于肖特基二极管而言,电场强度与掺杂浓度 N_{d} 和反向偏压 V 有关,半导体材料的掺杂浓度越高,施加的偏压越大,金属–半导体界面上电子的势能变化就越快,电场强度就越大,隧穿效应就越强,从而导致热电子的发射电流增大。根据这一理论,为抑制热电子场发射电流,尽量采用掺杂浓度低的 GaN 外延层材料制作肖特基二极管。

$$J_{\mathrm{TFE}} = \frac{A^* T h q E}{2\pi k} \sqrt{\frac{\pi}{2 m_{\mathrm{n}} k T}} \times \exp\left[-\frac{1}{kT}\left(\phi_{\mathrm{B}} - \frac{q^2 h^2 E^2}{96\pi^2 m_{\mathrm{n}} k^2 T^2}\right)\right] \tag{5.36}$$

$$E = \sqrt{\frac{2q N_{\mathrm{d}}(V_0 - V)}{\varepsilon_3 \varepsilon_0}} \tag{5.37}$$

另一方面,在阳极的中央部分和 GaN 传输层中,电场方向垂直向上且均匀分布,而在阳极边缘附近,半导体电场线向阳极边缘弯曲,因此阳极边缘的电场过度集中,电场强度高于中央部分。在电场强度较高的情况下,根据热电子场发射理论,边缘的漏电流密度较大,芯片的漏电流通道主要集中在阳极边缘。为了克服这一问题,各研究机构开发了各种场终端结构。有了场终端结构,阳极边缘的电场线不再弯曲,只指向阳极,场终端结构发挥了分担电场的功能,所以阳极边缘的电场强度变弱,热电子场的发射电流减小,从而减少了芯片漏电流。

5.2.2　性能参数

　　芯片的关键参数包括大部分必要的信息以提供给设计者设计出具有可预测的系统。对于肖特基二极管，最基本的参数主要体现为其等效电路，如图 5.5 所示为 SBD 的等效电路图，其中虚线框出来的是 SBD 的管芯，其他部分是由封装引入的寄生元件。各参数代表含义如下：C_{j0} 是二极管的非线性结电容，也指金属–半导体接触面产生的势垒电容，其值在 $0.01 \sim 1$ pF，与二极管的工作状态有关；R_j 是 SBD 等效电路中的核心元件，二极管的非线性结电阻，在正向时其值约为几欧姆，在反向时其量级增大到兆欧姆级，这与外加偏压的大小有关；R_s 是半导体的体电阻，也称为串联电阻，其值约为几欧姆；L_s 是由封装引入的引线电感，只有几纳亨；C_p 是由管壳引入的寄生电容，大概为几分之一皮法。其他还有开启电压 (V_{on})、漏电流 (I_s)、导通电阻 (R_{on})、反向击穿电压 (V_{br})、理想因子 (n)、内建电势 (V_j)、总寄生电容 (C_p)、特度系数 (M) 等，这些参量会严重影响二极管的性能，所以要设法避免这些值过高给电路带来的不必要的麻烦。

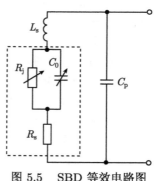

图 5.5　SBD 等效电路图

　　进行电路仿真的基础是拥有准确的等效电路模型。由于目前使用的肖特基二极管来自于作者课题组自研的横向 GaN 肖特基二极管，在设计射频电路之前需要重新建立二极管模型，所以有必要对该二极管模型参数进行介绍。

1. 开启电压和漏电流

　　从开启电压 (V_{on}) 上考虑，二极管的开启电压通常定义为芯片正向 I-V 曲线线性区部分的反向延长线与横坐标的交点，如图 5.6 所示。本书定义开启电压为 GaN SBD 在正向偏置时电流密度达到 1 mA/mm 的阳极电压，而将导通电压定义为正向偏置时电流密度达到 100 mA/mm 的阳极电压。开启电压值的大小主要与肖特基二极管的势垒高度有关，同时受到串联电阻的影响。势垒高度越大，串联电阻越低，芯片的开启电压也越大。从漏电流上考虑，漏电流的大小主要受到肖特基势垒高度的影响，势垒高度越大，漏电流则越低。综合考虑，采用不同的阳极金属会同时对开启电压和漏电流产生影响。功函数越低的金属，金属–半导体接触时肖特基势垒高度越小，开启电压越低，而同时漏电流越大。因此需要综合考虑两者的影响来选择最优的阳极金属。

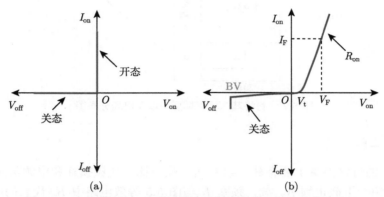

图 5.6　(a) 理想与 (b) 实际状态下的肖特基二极管的芯片特性

2. 导通电阻和击穿电压

理论上，在临近击穿的情况下，肖特基二极管的电场分布如图 5.7 所示，电场峰值在阳极金属–半导体接触处，电场值自阳极向阴极线性降低 [1]。因此电压值可以表达为

$$V_{\mathrm{br}} = \frac{E_{\mathrm{C}} W_{\mathrm{d}}}{2} \tag{5.38}$$

而根据泊松方程，击穿电压与电场的关系为

$$V_{\mathrm{br}} = \frac{\varepsilon_0 \varepsilon_{\mathrm{s}}}{2q N_{\mathrm{d}}} E_{\mathrm{C}}^2 \tag{5.39}$$

可以得到导通电阻与击穿电压的关系为

$$E_{\mathrm{on}} = \frac{4 V_{\mathrm{br}}^2}{\varepsilon_0 \varepsilon_{\mathrm{s}} \mu_{\mathrm{n}} E_{\mathrm{C}}^3} \tag{5.40}$$

上式表明导通电阻与击穿电压的平方成正比，而且导通电阻与材料的临界击穿电场强度、载流子迁移率和介电常数有关。对于宽带隙的半导体材料，材料的临界击穿场强更大，两者会具有更好的折中。由式 (5.40) 还可以得出，导通电阻和击穿电压受到半导体的掺杂浓度调控，掺杂浓度越高，导通电阻越低，而击穿电压越大。因此掺杂浓度要设置在一定的区间以保证两者的综合特性。

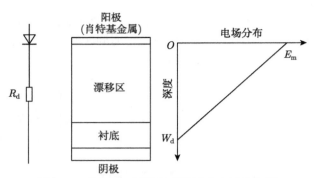

图 5.7　肖特基二极管模型图以及电场分布图

3. 截止频率 f_t

SBD 的特性参量主要有截止频率 f_t、噪声比、变频损耗和中频阻抗[1]，这里主要介绍一下截止频率。截止频率 f_t 与图 5.5 等效电路中 R_s 代表的串联电阻和 C_{j0} 代表的结电容有关，可以看出 R_s 和 C_{j0} 在电路中的主要作用是分流和分压，其作用力越强，电路的能量损失越大。在目前的工艺下，GaN 肖特基二极管的结电容通常在 20 fF，因此只要求出二极管的串联电阻，就可以计算得出二极管的截止频率。

根据热电子发射理论，肖特基二极管的电流方程如下：

$$I = I_s \left[\mathrm{e}^{\frac{qV - IR_s}{nkT}} - 1 \right] \tag{5.41}$$

式中，V 为阳极偏置电压；R_s 为芯片的串联电阻；n 为理想因子；k 为玻尔兹曼常量；T 为绝对温度。

$$f_t = \frac{1}{2\pi R_s C_j} \tag{5.42}$$

f_t 是 SBD 工作频率的上限，其值越大，SBD 的频率特性越好。在外加电压的频率为 f_t 的情况下，二极管工作性能差，出现谐振致使在 R_s 上产生 3 dB 的微波信号损耗。

在微波射频电路中，SBD 的电学模型对电路的性能、效率、输出功率都起到决定性作用，其常见电学参数如表 5.1 所示，芯片的关键参数可以帮助设计者设计出具有可预测的电路。

SBD 最明显的优势在于它的正向压降小和开关速度快。制造一个接近理论的 SBD 受很多因素影响，实际生产的半导体自身的材料固有属性对其影响最大，如欧姆接触电阻、衬底电阻率、整流肖特基接触质量、芯片结构设计、半导体材料的固有特性、边缘终端技术的使用和漂移区的质量。

表 5.1 肖特基二极管常见电学参数

名称	含义	单位	名称	含义	单位
I_s	饱和电流	A	R_s	串联电阻	Ω
C_{j0}	0 V 电压下结电容	F	E_g	带隙能	—
V_{br}	反向击穿电压	V	N	发射系数	—
I_{br}	反向击穿电流	A	M	梯度系数	—
F_C	势垒电容正偏系数	—	TT	渡越时间	—
X_{TI}	饱和电流温度系数	—	V_i	内建电动势	—

和 pn 结二极管对比，SBD 主要有以下特点:

(1) 在电流进入时，普通二极管的电压降为 0.7 ~ 1.7 V，而 SBD 的电压降只有 0.15 ~ 0.45 V，这种特性大大提高了电路的效率。

(2) SBD 是利用金属–半导体接触形成势垒原理制造的，而普通二极管是由不同类型的半导体接触制造的，所以 SBD 属于整流型二极管。

(3) 肖特基势垒的特性使得 SBD 的开启电压低。SBD 是多子导电芯片，多数载流子发生热电子发射然后跃过内建电势而形成电流，而 pn 结二极管是少子导电芯片扩散形成的反向电流，比 SBD 小 2 ~ 3 个数量级，正是这种沟道效应和镜像力使得 SBD 的开启电压较小。

(4) SBD 的切换速度高、频率响应快。当流过的电流从正向变化成反向时，即二极管由导通状态变成截止状态时，一般普通二极管需要数百纳秒的时间作反应，而 SBD 会立即响应，这个时间大概在皮秒级，所以 SBD 相当于不存在反向恢复时间。在二极管的应用中，特别是高频开关电路中，反向恢复时间是一个重要的参数，因为它直接影响二极管的开关速度和效率。反向恢复时间越长，二极管的开关速度越慢，可能会导致更高的能量损耗和发热。不同类型的二极管具有不同的反向恢复时间：普通二极管的反向恢复时间一般大于 500 ns；快恢复二极管的反向恢复时间一般在 150 ~ 500 ns；超快恢复二极管的反向恢复时间一般在 15 ~ 35 ns；肖特基二极管反向恢复时间一般小于 20 ns，甚至可以达到 10 ns 的量级。

5.3 Si 基 GaN SBD 芯片性能调控

5.3.1 Si 基 GaN SBD 芯片的优势及面临的瓶颈

近年来，Si 基 GaN 技术发展迅猛，材料质量逐渐提高，8 英寸 Si 基 GaN 器件已经实现量产，12 英寸材料生长已经实现，器件成本大幅降低，性价比更高。Si 基 GaN 技术在 GaN 功率领域中占据主流，在射频领域，图 5.8 展示了 Yole Development 在 2019 年发布的报告中对几种衬底 GaN 射频器件市场规模的预测，随着 5G 通信网络在全球开始大规模部署，Si 基 GaN 射频器件市场份额已经开始逐步增长，且有望在将来超过 SiC 基 GaN 成为市场主流。

Si 衬底的晶格常数失配和热失配相较于其他三种衬底材料而言虽然最高，但是由于 Si 是位居地球表面物质含量第二的资源，具有稳定的性质，较高的晶体质量，相关技术也更加成熟，因此成为应用最广的半导体材料。Si 具有良好的导热性和导电性，选择 Si 作为衬底可以在大规模商业生产制造上大幅度降低产品成本，使得实验研究更加方便顺利。简单且成熟的 Si 工艺技术使得在 Si 衬底上生长 GaN 外延层更加有利于大批量工业生产与现有的 Si 半导体器件集成等方面。最后，Si 衬底的电阻率远小于蓝宝石和 SiC 衬底，Si 衬底的这种导电性使得衬底在 "GaN-on-Si" 功率器件中发挥了背面场板的作用，能有效降低功率器件栅极边缘处的高电场，进而抑制电流崩塌效应。

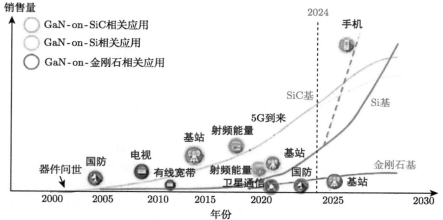

图 5.8　SiC 基、Si 基、金刚石基 GaN 器件市场规模预测

来源 RF GaN Market: Applications, Players, Technology and Substrates 2019, Yole

Development, May 2019

不同于 GaN HEMT 器件，GaN SBD 的基本原理是利用金属和半导体之间的单向导电性，其电流传输主要依赖于势垒的形成和电子隧穿效应，因此具有快速响应和低开关损耗的特点，如图 5.9 所示。而 GaN HEMT 上面覆盖有栅极和源漏极，通过栅极控制源漏电极之间电子的流动，因此具有高电子迁移率和快速开关的优点。凭借 GaN 的宽禁带材料属性，Si 基 GaN SBD 兼具 Si 衬底的大尺寸、低成本、易与 Si 基 CMOS 工艺集成等优点，可以实现高击穿电压、大电流密度、高工作频率，且具有低开关损耗和快速开关速度，通常用于功率电子应用中作为开关二极管，例如整流器、逆变器、功率因数校正器等需要高效能量转换的场合。而GaN HEMT 适用于高频率、高功率的应用，例如射频功率放大器、微波功率放大器、雷达系统等，其主要优势包括高频率特性、低损耗和高功率密度。因此，GaNSBD 在电源管理中，适用于整流器、逆变器等需要快速开关和低功耗的应用场景；在射频前端，适用于微波传能、微波限幅、检波、倍频等多个射频领域。

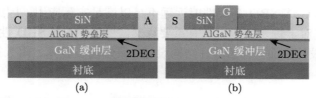

图 5.9   (a) GaN SBD 的器件结构和 (b) GaN HEMT 器件结构

Si 衬底与 GaN 材料之间较大的晶格失配会导致大量缺陷的产生,这些缺陷随着晶体的生长并不能有效地消除,有些失配位错甚至会贯穿整个材料,并相应地产生额外的漏电路径,从而导致漏电流增大,甚至影响芯片的击穿电压。已有研究证明,沿 Si 衬底与 GaN 缓冲层界面的缺陷形成的漏电会严重限制 AlGaN/GaN 异质结芯片的击穿电压,这也导致 GaN 芯片的击穿电压和理论值的差距较大。同时,高的反向漏电流 (reverse leakage current,I_{r}) 还会增大 SBD 的关态功耗,并且导致潜在的可靠性问题,影响芯片的性能。

另一方面,对于 Si 基 AlGaN/GaN SBD,缓冲层缺陷和表面缺陷还会导致电流崩塌效应。电流崩塌是指芯片工作时,缺陷的陷阱态俘获电子产生 “虚栅”,虚栅耗尽 2DEG 沟道,从而降低了芯片的输出功率。因此需要进一步优化芯片外延结构或采用表面处理技术降低缺陷引起的漏电和电流崩塌效应,从而提高芯片性能。

除了材料本身的缺陷对击穿电压的影响,横向芯片的边缘电场集中效应也会对击穿电压产生重要的影响。边缘电场集中就是当肖特基二极管偏置在高反偏电压时,耗尽层中的电场分布不均匀。越靠近电极边缘,电场线分布越密集,导致电极边缘处存在一个峰值电场。峰值电场会使雪崩击穿在电极边缘提前发生,从而降低芯片的耐压等级。因此,需要通过结终端技术来优化电场分布,从而提高芯片的击穿电压。

此外,与电力电子器件不同,Si 基 GaN 射频器件由于高阻 Si 晶圆难以制备,且衬底与成核层界面处易形成导电层,导致器件在高频工作状态下存在射频损耗,限制输出功率和效率。因此,如何优化衬底及外延结构,抑制射频损耗,是实现 Si 基 GaN 射频器件大规模高效应用的关键。对微波芯片而言,决定其性能的两个重要的参数是导通电阻和击穿电压,它们均与芯片结构中的漂移区密切相关。因此获得掺杂浓度满足设计要求的高质量漂移区至关重要。由于 GaN 拥有更高的临界击穿场强,可以使用更高浓度的掺杂使电场曲线更陡峭,同时减小了漂移区宽度,更高的掺杂浓度和更窄的漂移区宽度都使得芯片的导通电阻大幅降低。此外,虽然外加反向偏压时,漂移区是主要承受电压层,但在实际芯片中,反向阻断电压受限于边缘击穿,因此,常需要在实际芯片的主肖特基结,制备终端结构来减小边缘电场集中,提高芯片击穿电压。对于肖特基二极管,开启电压影响着芯片的能耗,需要优化肖特基势垒以降低开启电压。

目前 Si 基 GaN SBD 芯片性能远远不足以满足实际应用。因此，调控 Si 基 GaN SBD 性能对于进一步应用具有重要意义。目前，GaN SBD 性能调控策略主要集中在结构设计方面，包括芯片结构设计、终端场板技术。图 5.10 给出了一例可行的 Si 基 GaN SBD 工艺流程，主要步骤如下。

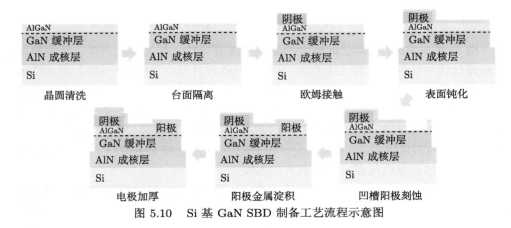

图 5.10   Si 基 GaN SBD 制备工艺流程示意图

(1) 晶圆清洗：去除样品表面的油脂以及氧化物等。

(2) 台面隔离：光刻后采用 ICP 或 RIE 设备刻蚀台面，刻蚀深度大于 100 nm，保证沟道被完全刻断；台面应边缘整齐、侧壁陡直，测试台面间漏电，偏压 50 V 时的台面漏电应不高于 100 nA/mm。

(3) 欧姆接触：金属淀积和快速热退火；欧姆接触金属剥离后应没有金属粘连，图形边沿整齐，退火后金属没有侧流，颗粒分布均匀；以 TLM 测试得到欧姆接触电阻和材料方块电阻，欧姆接触电阻应保持在 1 Ω·mm 以下。

(4) 表面钝化：PECVD 法淀积 SiN_x 钝化层，钝化后采用椭偏仪对陪片 SiN_x 的厚度及折射率进行监测，确保 SiN_x 的厚度及折射率在设定的范围内；对 SiN_x 的漏电进行监测，确保其满足器件需求。

(5) 凹槽阳极刻蚀：为获得更低的开启电压和反向漏电流，在 GaN SBD 的制备中往往会引入凹槽阳极的结构，即将阳极下方材料进行刻蚀；通常刻至 2DEG 下方，使得阳极金属侧壁直接与电子进行接触。

(6) 阳极金属淀积：光刻后对阳极区域进行表面处理，然后淀积阳极金属；金属线条应整齐，没有粘连及脱落；测量圆片上的肖特基 CV 圆环测试图形的正反向电流来评估器件的肖特基特性。

(7) 电极加厚：在器件基本结构制备完成之后，在阴极与阳极处再次进行金属蒸镀以达到电极加厚的目的；加厚电极可以增加电极的电流承载能力，从而提高器件的功率处理能力，这对于大电流应用的 GaN SBD 器件尤为重要。

5.3.2 Si 基 GaN SBD 芯片结构设计

横向结构 AlGaN/GaN 利用其高电子浓度和高迁移率的二维电子气，可以实现高开关速度、低电容、低导通电阻的 SBD 器件，适宜于微波毫米波电路的信号处理。目前本领域的研究重点主要集中于横向 AlGaN/GaN 结构，而工作于不同频率的 GaN SBD 需要满足不同的性能需求。通常情况下，高频电路所需肖特基势垒二极管的性能指标包括低开启电压、高击穿电压、低导通电阻。

为了降低开启电压，所采用的主要技术手段是对 GaN SBD 进行结构设计，常用的结构设计包括：刻蚀阳极下方的势垒层形成凹槽阳极结构，采用肖特基接触和欧姆接触形成混合阳极结构，或者采用低功函数和高功函数金属组合形成混合阳极结构等。为了提高击穿电压，研究人员提出了场板技术，用于调节边缘的电场分布，解决芯片结边电场集中，防止过早击穿，但场板技术的缺点在于其会导致寄生电容的增加。此外，研究人员在 AlGaN/GaN 异质结构上外延生长 p 型掺杂的 GaN 层 (p-GaN) 或者 AlGaN 层 (p-AlGaN)，通过 p-GaN 或者 p-AlGaN 层调节二维电子气从阳极到阴极的电场分布，提高击穿电压。研究人员主要采用优化阳极结构、欧姆电极低温退火等措施降低导通电阻。

1. 凹槽阳极结构

为了解决 SBD 开启电压较高的问题，Bahat 等 [2] 提出了凹槽阳极结构，如图 5.11 所示，通过刻蚀阳极下方的 AlGaN 势垒层，使得阳极直接与 2DEG 接触，降低了势垒高度，从而降低了二极管的 V_{on} 和 R_s。阴极电极采用 Ti/Al/Mo/Au 合金，并在 830 ℃ 下退火。AlGaN 势垒用 150 nm 的 SiN_x 钝化。在光刻钝化过程中和随后的缓冲氢氟酸湿法刻蚀过程中，确定了阳极肖特基触点的沟槽。与此同时，也在光刻胶下的 SiN_x 中创建了一个倾斜的轮廓。在阳极侧，使用相同的光刻掩模,通过 BCl 基反应离子刻蚀，将打开的沟槽中的 AlGaN 层完全凹入。凹槽

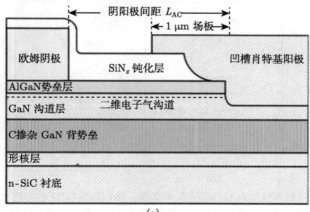

(a)

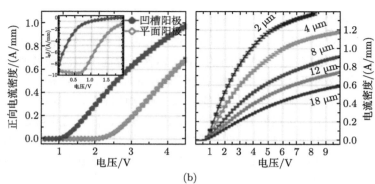

图 5.11　(a) 凹槽阳极 SBD 结构示意图；(b) 凹槽阳极 SBD 电流密度–电压测试结果 [2]

刻蚀深度估计值为 40 nm。Pt/Ti/Au 接触在 15° 倾斜蒸发阳极肖特基金属，然后进行金属剥离。该二极管的开启电压降低至 0.43 V，反向击穿电压大于 1000 V。

西安电子科技大学郝跃院士团队 [3] 在 SiC 衬底上的 GaN 非极性面采用凹槽阳极结构，通过能带工程仿真建模并结合低功函数阳极金属，解决了 GaN 二极管中低肖特基势垒高度与高反向漏电相矛盾的科学问题，并同时提出采用低 k 阳极介质用于减少阳极寄生电容，成功研发了近理想状态的高性能 GaN 横向 SBD，如图 5.12 所示。

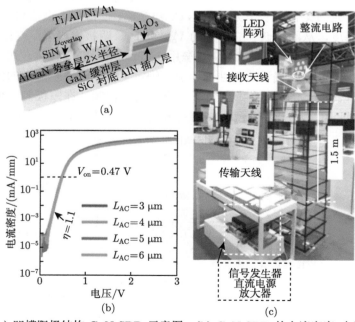

图 5.12　(a) 凹槽阳极结构 GaN SBD 示意图；(b) GaN SBD 的电流密度–电压特性曲线、
　　　　开启电压和理想因子；(c) 基于 GaN SBD 的无线能量传输演示 [3]

该二极管取得了和窄禁带半导体材料 GaAs 和 Si 二极管相比更低的寄生电容 (< 0.5 pF)、更小的串联电阻 (< 5 Ω)、更低的开启电压 (< 0.4 V),且该芯片的截止频率高达 124 GHz。为了取得单管超过数瓦的整流功率,该芯片获得了超过 150 V 的反向击穿电压,是传统 Si 和 GaAs 二极管的 10 ∼ 50 倍。基于该近理想 GaN 二极管,Dang 等成功搭建了 S 波段和 C 波段微波整流电路以及无线传能模块。当工作频率为 2.45 GHz 时,输入功率在 0.75 W 和 7.2 W 的整流效率达到了 79% 和 50%。另外,针对在 5.8 GHz 这个更高工作频段时的电流坍塌效应,他们提出了采用 LPCVD 钝化技术,最终输入功率在 2 W 和 6 W 时的整流效率分别达到了 71% 和 50%。与传统 GaAs 和 Si 二极管对比,GaN 二极管的单管整流功率在同一整流效率下提升了 10 ∼ 50 倍,完全符合未来对高频率、高功率、高效率整流技术的要求。最后把该整流模块应用于 2.45 GHz 和 5.8 GHz 的微波无线传能系统,在距离 2 m 范围内成功实现了电能传输。

2. 混合阳极结构

开启电压的高低直接影响着芯片的功耗,低开启电压对于实现 "碳中和" 具有重要意义。开启电压主要由肖特基二极管的势垒高度决定,调控势垒高度,有利于提供能量转换效率,降低能量损失。

GaN SBD 的阴极采用欧姆接触,常见的欧姆接触电极为 Ti/Al/Ni/Au,在高温退火后形成合金,接触电阻低。Ti 金属具有低功函数 (3.95 eV),在退火反应中会与 AlGaN 中的 N 原子生成具有低电阻率的 TiN,同时生成高浓度 N 空位。N 空位表现出浅施主的特性,增强了电子隧穿。Al 金属作为催化剂,促进了 TiN 的形成。Ni 金属具有高的功函数 (4.5 eV) 和高熔点 (1453 ℃),阻抗 Ti/Al 原子层与 Au 原子层之间的相互扩散。Au 电极具有良好的导电性和抗氧化性,可以保护 Ni 不被氧化并增强电极的导电性。利用欧姆阴极的低电阻特性可以制备混合阳极结构,降低开启电压,增强芯片性能。

混合阳极结构 GaN SBD 的阳极通过选择区域生长法进行生长,肖特基金属由两层不同功函数的金属混合组成,正向电压作用时,电流主要流入低功函数金属;反向偏置电压作用时,发生势垒耗尽作用的高功函数金属使得漏电流很小。从芯片结构来看,阳极由凹槽肖特基接触和欧姆接触两部分构成,阳极欧姆电极被肖特基电极所包围。混合阳极由肖特基接触与欧姆接触或低功函数金属与高功函数金属组合而成,该组合结构可以有效降低二极管的等效势垒厚度,从而优化开启电压。

香港科技大学陈万军等 [4] 提出了一种高性能 AlGaN/GaN 横向场效应整流器 L-FER (lateral field-effect rectifier)。该芯片通过混合阳极技术在不影响反向耐压的同时减小了开启电压和导通电阻。电子科技大学周琦等 [5] 报道了一种凹槽 MIS 型混合阳极 AlGaN/GaN SBD,进一步提高了芯片反向阻断能力,其结构如图 5.13 所示。与传统凹槽栅混合阳极结构相比，该结构在凹槽栅区引入了高介电常数的 Al_2O_3 介质，从而使反向漏电进一步降低。当 L_{AC} 为 20 μm 时，击穿电压高达 1.1 kV (@10 mA/mm)。

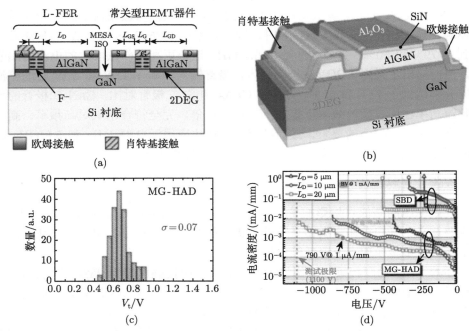

图 5.13   (a) AlGaN/GaN 横向场控功率整流器 L-FER 结构示意图 [4]；(b) 凹槽 MIS 型混合阳极 AlGaN/GaN 肖特基二极管 [5]；(c) 在 $(3 \times 3)\ cm^2$ 的样品中，189 台不同器件的 V_t 直方图；(d) 使用 $L_D = 5 \sim 20$ μm 的 MG-HAD 和常规 SBD 的反向电流密度–电压特性曲线

当阳极外加电压为零时，如图 5.14 (a) 所示，沟道完全被凹陷肖特基触点耗尽，凹陷的阳极金属充当栅极。当阳极施加反向偏压时如图 5.14 (d) 所示，阳极凹槽下方的二维电子气被逐渐耗尽。如图 5.14 (b) 所示，当二极管处于正向偏置状态时，电压逐渐增大到 V_T，导电沟道逐渐打开，电子从阴极流入阳极的欧姆区域，开启过程实现了低损耗。当正向偏压逐渐增大，电压为 V_{SC} 时，电子逐渐流向阳极的肖特基金属，如图 5.14 (c) 所示，此时正向电流包含欧姆接触和肖特基接触两部分，即 $I = I_{FET} + I_{Schottky}$。与传统肖特基二极管相比，该结构能显著降低开启电压，增大正向电流密度。

对于低功函数金属与高功函数金属组合而成的混合阳极结构，其势垒高度通常大于肖特基接触与欧姆接触组合而成的混合阳极。Chang 等 [6] 采用低功函数金属 Ti 和高功函数金属 Ni 组合成混合阳极结构，在 Si 衬底上制备了 AlGaN/GaN

SBD。与单金属阳极 Ni SBD 和 Ti SBD 相比,该双金属混合阳极 SBD 具有更优异的性能,不仅实现了低至 0.57 V 的 V_{on},而且降低了反向漏电流,有效平衡了该二极管的正反向特性。相比 Ti 和 Ni,氮化钛 (TiN) 和氮化镍 (NiN) 具有更好的热稳定性,适合作为 GaN SBD 的阳极材料。

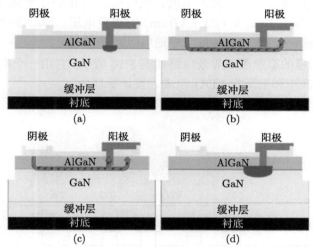

图 5.14   混合阳极结构 AlGaN/GaN SBD 工作原理图 [6]

3. 鳍式阳极结构

鳍式阳极结构最早由 Ma 等 [7] 提出,研究者通过刻蚀形成 GaN 纳米结构肖特基二极管、三阳极 (tri-anode,TA) 结构和二维电子气直接形成肖特基接触,极大地降低了开启电压,其结构如图 5.15 所示。在反向条件下,器件等效为一个嵌入的三栅晶体管,以实施反向漏电流控制。随着对芯片性能的不断优化与改进,

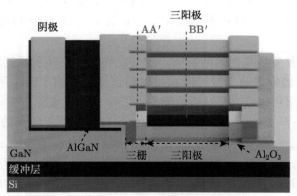

图 5.15   集成的鳍式阳极肖特基二极管示意图 [7]

2017 年 Ma Jun 等又制备出了一种高性能的鳍式阳极与鳍式栅极混合的新型纳米结构 AlGaN/GaN SBD，一方面，鳍式阳极直接与 2DEG 形成肖特基接触，这使得 SBD 具有 0.76 V 的低开启电压；另一方面，在反向电压下，嵌入式的鳍式栅极晶体管能够有效夹断栅下 2DEG 沟道，使剩余反向压降全部降落至栅边缘而非肖特基结上，从而降低了反向漏电流。该结构在 700 V 下实现了 100 nA/mm 的低反向漏电和高达 1325 V (@1 μA/mm) 的击穿电压。Ma 等 [7-9] 又将鳍式结构与多沟道结构结合，进一步降低了导通电阻和开启电压。

　　纳米结构阳极的原理图和等效电路如图 5.16 所示，它由一个串联的倾斜三栅 (sTG)、三栅 (TG) 和三阳极 (TA) 组成。设计原理如下。

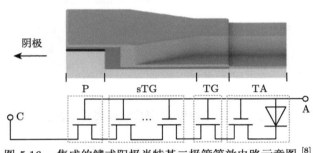

图 5.16　集成的鳍式阳极肖特基二极管等效电路示意图 [8]

　　三阳极结构是为获得低开启电压 (V_{on}) 与低反向电流 (I_r) 而设计的，在导通状态时，金属直接与 2DEG 在侧壁上接触从而获得较低的 V_{on}，而处于关态条件时，当施加的电压低于鳍式阳极的夹断电压 ($V_{P,\,TA}$) 时，肖特基结处的电压降 (V_{SCH}) 被钉扎在其夹断电压的绝对值 ($|V_{P,\,TA}|$)，这将 I_r 固定在一个恒定的水平上。鳍式阳极结构夹断电压的绝对值会随着鳍的宽度 (w) 减小而降低，从而导致较小的 V_{SCH} 和较低指数的 I_r，因此，这里的 I_r 由 V_{SCH} 控制，而不是由势垒高度 (ϕ_B) 控制，因此可以在不牺牲 V_{on} 的情况下减小 I_r 从而实现 I_r 和 V_{on} 的解耦。

　　因为 TA 容易受到高电场的影响，这些电场集中在其阴极侧边缘，会导致较大的 I_r，甚至使器件提前击穿，所以可以通过插入三栅 (TG) 区来屏蔽三阳极。通过将三栅与三阳极串联，三阳极边缘的电压降 (V_{TA}) 被固定在 $|V_{P,TG} - V_{P,TA}|$ 上，并且当 w 小于 1 μm 时，可以屏蔽较大反向偏压对三阳极的影响。

　　为了提高 V_{br}，加入了倾斜三栅 (sTG)。该结构具有递减的 w，栅的 w 值向阴极方向而增加。由于三栅 MOS 结构中的 $|V_P|$ 随 w 的减小而减小，因此倾斜三栅就像许多递增阶跃场板 (FP) 一样工作，$|V_{P,sTG}|$ 梯度持续向阴极增加。因此，电场沿着整个倾斜三栅传播，显著提高了 V_{br}，类似于传统的倾斜阶跃场板，

但其优势在于，只需在一个步骤中通过光刻技术对 w 进行调整，就能更容易、更可控地制造出这种器件。

长平面区域 (P) 用作平面阶跃场板，以进一步改善 V_{br}，因为平面区域 ($V_{P,P}$) 的 V_P 相对于 $V_{P,sTG}$ 的最大负值更负。

Nela 等 [10] 继续对鳍式结构 SBD 进行研究，对按比例放大的混合 TA-SBD 进行全面的开关性能鉴定，并将其与基于平面结构的传统 GaN 二极管和典型的快速恢复硅二极管进行比较，发现与传统的平面 SBD 相比，三阳极结构大大提高了器件的开关性能，具体表现为恢复电荷的大幅减少和频率响应的改善。最后将 TA-SBD 单片集成在二极管整流桥中，实现了在高开关频率下的 AC-DC 集成功率变换器。这些结果表明，TA-SBD 具有优异的静态和动态特性，可以作为未来功率 GaN 集成电路的基本构建模块。

4. 多通道阳极结构

受低阻 Si 衬底的影响，Si 基 GaN SBD 芯片的开启电压大、射频损耗高、射频漏电大，其直流和射频性能仍不能满足要求，尽管之前很多的研究工作集中在降低开启电压、降低漏电流和提高击穿电压上，但这些技术需要精确控制凹槽阳极的刻蚀深度，并且制造过程复杂。Eblabla 等 [11] 在低阻 Si 衬底上设计了多通道 AlGaN/GaN 凹槽阳极结构，使得肖特基阳极与侧壁处的多条 2DEG 沟道直接接触，降低了肖特基势垒高度和电阻率，增大了电流密度，芯片开启电压从 1.34 V 降低至 0.84 V，如图 5.17 所示。该结构完全兼容 GaN 基 THz 单片集成电路技术。通过对二极管的 S 参数测试结果进行拟合，得到了多通道二极管的 SPICE 信

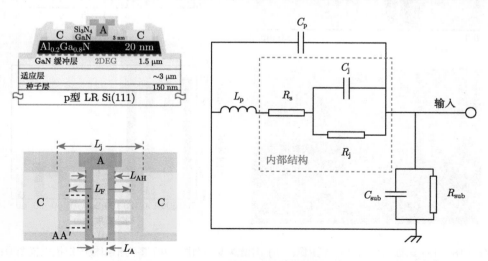

图 5.17　多通道 AlGaN/GaN 肖特基二极管的结构示意图和信号模型 [11]

号模型，主要由本征参数 (R_{s}、C_{j}、R_{j}) 和寄生参数 (C_{p}、L_{p}、C_{sub}、R_{sub}) 构成。根据该信号模型，计算得到二极管的零偏截止频率达 110 GHz，这是由于肖特基阳极与多台面沟槽侧壁的直接接触，以及设计适当的几何形状来抑制衬底耦合效应。可以进一步为该二极管设计匹配电路，应用于微波整流电路中。

电子科技大学的 Zhang 等 [12] 提出了一种新型的 Si 基纳米级多沟道功率 AlGaN/GaN SBD，如图 5.18 所示。Zhang 等通过优化低温等离子体刻蚀技术，制备了纳米级凹槽。通过不同长径比相关的设计，可以在一步刻蚀工艺中制造具有不同宽度和深度的沟槽。由于纳米级沟槽的不连续刻蚀面积较小，对原始 AlGaN/GaN 异质结构中的晶格应变进行了轻微的修改。因此，在肖特基接触下，压电极化诱导 2DEG 可以在肖特基接触下很好地保持和逐渐调制，有利于降低开启电压和提高击穿电压。正向偏置时，过刻的凹槽区域形成的侧壁接触降低了 V_{on}。所设计的二极管的开启电压为 (0.61 ± 0.02) V，最大击穿电压为 1317 V。该二极管与 GaN 常断 MIS 高电子迁移率晶体管 (MIS HEMT) 兼容，对实现高效 Si 基 GaN 功率集成芯片有巨大潜力。

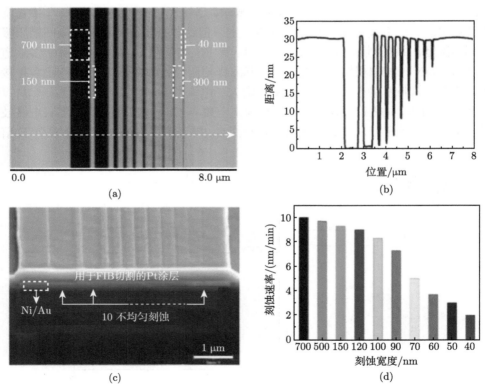

图 5.18　(a) 刻蚀沟道的 AFM 图像；(b) 沟槽深度剖面图；(c) 多沟槽阳极的扫描电镜图像；(d) 沟槽的不均匀刻蚀速率 [12]

5. 新型阳极材料

基于 Si 衬底的低位错、厚膜 GaN 外延技术已经成功开发，此技术有望大幅度降低材料成本。在工艺成本方面，通过开发与 CMOS 工艺相兼容的技术，能够大幅度降低 Si 基 GaN 功率器件的制造成本。当前 Si 基 GaN SBD 的制备多采用有 Au 工艺，但由于 Au 对于 Si 材料是一种深能级杂质，会降低载流子寿命，因此 CMOS 工艺中禁止使用 Au。为了将 Si 基 GaN SBD 的制备工艺与 CMOS 工艺兼容，Lenci 等[13] 首次在 8 英寸 Si 衬底上实现了无 Au、CMOS 兼容的 AlGaN/GaN SBD，如图 5.19 所示，其性能与最先进的含 Au 结构相当。采用 20 nm TiN/20 nm Ti/250 nm Al/20 nm Ti/60 nm TiN 组成的无 Au 金属堆栈来制备 SBD 的阳极和 HEMT 的栅极。该团队采用了凹槽阳极结构，通过减薄势垒层厚度，使阳极金属 (TiN) 更加接近 2DEG，优化了 $V_{on} < 0.5$ V。Wang 等[14] 使用 TiN 和 NiN 双金属氮化物作为阳极，设计制备了低开启电压 GaN SBD。TiN 的功函数较低，通过凹槽阳极结构与 2DEG 直接接触，进一步降低了肖特基势垒的高度，从而降低了器件的 V_{on}。此外，NiN 电极与 AlGaN 材料的接触提供了更高的肖特基势垒，从而降低了 I_r。该器件的 V_{on} 仅为 0.3 V，R_{on} 约为 2 m$\Omega\cdot$cm^2，V_{br} 高达 1.62 kV。

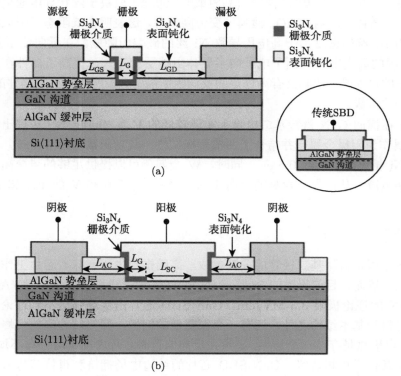

图 5.19 (a) Si 基 AlGaN/GaN SBD 芯片；(b) GET-SBD 结构的示意图[13]

　　Li 等 [15] 研究了铜作为阳极金属的可行性。他们分别使用 Cu、Ni/Al、Cu/Ni 和 Cu/Cr 作为阳极金属制造了四种 AlGaN/GaN 异质结 SBD，然后比较了它们的性能，并研究了不同厚度比的 Cu/Ni 二极管性能。与 Ni/Al (1.21 eV) 相比，Cu 形成了较低的肖特基势垒 (0.85 eV)，低肖特基势垒意味着电子更容易通过势垒，从而导致 Cu 阳极 SBD 在正偏压下具有较低的 V_{on}，而在负偏压下具有较高的 I_r。此外，与作为肖特基金属的 Cu/Cr 和 Cu/Ni 相比，肖特基势垒较低 (0.86 eV) 的 Cu/Cr 比 Cu/Ni (0.99 eV) 具有更低的开启电压和更高的漏电流。Cu/Ni 厚度比越大，导通电压越低，漏电流越大，这表明 V_{on} 和 I_r 可以通过调整不同金属厚度比来影响，但其原因尚未见报道。此外，肖特基势垒的高度随温度变化而变化，因此 I_r 也不同。这就强调了在高温条件下，SBD 中肖特基势垒的变化会导致 I_r 增大，因此器件最好在特定温度下运行。

　　Kim 等 [16] 制备了一种基于氧化镍 (NiO_x) 双金属接触 SBD，多晶 NiO_x 薄膜具有独特的阻变行为。对薄膜施加不同的偏压，不仅改变了 NiO_x 薄膜的微观结构，也改变了薄膜的电阻。电阻的转变与局部存在于 NiO_x 晶界中的导电 Ni 丝的形成有关，NiO_x 薄膜的电阻率 (高阻或低阻状态) 取决于丝状导电通道的形成或破裂。当器件关断后，NiO_x 薄膜转变为高阻态，这表明在低阻态下形成渗流导电通路的 Ni 丝的密度由于高电压导致 Ni 丝的破裂而降低。在反向偏压条件下，NiO_x 薄膜的高电阻率抑制了电子向半导体阻挡层的注入，提高了器件在高温反偏条件下的可靠性，使其具有高稳定的反向阻断能力，最终所提出的器件的 I_r 降低了三个数量级。

　　为了在横向 GaN 肖特基二极管上实现较低的 V_{on}，Zhang 等 [17] 提出使用钨 (W) 金属作为阳极金属，并结合了凹槽阳极结构，其功函数约为 4.6 eV，与常用的阳极 Ni 相比降低了约 0.5 eV。同时，W 金属还可以提供足够的势垒高度来阻挡反向漏电流，从而保证较高的反向 V_{br}，最终实现了 0.35 V 的 V_{on} 和 1900 V 的 V_{br}。

　　6. 终端场板结构

　　击穿电压是肖特基二极管的关键参数，高的击穿电压意味着芯片工作的电压范围更大。然而，目前报道的 Si 基 GaN SBD 平均击穿场强低于 1 MV/cm，远低于 GaN 的理论极限 3.3 MV/cm。GaN SBD 芯片击穿场强达不到理论值的原因除了材料和基本结构之外，还有一个很重要的问题，即终端边缘的尖峰电场聚集。芯片电极总是存在一个边界，导致在反向偏置时芯片内部电场分布不均匀，电场峰值通常位于电极边缘。GaN SBD 芯片的结边电场拥挤和肖特基势垒高度较低会导致芯片的过早击穿。当该电场强度达到芯片半导体材料的临界击穿电场时，芯片的反向电流就会急剧上升，最终引起芯片的击穿。

研究者们针对提高 SBD 的击穿电压有两个思路：一是改变芯片的有源区结构，从根本上解决电场的集聚效应，例如超结构结构；二是优化阳极的边缘结构，分散阳极的边缘电场，使其尽可能地分布均匀，例如阳极场板结构、p 型结终端、延展电极间距等。

场板 (field plate, FP) 技术，即通过延伸金属电极，从而在外围形成的金属–绝缘体–半导体结构。通过这种结构调制边缘电场的分布，提升芯片的耐压等级。针对异质结芯片，场板结构改善耐压能力的基本原理是：在反向电压下，通过场板使肖特基下方的耗尽层横向扩展，从而将原先指向肖特基边缘的一部分电场线转移至场板边缘，这大大降低了肖特基阳极边缘的峰值电场，提高了击穿电压。场板技术的提出在一定程度上解决了横向 GaN SBD 击穿电压过低的问题。

常规的 AlGaN/GaN SBD 泄漏量较高，这种高泄漏电流是由于阳极边缘电场的增强，电子隧穿通过 AlGaN 势垒层。在高电场条件下，可以通过在阳极沟槽内使用嵌入的边缘终端 (gated edge termination, GET)，使电场重新分配，抑制阳极边缘的峰值电场。与没有边缘端接结构的传统 SBD 相比，该结构 SBD 芯片的漏电流降低了四个数量级。在此条件下，GET-SBD 的击穿电压 (V_b) 约为 750 V。然而，当反向电压 (V_r) 超过 300 V 时，GET-SBD 中的泄漏电流和 V_b 明显退化。GET-SBD 的电场分布如图 5.20 (b) 所示，具体的电场峰值强度见图 5.21，在高电场条件下，栅控边缘抑制了通过 AlGaN 势垒层的峰值电场和载流子隧穿。计算机辅助设计技术 (technology computer aided design, TCAD) 模拟表明，在 GET 边缘下方有一个额外的陷阱区域，这导致了 GET-SBD 中的 R_{on} 严重退化。当使用两层 GET 结构时，观察到更高的 V_{br}[18]。

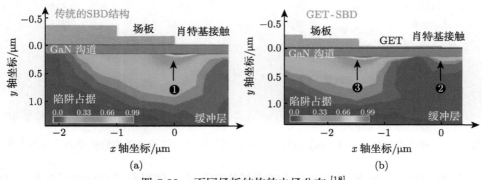

图 5.20 不同场板结构的电场分布[18]

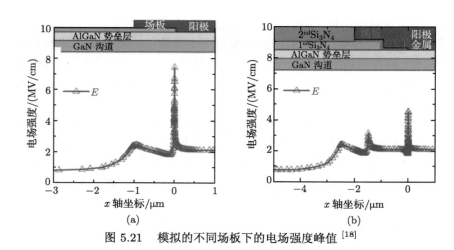

图 5.21　模拟的不同场板下的电场强度峰值 [18]

使用 Ga 掺杂的 MgZnO (GMZO) 侧壁层作为边缘终端，采用循环微波等离子体氧化和湿法刻蚀凹槽，也可以提高 AlGaN/GaN SBD 的击穿电压 [19]。在高储备电压下，减少了凹槽表面上的损伤并且抑制了硬击穿机制。与传统非凹槽式芯片比较，由于具有载流子限制和低陷阱密度，凹槽结构的 SBD 具有 465 V 的较高 V_{br} 以及较低的恢复时间和反向恢复电荷。Ki 等研究了边缘端接结构对栅控欧姆阳极 SBD (图 5.22(b)) 的影响 [20]。与没有边缘端接结构的芯片 (图 5.22(a)) 相比，当芯片从 −100 V 的反向电压切换到 1.5 V 时，脉冲响应退化从 16% 显著下降到 3.5‰。

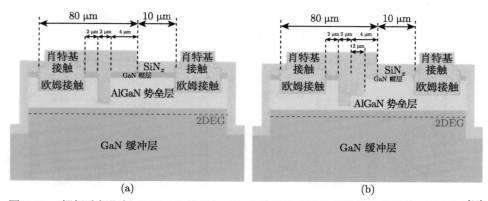

图 5.22　栅极欧姆阳极 SBD (a) 设置与 (b) 未设置阳极边缘端接结构的横截面示意图 [20]

场板的作用是缓解芯片中的边缘电场集中现象，使得阳极边缘电场尖峰变为两个或多个小的电场尖峰，从而提高反向击穿电压。2015 年，Zhu 等 [21] 报道了具有双场板结构的凹陷阳极 GaN SBD，如图 5.23 所示。对阳极边缘处的电场调制再分布。每次场板的引入都能降低场板下方材料的电场强度，但在场板左侧又形成了新的电场峰值；双场板可以进一步降低第一层场板引入的新的电场峰值，进一步提高击穿电压，当器件阴阳极间距为 25 μm 时，击穿电压高达 1930 V。归因于双层场板和凹槽阳极结构设计，芯片开启电压较低，正向导通特性良好，芯片功率品质因数高达 727 MW/cm^2。

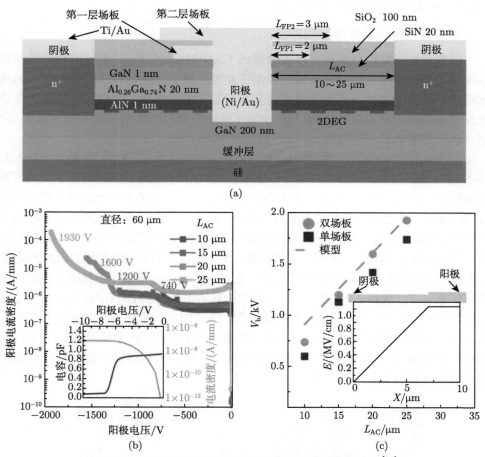

图 5.23　具有双场板的凹陷阳极 SBD 的示意性横截面 [21]

当场板结构中的介质等效厚度降低到一定程度时，MIS 结构对 2DEG 沟道具有很强的静电控制能力，这时便形成了栅控边缘终端。其工作原理为：在较低的反向电压下，MIS 栅将其下方的 2DEG 完全耗尽，此时反向电压变化对肖特基结的影响被屏蔽，随着反向电压继续增大，剩余压降全部降落在阳极边缘，而肖特基上的压降不再变化，有效降低了 SBD 的反向漏电。

2018 年，Biscarrat 等 [22] 采用 MIS 栅控的肖特基阳极实现了与 CMOS 工艺兼容的高性能 AlGaN/GaN SBD。该结构的阳极由栅控边缘终端和凹槽肖特基接触组合而成，利用凹槽肖特基降低了开启电压，而利用栅控边缘终端抑制了反向漏电。该芯片开启电压约为 0.6 V，正向导通电压小于 1.6 V (@100 mA/mm)，反向漏电在 600 V，低于 1 µA/mm。

5.3.3   Si 基 GaN SBD 关键工艺

1. 凹槽阳极精准刻蚀工艺

尽管采用凹槽阳极结构可以有效降低 GaN SBD 的 V_{on}，但是控制凹槽的刻蚀深度仍是技术难点。研究表明：控制所刻蚀凹槽的深度仍是凹槽阳极技术的技术难点；等离子刻蚀造成的晶格损伤会影响芯片的可靠性；凹槽深度的增加会导致漏电流的增大和击穿电压的降低，因此，精确控制凹槽的刻蚀深度尤为重要，否则可能严重影响芯片的性能。

基于 AlGaN/GaN 之间的高选择性氧化，可以实现在 AlGaN 势垒中插入的 GaN 层上方的自动刻蚀停止。这种无等离子体和自终止的湿式刻蚀导致了更均匀的刻蚀轮廓，减少了等离子体轰击造成的晶格损伤。这种新的自终止刻蚀技术可以提高 GaN SBD 工艺的稳定性和可重复性。Gao 等 [8] 使用无等离子体刻蚀技术制造了具有双 AlGaN/GaN 异质结结构的凹槽阳极 SBD，其中沉积了低压化学气相沉积 (LPCVD) SiN$_x$ 钝化层。无等离子体自终止湿法刻蚀有助于实现良好的表面平整度，这表明等离子体轰击对晶格的损伤较小。使用 1 µA/mm 的漏电流标准，相应的反向击穿电压 V_{br} 达到了 1190 V。图 5.24 (b) 显示了高达 1079 cm^2/(V·s) 的峰值场效应迁移率，证实了凹槽形成过程的低损伤。图 5.24 (c) 显示了以 1 mA/mm 为标准的 70 个器件在晶圆上的 V_{on} 分布，平均值为 0.69 V。30 个使用 $L_{AC} = 15$ µm 器件的电流密度–电压曲线也绘制在图 5.24 (d) 中，表明自端凹陷过程导致的凹陷阳极深度具有良好的均匀性。

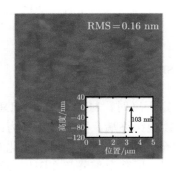

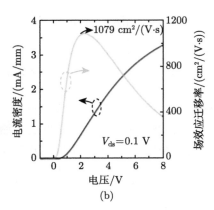

(a)   (b)

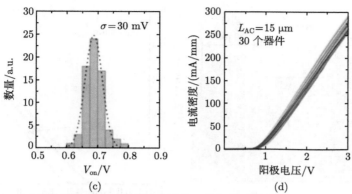

图 5.24 (a) 使用无等离子体刻蚀方法的凹陷栅极区域的 2 μm × 2 μm 表面形态;
(b) MOSFET (金属氧化物半导体场效应晶体管) 的电流密度–电压曲线和提取的场效应迁移率; (c) 具有不同阳极–阴极距离的同一晶片上 70 个器件的开启电压分布; (d) 30 个 L_{AC} = 15 μm 器件的电流密度–电压曲线 [8]

韩国 Park 等 [23] 通过精确控制 AlGaN 势垒层的刻蚀深度,系统地研究了阳极下方 AlGaN 势垒层的刻蚀深度与芯片开启电压之间的关系。随着刻蚀深度的增加,阳极下方的 AlGaN 势垒层厚度逐渐减小,当芯片开启时,沟道中的 2DEG 仅需较小的能量即可跃过 AlGaN 势垒层,因此肖特基结的有效势垒高度逐渐降低,芯片的开启电压下降;当芯片处于反向偏置时,具有较薄势垒层的肖特基结分压较小,因此有助于实现较小的反向漏电。当阳极下方的 AlGaN 势垒层被完全刻蚀后,阳极下方的 2DEG 完全消失,此时芯片导通,载流子需越过凹槽侧壁非极性 GaN 表面填充的施主表面态所形成的空间电荷区与肖特基金属接触界面所形成肖特基势垒,芯片的开启电压出现相应的退化。因此,当阳极下方 AlGaN 势垒层的厚度为 2 nm 左右时,芯片具备最小的开启电压和较小的反向泄漏电流。2013 年,Lee 等 [24] 报道了一种具有肖特基接触和欧姆接触的新型凹槽 SBD (图 5.25)。凹槽 SBD 显示出比传统的

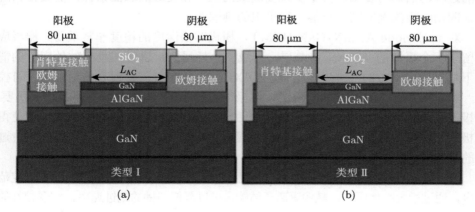

(a)   (b)

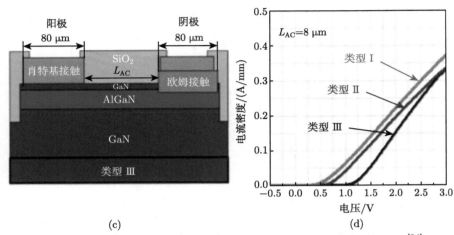

(c)　　　　　　　　　　　　　　　　　(d)

图 5.25　不同结构 Si 基 AlGaN/GaN SBD 的截面示意图及测试结果 [24]

无凹槽 SBD 更小的 V_{on}。然而，与凹槽 SBD 相比，传统的无凹槽 SBD 表现出更低的 R_{on}。由于欧姆阴极到欧姆混合阳极电流路径促进了正向传导，具有欧姆阳极的新型凹槽 SBD 同时实现了低 V_{on} 和低 R_{on}。

2. 低损伤凹槽阳极刻蚀工艺

显然，阳极凹槽良好的表面条件是决定 GaN SBD 性能的关键因素。大多数报道的结果采用干法刻蚀工艺，以确保凹槽深度可控，使刻蚀损伤最小化，包括高温电感耦合等离子体 (ICP) 刻蚀和两步刻蚀 (ICP 结合数字刻蚀) 等。这些刻蚀方法的原理是更少地利用射频源和 ICP 源，以降低等离子体的密度和向刻蚀样品移动的速度，优化刻蚀过程中物理碰撞的比例。这样就可以很好地控制刻蚀速度，且刻蚀区域的表面损伤较低。然而，虽然刻蚀提高了可控性，但这些方法实施的过程仍然非常复杂。为了实现更高效的工艺和良好的表面条件，需要在精确保证凹槽阳极深度的同时还能获得平坦的刻蚀面。

对于 E-mode AlGaN/GaN HEMT，栅极凹槽深度的精度非常重要。栅极应该留下一个极薄的 AlGaN 势垒层，形成一个耗尽区，以便在没有额外应力的情况下耗尽栅极下方的二维电子气体 (2DEG)，这意味着需要较高的刻蚀速度可控性。然而，对于 AlGaN/GaN SBD，阳极下方的 AlGaN 势垒层并不是那么重要，阳极不需要耗尽 2DEG。因此，阳极是否与 GaN 通道层接触并不重要，这使得阳极凹槽深度的范围更大，此时，使用慢刻蚀方法无疑会增加 SBD 器件制造过程的复杂性。

通过优化凹槽刻蚀条件及刻蚀界面形貌 [25]，可以提高芯片的击穿电压。在一定范围内，通过增大腔体压强，减弱等离子体能量可以降低凹槽的刻蚀速率，实现较好的刻蚀表面形貌。研究者通过一系列优化措施后，最终采用 8 Pa 腔体压强，20 sccm[①] Cl$_2$ 流量，30 W ICP 功率和 10 W RF 功率，实现了约 1 nm/min 的刻蚀速率和 0.6 nm 的表面粗糙度。良好的表面粗糙度降低了界面态和材料缺陷，从而导致界面态和缺陷处发生击穿的概率降低，实现了 Si 基 GaN 肖特基二极管的击穿电压提升到 2070 V，功率品质因数超过 1 GW/cm^2。

西安电子科技大学 Zhang 等 [26] 进一步优化了芯片结构、制造工艺、阳极金属及缓冲层厚度。首次提出了采用低功函数 W 阳极金属的凹槽阳极结构，结合慢速低损伤刻蚀工艺将阳极下方的 AlGaN 势垒层完全刻蚀，促进阳极金属与非极性 GaN 侧壁的接触，制备了高质量的金属–半导体接触肖特基二极管，其亚阈值摆幅为 63 mV/dec，接近室温下的理论极限值 60 mV/dec，证明了该金属–半导体接触的近理想特征。同时通过优化缓冲层的生长工艺，以及良好的刻蚀工艺，阳极凹槽区域刻蚀界面具有较小的表面粗糙度，保证了芯片同时兼备较小的反向漏电和较高的击穿电压，在获得当前 Si 基 GaN SBD 最高超过 3000 V 击穿电压的同时，保持 0.01 mA/mm 的低泄漏电流、3.1 mΩ·cm^2 的低导通电阻以及 0.35 V 的低开启电压。芯片达到了当前最好的均匀性，所测试的 80 只芯片开启电压标准差只有 0.0068 V。该芯片代表了目前 Si 基衬底上横向 GaN SBD 的最高水平。

为了降低凹槽阳极带来的刻蚀损伤，可以通过设计 AlGaN/GaN 势垒层的厚度来实现高频 GaN SBD 器件。通常 AlGaN 势垒层厚度为 20 ~ 30 nm，如果不采用凹槽阳极结构会导致串联电阻大、电流小、器件截止频率低等问题。中国电子科技大学等采用了一种新型的无间隙、薄屏障 (TB) 技术 [27]，通过生长 5 nm 的薄势垒，有效地降低了肖特基区域的轰击等离子体损伤，从而提高了功率容量、器件均匀性和可靠性。如图 5.26 所示，GaN SBD 采用金属有机化学气相沉积 (MOCVD) 技术在低成本 c 面蓝宝石衬底上生长外延结构，包括 4 μm 缓冲

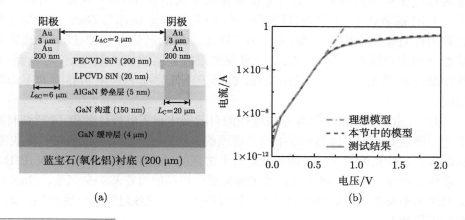

(a)　　　　　　　　　　　　　　　　　(b)

---

① sccm 表示标准状态下每分钟的流量，1 sccm=1 mL/min。

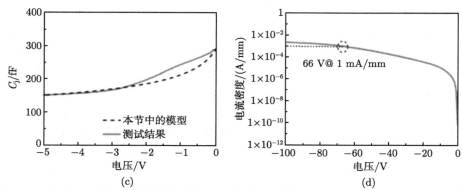

图 5.26   (a) GaN SBD 的横断面示意图；(b) 正向 I-V 特性；(c) GaN SBD 在 1 MHz 时的
C_j-V 特征；(d) 反向电流密度–电压特性 [27]

层、150 nm 氮化镓通道层和 5 nm AlGaN 屏障层。欧姆阴极采用 Ti/Al/Ni/Au
(20 nm/150 nm/45 nm/55 nm) 金属层，并在 870 ℃ 下快速退火 50 s。用蒸发
法沉积了 Ni/Au (50 nm/150 nm) 的金属层，形成了肖特基阳极。GaN SBD 的
主要特点包括使用一个无凹槽工艺和一个较薄的屏障层。得益于薄势垒外延，肖
特基区域的无凹槽过程可以避免等离子体损伤，导致 6.2 Ω 的低导通电阻和 66 V
的高耐受电压。

3. 阳极刻蚀损伤修复工艺

肖特基接触阳极是 SBD 的重要单元。二极管的导通与关断是由肖特基接
触的开关控制的。肖特基接触的表征指标主要是开关比和理想因子 (η)。开关比
越高、理想因子越趋近于 1，肖特基接触的特性越好。对于横向结构的 SBD，主要
是通过电子束蒸发或磁控溅射等设备淀积金属薄膜在 GaN 表面。目前主要采
用镍 (Ni) 或者铂 (Pt) 作为肖特基金属，因为两种金属都与 GaN 材料具有较好
的黏附性且金属功函数较高，并且为了防止金属的氧化并增加导电性，通常在肖
特基金属上再淀积一层金 (Au)。在常规的阳极金属淀积的基础上，对金属–半导
体接触的界面性质进行了优化处理，有助于降低界面态密度和界面的不均匀性
程度。

此外，由于 AlGaN/GaN 存在较强的自发极化和压电极化效应，异质结材料在
不进行掺杂的情况下仍然可以形成高密度的二维电子气，实现低的材料方块电阻，
从而保证芯片良好的正向导通特性。对于常规的平面结构 AlGaN/GaN SBD，由
于阳极金属与 AlGaN 势垒层直接接触会形成较高的肖特基势垒高度，GaN SBD
会表现出不符合预期的高开启电压，较高的 V_{on} 会导致过大的导通损耗，影响电
路的工作效率。

其中凹槽刻蚀结构对于 AlGaN/GaN SBD 来说，已经逐渐成为一种常规结构，相比于传统的势垒层无刻蚀 SBD，势垒层完全刻蚀的 SBD 器件能够获得更小的开启电压和导通电阻。同时在凹槽结构混合阳极二极管的制备中，也会使用势垒层刻蚀的工艺，但是普遍使用的 Cl 基等离子体干法刻蚀 AlGaN 势垒层的方法会不可避免地在刻蚀表面留下刻蚀损伤，刻蚀损伤不仅会形成明显的晶格畸变，还会引入点缺陷，影响器件电学性能[28]，从而导致肖特基反向漏电流增大。因此，如何从工艺优化的角度，在器件肖特基接触形成前后，即阳极金属淀积前后引入额外的工艺步骤来修复刻蚀损伤，清除刻蚀残留物，减小界面粗糙度对于制备 GaN SBD 器件就显得格外重要。

尽管通过低损伤刻蚀等工艺可以降低刻蚀损伤，但过低的刻蚀功率会导致各向同性刻蚀和侧壁垂直性的丧失。相比之下，采用多步偏置可以减少刻蚀损伤，而在多步偏置刻蚀后进行退火可以使 GaN 晶格重排，以此来消除刻蚀损伤[28]，如图 5.27 所示。

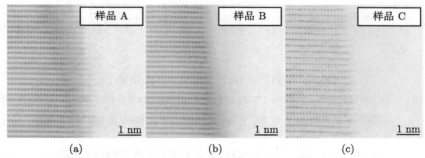

图 5.27　(a) $P_{bias} = 30$ W；(b) $P_{bias} = 30$ W→ 5 W→ 2.5 W；(c) $P_{bias} = 30$ W→ 5 W→ 2.5 W 随后 400 ℃ 退火下干刻蚀 GaN 沟槽侧壁的横断面 ABF-STEM 图

几种等离子体处理技术已被广泛用于减少阳极周围的损伤，包括 SF_6 等离子体处理[29]、氟基 (CF_4 和 CHF_3) 等离子体处理、工艺后 O_2 处理、N_2O 等离子体处理等。如图 5.28 (a) 和 (b) 所示，经过 SF_6 处理 (30 W) 后，表面形貌无明显差异。将样品浸入缓冲氧化物刻蚀 (30:1) 溶液中以去除原生氧化物，然后在 350 ℃ 下用 SiH_4 和 N_2O 混合气体通过等离子体增强化学气相沉积法沉积 35 nm 的 SiO_2 薄膜。图 5.28 (c) 和 (d) 分别显示了 SiO_2 沉积前后测得的隔离漏电流特性，插图中绘出了 20 V 和 100 V 时的漏电流值。无论等离子体的功率水平如何，经过 SF_6 处理的样品的漏电流都明显下降。虽然没有经过 SF_6 处理的样品的漏电流在二氧化硅沉积后也有所降低，但与经过 SF_6 处理的样品相比仍然较高。在上述方法之外还引入了光子辅助刻蚀技术，该技术可以在不引入额外缺陷的情况下有效去除表面损伤。

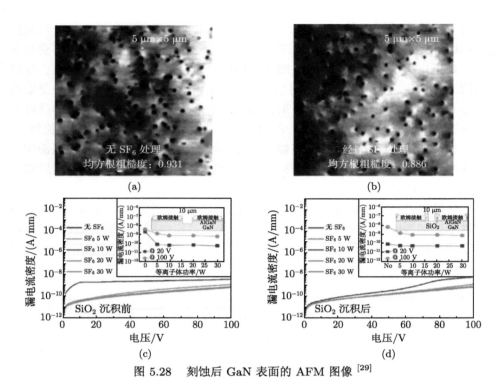

图 5.28   刻蚀后 GaN 表面的 AFM 图像[29]

(a) 未经 SF₆ 处理；(b) 经过 SF₆ 处理；(c) SiO₂ 沉积前和 (d) SiO₂ 沉积后 SF₆ 等离子体处理前后的隔离漏电流特性；插图是 20 V 和 100 V 时的漏电流水平以及测量模式的截面示意图

5.4   Si 基 GaN SBD 的应用及发展趋势

随着电子技术和电力电子技术的迅猛发展，人们对高效能、低损耗和高频率的半导体器件的需求不断增加。GaN SBD 具有快速开关特性和低反向恢复时间 (time of reverse recovery，trr)，这些特性使得它在需要频繁开关和高效能量转换的应用中很受欢迎。例如，用于直流–直流转换器 (DC-DC converter) 中的低功耗应用，以及在太阳能电池和风能系统的功率优化中广泛使用。目前，GaN 器件的异质外延衬底主要以 SiC 和 Si 为主。SiC 基 GaN 具有良好的晶体质量和热传导性能，可以实现高性能的 GaN 基器件。但 SiC 衬底价格昂贵，且产能较低，限制了 SiC 基 GaN 器件的商业化应用。而 Si 基 GaN 便宜很多，大规模生产和处理 Si 衬底的技术已经非常成熟，且成本效益很高，这极大地促进了 Si 基 GaN 的进一步应用。此外，Si 基 GaN SBD 可以更容易地与现有的 Si 基电子器件集成，且发展相当成熟的 GaN HEMT 芯片可以为结构类似的 GaN SBD 提供工艺兼容和技术支撑，更有利于制备 Si 基 GaN 单片集成芯片，这在集成电路和系统级集成中尤为重要，有利于推进 Si 基 GaN SBD 集成电路的商业化应用。

5.4.1 电源管理

在电源管理中，为了确保电力系统的稳定、高效工作，要求元器件在电源管理中必须能够实现高效的能量转换和传输，以尽量减少能量损耗。例如，功率开关器件 (如 MOSFET、IGBT、SBD 等) 要求在导通状态时具有极低的导通电阻以降低功耗。稳压器件 (如线性稳压器、开关稳压器) 要求静态工作时的功耗尽可能低，动态响应时的效率尽可能高。抗辐照器件要求系统在各种特殊工作条件下 (如温度变化、负载变化、电源波动等) 具有稳定的工作性能。器件必须具有良好的温度特性和低漂移，以确保长期稳定的电源输出。Si 基 GaN SBD 可以兼容现有的 Si 基 CMOS 工艺，实现单片集成芯片，满足小型化的设计优势；依赖于 GaN 材料的优良性能，GaN SBD 可以实现高击穿电压、高截止频率、大功率密度等，能够确保电源系统在各种工作条件下稳定、高效地运行，同时满足现代应用对能效和性能的需求。

Si 基 GaN SBD 在电源管理中的应用主要集中在以下几个方面。

1. 开关电源

开关电源广泛应用于计算机、通信设备和消费电子产品中。不同于线性电源，开关电源是利用晶体管在全开模式 (饱和区) 及全闭模式 (截止区) 之间的切换特性，这两个模式都有低耗散的特点，切换时会有较高的耗散。传统的 Si 基开关电源受限于较低的开关频率和较大的功率损耗，而 Si 基 GaN SBD 可显著提升开关电源的效率和开关频率，减少热损耗。

2. 电动汽车

电动汽车对电源管理系统 (BMS) 提出了严格的要求，电池管理系统在电动汽车上的应用可追溯到丰田 HEV 车型对镍氢电池的管理。随着锂电池技术的应用，动力电池系统能量密度更高、容量更大、运行时间更长，这对电池管理系统的功能也提出了新的要求，尤其是在高效能和快速充电方面。Si 基 GaN SBD 的高效率和高频特性使其非常适合用于电动车的车载充电器和逆变器，通过高频的工作特性提高荷电状态 (state of charge，SOC) 从而提高整体能量利用率，使电池组发挥出最大的效能。

3. 数据中心

数据中心是与人力资源、自然资源一样重要的战略资源，数据中心需要庞大的电力供应和高效的电源管理系统。得益于 Si 基 GaN SBD 的高频工作特性，设计而成的电源管理模块可以进一步优化功率分配，从而达到降低能耗，提高能源利用率，降低数据中心的运营成本和环境影响。

5.4.2　射频前端

在射频前端 (radio frequency front end, RFFE) 设计领域, 长期以来, pin 二极管技术是射频开关的主要方案。这种技术在一定程度上是足够的, 因为频段数量有限, 电路板空间也不是一个制约因素。然而, 随着通信频段的增加, 智能终端里射频器件数量与种类也不断增多, 并且还需要优化尺寸、重量和功耗, 传统的 pin 二极管技术可能已经不再适用。

在高功率射频开关中, 对射频器件有两个主要的要求: ON 臂必须具备处理极高射频电流的能力, 而 OFF 臂则需要能够应对非常大的射频电压。Si 基 GaN SBD 可以兼容现有的 Si 基 CMOS 工艺, 实现单片集成芯片; 同时发展成熟的 GaN HEMT 可以为 GaN SBD 提供工艺兼容和技术支撑; 依赖于 GaN 材料的优良性能, GaN SBD 可以实现高击穿电压、高截止频率、大功率密度等, 在 50 Ω 射频系统中, 可满足几十到上百瓦功率的峰值电流要求。

Si 基 GaN SBD 在射频前端中的应用主要集中在以下几个方面。

1. 微波无线输能系统

微波无线输能 (wireless power transfer, WPT) 是一种通过电磁波将能量从发射端传输到接收端的技术。随着无线通信技术和可穿戴设备的快速发展, WPT 技术受到越来越多的关注, 并广泛应用于消费电子、工业自动化、医疗设备和空间应用等场景。Si 基 GaN SBD 因其高频、高效、低损耗的特性, 在微波无线输能中的应用前景广阔。特别是 Si 基 GaN SBD 在正向导通时可以处理极高的射频电流, 在反向导通时具有高的击穿电压。将 GaN SBD 设计成微波整流器, 可应用于微波无线输能系统接收端将交流电转化为直流电供给负载使用。

2. 微波限幅电路

随着高功率微波武器的陆续装备, 电子系统受到极大威胁, 几乎所有的微波毫米波信号接收前端都需要使用大功率限幅器用以保护后级。常用限幅器采用 Si 或 GaAs 的 pin 二极管, 但受限于材料特性, 器件性能难以进一步提升。Si 基 GaN SBD 具有频率高、恢复时间短等优势, 但 Si 和 GaAs SBD 功率低, 高性能 Si 基 GaN SBD 的出现有望实现高性能肖特基限幅。

3. 微波检波

SBD 可以用作功率检波器, 其作用是将输入的交流波形转换为对应的输出电压, 已广泛应用于微波功率测量领域。Si 基 GaN SBD 的引入有望大幅度提升功率检波的功率范围。此外, 在半有源限幅结构中, 耦合检波电路中用 GaN SBD 替换现有的 Si 材料二极管, 可大幅度提升驱动电流, 进而提升限幅器的限幅功率。

4. 微波倍频

微波技术不断朝着更高频率、更大功率发展，因此亟须发展大功率高频固态源，在毫米波、太赫兹频段，微波源限制了相关技术的发展。微波倍频是一种利用肖特基二极管非线性 $C\text{-}V$ 特性产生高次谐波分量从而实现高频信号源的方法，Si 基 GaN SBD 由于其高电子迁移率，具备极高的截止频率，能够实现高频段的倍频应用，且其在耐压与功率方面具有十分诱人的优势，适合用作百 GHz 量级的大功率倍频。在国内，电子科技大学与中国电子科技集团公司第十三研究所等单位都展开了基于 GaN SBD 的倍频技术研究，获得了出色的科研成果。

5.4.3 发展趋势

Si 材料的价格低廉、晶圆尺寸大 ($\geqslant$ 12 英寸)、热导率良好，若能解决 Si CMOS 工艺与 Si 基 GaN 器件制备工艺的兼容问题，可低成本、大规模地生产 Si 基 GaN 功率/射频器件，进而推动 5G 通信及其他新兴技术的普及应用。此外，除了传统的单一射频芯片或功率器件外，还可利用 Si 工艺平台实现 GaN 射频器件与功率器件的单片集成，以及与 Si 器件的异质异构集成等，大幅度提升电路性能与集成密度，推动智能前端芯片技术发展。Si 基 GaN SBD 未来将会向着材料与工艺的提升、集成化设计、标准化与互操作性、新型应用场景的拓展以及环境友好与可持续发展等方向飞速发展，为现代电子技术和电力电子技术的发展注入新的活力。

1. 材料与工艺的提升

随着材料科学和制造工艺的进步，Si 基 GaN SBD 的性能将进一步提升。目前研究的重点包括提高 GaN 晶体质量，降低缺陷密度，以及优化外延生长工艺。这些进步将使 GaN SBD 的击穿电压更高、导通电阻更低、开关速度更快。

2. 集成化设计

未来，集成化设计将成为 Si 基 GaN SBD 发展的重要趋势之一。通过将 GaN SBD 与其他功率器件、控制电路集成在一个芯片上，可以有效减少系统的封装面积和互连电感，提升系统整体性能。同时还能有效降低制造成本，更具市场竞争力。

3. 新型应用场景

随着技术的不断成熟，Si 基 GaN SBD 的应用场景将不断扩展。例如，在物联网 (IOT) 领域，通过无线输能为大量传感器节点供电，可以显著提升系统的部署灵活性和可靠性。此外，在无人机和机器人等领域，微波无线输能技术可以实现持续不间断的电力供应，提高设备的续航能力和作业效率。

4. 环境友好与可持续发展

Si 基 GaN SBD 符合绿色电子和节能减排的要求。未来的发展将更加注重环保材料的使用和生产过程的环保控制，确保整个产业链的可持续发展。这不仅有助于降低碳足迹，还能提升企业的社会责任形象。

参 考 文 献

[1] 刘恩科, 朱秉升, 罗晋生. 半导体物理学. 北京: 电子工业出版社, 2008.

[2] Bahat Treidel E, Hilt O, Zhytnytska R, et al. Fast-switching GaN-based lateral power Schottky barrier diodes with low onset voltage and strong reverse blocking. IEEE Electron Device Letters, 2012, 33: 357-359.

[3] Dang K, Zhang J, Zhou H, et al. Lateral GaN Schottky barrier diode for wireless high-power transfer application with high RF/DC conversion efficiency: from circuit construction and device technologies to system demonstration. IEEE Transactions on Industrial Electronics, 2020, 67: 6597-6606.

[4] Chen W, Wong K, Chen K J. Monolithic integration of lateral field-effect rectifier with normally-off HEMT for GaN-on-Si switch-mode power supply converters. IEEE International Electron Devices Meeting, 2008.

[5] Zhou Q, Jin Y, Mou J, et al. Over 1.1 kV breakdown low turn-on voltage GaN-on-Si power diode with MIS-gated hybrid anode. 2015 IEEE 27th International Symposium on Power Semiconductor Devices & ICs(ISPSD), Hong Kong, China, IEEE: 2015.

[6] Chang T F, Huang C F, Yang T Y, et al. Low turn-on voltage dual metal AlGaN/GaN Schottky barrier diode. Solid-State Electronics, 2015, 105: 12-15.

[7] Ma J, Matioli E. High-voltage and low-leakage AlGaN/GaN tri-anode Schottky diodes with integrated tri-gate transistors. IEEE Electron Device Letters, 2017, 38: 83-86.

[8] Gao J, Jin Y, Xie B, et al. Low on-resistance GaN Schottky barrier diode with high V_{ON} uniformity using LPCVD Si_3N_4 compatible self-terminated, low damage anode recess technology. IEEE Electron Device Letters, 2018, 39: 859-862.

[9] Ma J, Kampitsis G, Xiang P, et al. Multi-channel tri-gate GaN power Schottky diodes with low ON-resistance. IEEE Electron Device Letters, 2019, 40: 275-278.

[10] Nela L, Kampitsis G, Ma J, et al. Fast-switching tri-anode Schottky barrier diodes for monolithically integrated GaN-on-Si power circuits. IEEE Electron Device Letters, 2020, 41: 99-102.

[11] Eblabla A, Li X, Alathbah M, et al. Multi-channel AlGaN/GaN lateral Schottky barrier diodes on low-resistivity silicon for sub-THz integrated circuits applications. IEEE Electron Device Letters, 2019, 40: 878-880.

[12] Zhang A, Zhou Q, Yang C, et al. Novel AlGaN/GaN SBDs with nanoscale multi-channel for gradient 2DEG modulation. 2018 IEEE 30th International Symposium on Power Semiconductor Devices and ICs (ISPSD), Chicago, IL, USA, IEEE: 2018.

[13] Lenci S, de Jaeger B, Carbonell L, et al. Au-free AlGaN/GaN power diode on 8-in Si substrate with gated edge termination. IEEE Electron Device Letters, 2013, 34: 1035-1037.

[14] Wang T T, Wang X, He Y, et al. Recessed AlGaN/GaN Schottky barrier diodes with TiN and NiN dual anodes. IEEE Transactions on Electron Devices, 2021, 68: 2867-2871.

[15] Li D, Jia L F, Fan Z C, et al. The Cu based AlGaN/GaN Schottky barrier diode. Chinese Physics Letters, 2015, 32: 068502.

[16] Kim Y S, Ha M W, Kim M K, et al. AlGaN/GaN Schottky barrier diode on Si substrate employing NiO_x/Ni/Au contact. Japanese Journal of Applied Physics, 2012, 51: 09MC01.

[17] Zhang T, Zhang J, Zhou H, et al. A 1.9-kV/2.61 mΩ·cm^2 lateral GaN Schottky barrier diode on silicon substrate with tungsten anode and low turn-on voltage of 0.35 V. IEEE Electron Device Letters, 2018, 39: 1548-1551.

[18] Hu J, Stoffels S, Lenci S, et al. Leakage and trapping characteristics in Au-free AlGaN/GaN Schottky barrier diodes fabricated on C-doped buffer layers. Physica Status Solidi A:Applications and Materials Science, 2016, 213: 1229-1235.

[19] Hsueh K P, Chiu H C, Wang H C, et al. The demonstration of recessed anodes AlGaN/GaN Schottky barrier diodes using microwave cyclic plasma oxidation/wet etching techniques. Japanese Journal of Applied Physics, 2019, 58: 071002.

[20] Ki R S, Lee J G, Cha H Y, et al. The effect of edge-terminated structure for lateral AlGaN/GaN Schottky barrier diodes with gated Ohmic anode. Solid-State Electronics, 2020, 166: 107768.

[21] Zhu M, Song B, Qi M, et al. 1.9-kV AlGaN/GaN lateral Schottky barrier diodes on silicon. IEEE Electron Device Letters, 2015, 36: 375-377.

[22] Biscarrat J, Gwoziecki R, Baines Y, et al. Performance enhancement of CMOS compatible 600 V rated AlGaN/GaN Schottky diodes on 200 mm silicon wafers. 2018 IEEE 30th International Symposium on Power Semiconductor Devices and ICs (ISPSD), Chicago, IL, USA: 2018.

[23] Park Y, Kim J J, Chang W, et al. Low onset voltage of GaN on Si Schottky barrier diode using various recess depths. Electronics Letters, 2014, 50: 1164-1165.

[24] Lee J G, Park B R, Cho C H, et al. Low turn-on voltage AlGaN/GaN-on-Si rectifier with gated ohmic anode. IEEE Electron Device Letters, 2013, 34: 214-216.

[25] Xu R, Chen P, Liu M, et al. 2.7-kV AlGaN/GaN Schottky barrier diode on silicon substrate with recessed-anode structure. Solid-State Electronics, 2021, 175: 107953.

[26] Zhang T, Zhang J, Xu S, et al. A > 3 kV/2.94 mΩ·cm^2 and low leakage current with low turn-on voltage lateral GaN Schottky barrier diode on silicon substrate with anode engineering technique. IEEE Electron Device Letters, 2019, 40: 1583-1586.

[27] Li S, Xu X, Kang X, et al. High-efficiency and high-power rectifiers using cost-effective AlGaN/GaN Schottky diode with accurate large-signal parameter extraction. IEEE Microwave and Wireless Technology Letters, 2024, 34: 560-563.

[28] Yamada S, Sakurai H, Osada Y, et al. Formation of highly vertical trenches with rounded corners via inductively coupled plasma reactive ion etching for vertical GaN power devices. Applied Physics Letters, 2021, 118: 102101.

[29] Kim H S, Seo K S, Oh J, et al. SF_6 plasma treatment for leakage current reduction of AlGaN/GaN heterojunction field-effect transistors. Results in Physics, 2018, 10: 248-249.

第 6 章 Si 基 GaN 光电探测芯片

6.1 引　　言

　　光电探测芯片能够将光信号转换为电信号，是现代物联网技术的"核芯"，广泛应用于导弹预警、天文观测、环境监测、生物医疗和光通信等国防、民用领域。目前，实现产业化并广泛应用的光电探测芯片主要是 Si 基光电倍增管和 Si 基光电二极管，然而，这类 Si 基芯片受限于体积大、功耗高、抗辐射能力差等缺点，不适用于微型化、长续航以及极端环境下工作的光探测需求。此外，由于 Si 从红外到紫外的宽探测光谱范围，必须安装复杂的滤光系统才能实现对特定光源的探测。所以迫切需要发展一种高性能、微型化、强抗辐射能力的新型光电探测芯片。

　　近年来，以 AlN、GaN、InN 为代表的 III 族氮化物在光探测领域得到了广泛的研究。研究人员通过调整 III 族氮化物合金组分，实现该材料体系的带隙在 0.7 ~6.2 eV 范围内可调，能够在红外至深紫外波段获得一个陡峭的截止波长，从而实现对特定波段光源的探测。而且，III 族氮化物具有高电子漂移速度，高光电转换量子效率，低介电常数，稳定的物理、化学特性，适合制备高灵敏度、高速光探测芯片，可以在恶劣环境下工作。其中，Si 基 GaN 具有低成本、大尺寸以及易集成的特点，有望实现大规模产业化应用。一方面由于 Si 晶圆可以达到较大的尺寸 (12 英寸)，且与现有的 Si 基电子元件 (如 CMOS 电路) 工艺兼容，有助于提高该类型光电探测芯片生产效率和系统集成度；另一方面，Si 衬底可以充当功能层 (电子/空穴传输层)，与 III 族氮化物构成垂直型异质结，其内建电场能够驱动光生载流子输运，实现自供电光探测芯片制备。

　　然而，Si 基 III 族氮化物光电探测芯片仍面临巨大的挑战。首先，高温异质外延的 III 族氮化物薄膜具有较高的缺陷密度，在有源区引入非辐射复合中心，提供漏电流的通道，相应芯片暗电流较大，响应度很低；其次，III 族氮化物薄膜表面缺乏足够的光俘获位点，导致芯片吸光效率低；另外，III 族氮化物与 Si 衬底之间的高温界面反应会引入非晶层，极大阻碍了光生载流子的输运。上述因素制约了 Si 基 III 族氮化物光电探测芯片的光响应性能，因此需要开发更先进的工艺、结构来解决这些问题。本章将围绕该类型芯片的工作原理、制备工艺、性能优化和发展趋势进行介绍，持续推进相关技术的迭代与更新。

6.2 Si 基 GaN 光电探测芯片的工作原理及制备工艺

6.2.1 Si 基 GaN 光电探测芯片的工作原理

光电探测芯片是一类把光辐射信号转变为电信号的芯片，其工作原理是基于光辐射与物质的相互作用所产生的光电效应，当探测芯片表面有光照射时，如果材料禁带宽度小于入射光光子的能量，价带中的电子会吸收光子，跃迁到导带从而形成电子空穴对。光电探测芯片的工作过程主要包括：①入射光产生载流子；②光生载流子定向运动形成载流子的输运；③光电探测芯片电极收集载流子并形成电流。Si 基 GaN 光电探测芯片结构主要包括以下几类：光电导型、肖特基型、金属–半导体–金属 (MSM) 型、异质结型和 p 型半导体-本征半导体-n 型半导体 (pin) 型，如图 6.1 所示。Si 基 GaN 光电探测芯片按其工作物理效应的不同，通常可以分为两大类，即基于光电导效应的光电导型光电探测芯片和基于光伏效应的光伏型光电探测芯片 (包括肖特基型、MSM 型、异质结型和 pin 型)。

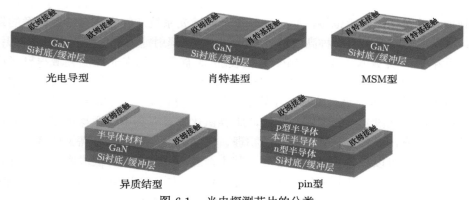

图 6.1 光电探测芯片的分类

1. 光电导型光电探测芯片

光电导效应是指当光照射到某些半导体材料表面时，光子的能量会被吸收，材料中的电子会被光激发而跃迁到更高能级，从而产生光生载流子，使得半导体中载流子数目显著增加，半导体材料的电阻率发生改变，光电导效应是一种体效应，图 6.2 展示了光电导体结构示意图和载流子跃迁示意图。对于 GaN 半导体材料而言，其电导率定义为

$$\sigma = qnu_{\mathrm{n}} + qpu_{\mathrm{p}} \tag{6.1}$$

其中，q 表示电荷量；n 和 p 分别表示电子和空穴的浓度；u_{n} 和 u_{p} 分别表示电子的迁移率和空穴的迁移率。在外加偏压 V 条件下，半导体内部会形成电场 E，

因此电子和空穴的迁移率可定义为

$$u_n = \frac{v_n}{E} = \frac{v_n L}{u} \tag{6.2}$$

$$u_p = \frac{v_p}{E} = \frac{v_p L}{u} \tag{6.3}$$

其中，v_n 和 v_p 分别表示电子和空穴的漂移速度；L 表示载流子运输距离。对于图 6.2 所示结构的光电导体，其电导 G 和电阻 R 可分别定义为

$$G = \sigma \frac{A}{L} \tag{6.4}$$

$$R = \frac{L}{A\sigma} \tag{6.5}$$

式中，A 为半导体截面积。当半导体受入射光照射时，半导体内产生的电子空穴对使半导体材料电导率发生变化，电导率定义如下：

$$\sigma = q(n + \Delta n)u_n + q(p + \Delta p)u_p \tag{6.6}$$

其中，Δn 和 Δp 分别代表光生电子和空穴浓度。因此，对于光电导型光电探测芯片，其两电极之间流过的光电流定义为

$$I_p = (u_n + u_p)\, q\Delta n E A \tag{6.7}$$

其中，假设光生电子空穴数量一致，即 $\Delta n = \Delta p$。在光电导体中，外量子效率可以高于 100%，当外量子效率大于 100% 时，通常使用术语 "增益" 来表示。光电导增益 (G_{ain}) 定义为光生载流子寿命与渡越时间之比，尽管光电导探测芯片具有增益，但其暗电流较大、信噪比差。

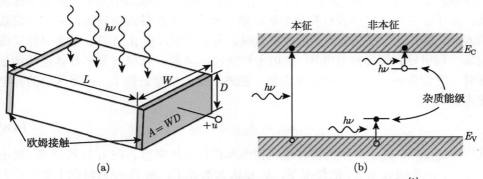

图 6.2 光电导体示意图 (a) 和载流子吸收光子后跃迁示意图 (b)[1]

2. 光伏型光电探测芯片

光伏型光电探测芯片的工作原理是基于光伏效应，光伏效应需要有内部电势垒。当受到外界光照射时，由于本征光吸收，半导体内部产生大量的电子–空穴对，这些电子–空穴对在电势垒内建电场的作用下相互分离、输运，在势垒结两端形成电荷堆积，这一过程称为光生伏特效应，即光伏效应。这个内部电势垒通常为肖特基势垒、异质结以及 pin 结等。这种类型的光电探测芯片响应速度快、暗电流小、噪声低，且不需外加电压或只加很小偏压，是常用的光电探测芯片类型。pin 型光电探测芯片是常见的光伏型光电探测芯片结构，接下来以此结构为例，详细阐述光伏型光电探测芯片的工作原理。

pin 光电探测芯片是由一层本征 (或低掺杂) 层 (i 层) 夹在重掺杂的 p 层和 n 层之间所组成的三层结构芯片。鉴于两侧均为重掺杂区，芯片的空间电荷区主要集中在 i 层中，能带图如图 6.3 所示。

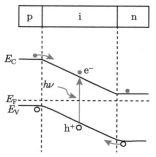

图 6.3　pin 型光电探测芯片光照下的能带示意图

具体工作过程如下。①光吸收：光子能量大于半导体带隙的入射光子被半导体材料吸收，激发电子从价带跃迁到导带，产生电子–空穴对。②光生载流子输运：光生载流子会发生扩散运动，且 i 区大的内建电场将使载流子发生快速的漂移运动。由于 i 型半导体层没有掺杂杂质，电子和空穴的扩散距离较远，并具有较长的寿命。这有助于提高载流子的收集效率。电子和空穴被 p 型和 n 型半导体层的电场分别引导到相应的电极处。当电子和空穴移动到 p 型和 n 型半导体层的接触面时，它们会重新结合，产生光电流。稳态、反向偏置条件下，耗尽区总的光电流密度为

$$J_{\text{tot}} = J_{\text{drift}} + J_{\text{diff}} \tag{6.8}$$

其中，J_{drift} 和 J_{diff} 分别为漂移电流密度和扩散电流密度。在 p 区足够薄 (远小于 $1/\alpha$，α 为吸收系数) 的情况下，从 p 区入射光子，电子–空穴对产生率表示为

$$G(x) = \phi_0 \alpha \exp(-\alpha x) \tag{6.9}$$

其中，ϕ_0 表示单位面积的入射光子通量；x 为入射深度。漂移电流密度可表示为

$$J_{\text{drift}} = -q\phi_0[1 - \exp(-\alpha W)] \qquad (6.10)$$

其中，W 为耗尽区宽度。当 $x > W$ 时，半导体内少数载流子浓度遵循以下一维载流子扩散方程

$$D_{\text{p}}\frac{\partial^2 p_{\text{n}}}{\partial x^2} - \frac{p_{\text{n}} - p_{\text{n0}}}{\tau_{\text{p}}} + G(x) = 0 \qquad (6.11)$$

其中，D_{p} 为空穴扩散系数；p_{n} 为空穴浓度；p_{n0} 为平衡态空穴浓度；τ_{p} 为空穴寿命。考虑边界条件：$x = \infty$ 时，$p_{\text{n}} = p_{\text{n0}}$；$x = W$ 时，$p_{\text{n}} = 0$。扩散电流密度为

$$J_{\text{diff}} = q\phi_0 \frac{\alpha\sqrt{D_{\text{p}}\tau_{\text{p}}}}{1 + \alpha\sqrt{D_{\text{p}}\tau_{\text{p}}}} \exp(-\alpha W) + \frac{qp_{\text{n0}}D_{\text{p}}}{L_{\text{p}}} \qquad (6.12)$$

因此，耗尽区的总电流密度为

$$J_{\text{tot}} = -q\phi_0 [1 - \exp(-\alpha W)] + q\phi_0 \frac{\alpha\sqrt{D_{\text{p}}\tau_{\text{p}}}}{1 + \alpha\sqrt{D_{\text{p}}\tau_{\text{p}}}} \exp(-\alpha W) + \frac{qp_{\text{n0}}D_{\text{p}}}{L_{\text{p}}} \quad (6.13)$$

6.2.2 Si 基 GaN 光电探测芯片的性能参数

光电探测芯片的主要工作过程包括光吸收、光生载流子输运、载流子收集产生光电流。为表征光电探测芯片的光电转换能力、高频信号处理能力、微弱信号探测能力，通常采用以下指标来评估其光电性能的优劣：响应度 (R)、外量子效率 (EQE)、探测率 (D^*)、光响应时间 ($\tau_{\text{r}}/\tau_{\text{f}}$) 以及 -3 dB 带宽等。

1. 响应度

光电探测芯片的响应度是指光电探测芯片对光信号的响应能力。它通常是以单位光功率下所产生的电流来衡量的，反映了光电探测芯片对光信号的敏感程度和转换效率。高响应度意味着光电探测芯片能够更加敏感地对光信号进行检测和转换，可以提高信号的检测灵敏度和信噪比。因此，良好的响应度对于光电探测芯片在光通信、光学测量、光谱分析等领域的应用具有重要意义。光电探测芯片的响应度可以用以下公式定义 [2]：

$$R = \frac{I_{\text{light}} - I_{\text{dark}}}{P_{\text{in}}S} \qquad (6.14)$$

其中，I_{light} 为探测芯片产生的光电流；I_{dark} 为探测芯片在未加光下的暗电流；P_{in} 为入射光功率密度；S 为芯片有效面积，响应度的单位通常为 A/W。

光电探测芯片的响应度受到多种因素的影响。首先，响应度随着入射光波长、偏置电压及温度的变化而变化，响应度随着入射光波长变化是因为半导体材料对不同光波长的反射和吸收系数不同，温度变化影响半导体材料的光学常数和探测芯片的收集效率，偏置电压的改变同样会影响探测芯片的收集效率。其次，光电探测芯片的材料特性对响应度有重要影响，不同材料的能带结构和载流子迁移率会影响光电转换效率，从而影响响应度。最后，光电探测芯片的结构和工艺也会影响响应度，例如，低维异质结构的光电探测芯片通常具有较高的响应度，而 pin 结构的光电探测芯片具有较低的响应度。

2. 外量子效率

光电探测芯片在光照下会产生光电流，但是同样的光照强度下，不同的光电二极管产生的光电流不同，这是由于每个光电二极管的光电转换效率不同。半导体光电探测芯片的外量子效率是衡量光电探测芯片光电转换能力的重要指标。外量子效率是指每有一个光子射入探测芯片时探测芯片释放的电子数，即单位时间里流过功能层材料的载流子数和入射光子数之比 [3]，即

$$\text{EQE} = \frac{I_{\text{light}}/e}{P_{\text{in}}/h\nu} \tag{6.15}$$

其中，I_{light} 代表探测芯片产生的光电流；e 代表单位电荷量；P_{in} 为输入光功率；h 为普朗克常量；ν 为入射光子频率。

外量子效率与半导体材料特性、芯片结构有关，限制探测芯片外量子效率的因素主要有以下几个方面：①半导体表面的反射；②材料表面及内部光生载流子的重组；③入射光未完全吸收；④不透光的非吸收层结构引起的遮蔽。目前，对于 pn 结来说，要实现较大的外量子效率，耗尽区 (结宽) 应尽可能宽，这种方法可使更多的光子进入 pn 结内，增加光子的吸收效率。此外，减反膜和表面等离激元效应的引入都是改善光电探测芯片外量子效率的有效方法。而半导体材料本身的光吸收系数往往是固定的，通过采用低维半导体材料 (纳米线、量子点) 来增加光吸收面积，也可提高光电转换效率，即外量子效率。

3. 探测率

光电探测芯片的探测率是指光电探测芯片对微弱光信号进行探测并输出有效信号的能力，探测率通常以单位时间内探测到的有效光子数 (或光功率) 来衡量。探测率的数值越高，表明光电探测芯片对微弱光信号的探测能力越强。探测率的高低直接影响到光电探测芯片在各种应用中的性能，如光通信、光学测量、光谱分析等领域。因此，在实际应用中，需要根据具体需求选择具有适当探测率的光

电探测芯片。光电探测芯片的探测率可由以下公式计算得到 [2]

$$D^* = \frac{\sqrt{SB_{\text{W}}}}{N_{\text{EP}}} = \frac{R\sqrt{S}}{\sqrt{2qI_{\text{dark}}}} \tag{6.16}$$

其中，S 为芯片有效面积；B_{W} 为带宽；N_{EP} 为芯片等效噪声功率；R 为芯片响应度；q 为单位电荷量；I_{dark} 为芯片暗电流，探测率的单位通常为 $\text{cm·Hz}^{1/2}/\text{W}$ 或 Jones。

光电探测芯片的探测率受到多种因素的影响，包括光电转换效率、光信号强度、探测芯片的面积、响应时间等。提高光电探测芯片的探测率可以通过优化探测芯片的结构设计、选择高效率的光电转换材料、增大探测芯片的有效探测面积、提高信噪比等方式来实现。

4. 光响应时间

光电探测芯片的响应时间是指探测芯片从接收到输入光信号再到输出电信号达到稳定的时间间隔。它是描述探测芯片对光信号变化反应快慢程度的重要参数 [4]。光电探测芯片的响应时间可以分为上升时间和下降时间。上升时间 τ_{r} 是指探测芯片输出信号从低电平 (最大值的 10%) 到高电平 (最大值的 90%) 所需的时间，下降时间 τ_{f} 是指探测芯片输出信号从高电平 (最大值的 90%) 到低电平 (最大值的 10%) 所需的时间。上升/下降时间示意图如图 6.4 所示。

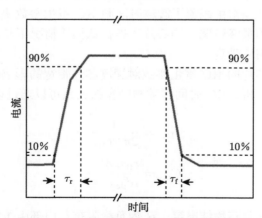

图 6.4 光电探测芯片光响应上升/下降时间

光电探测芯片的响应时间 (响应速度) 一般与三个因素有关，即光生载流子渡越时间、扩散效应以及 RC 时间常数。

光生载流子渡越时间：对于设计合理的芯片，光吸收主要发生在耗尽区中，其渡越时间主要取决于耗尽区的宽度和载流子的漂移速度。由于耗尽区中具有较高的电场强度, 载流子可以在接近饱和漂移速度下运动, 常规半导体的漂移速度可以达到 10^6 cm/s, InGaN 的饱和电子迁移速度为 $2.9 \times 10^7 \sim 4.2 \times 10^7$ cm/s, 要产生有效的光吸收, 对所探测的波长下光吸收系数为 α 的材料, 希望吸收层的厚度要达到 $1/\alpha$ 量级以保证足够的量子效率, 在保证量子效率的同时载流子渡越时间一般在 1 ns 左右, 因此在百兆传输速率的条件下, 载流子渡越时间并非首要考虑的影响因素。

扩散效应: 由于光吸收不仅发生在耗尽区, 也会发生在其两侧, 耗尽区之外的光生载流子需要通过扩散作用才能达到耗尽区, 从而产生有效的光电流。与漂移相比, 扩散是一个较慢的过程, 因此, 对光电探测芯片而言, 扩散作用的结果是使其脉冲响应产生一个拖尾, 拖尾现象总是存在的, 但通过合理的芯片结构设计和对探测芯片施加一定的反向偏压, 可以有效地减小其影响。

RC 时间常数: 由于光电探测芯片本身具有一定的电容 (包括结电容和分布电容) 和串联电阻, 光接收器中与其直接相连的前置放大电路也具有一定的输入阻抗, 因此其总体的 RC 时间常数也可能最终决定系统的响应速度。光电探测芯片的电容正比于芯片光敏面的面积, 此外, 芯片的电容还受材料介电特性、芯片结构和所施加的反向偏压的影响。

5. -3 dB 带宽

响应带宽, 即 -3 dB 带宽, 是衡量光电探测芯片对入射光信号功率变化反应能力的一个指标, 其通常由载流子渡越时间和 RC 寄生参数决定, 其中最慢的一个分量决定了芯片的最终带宽。当芯片工作在低偏压情况下时, 载流子的扩散时间也将限制芯片的响应带宽。

关于光电探测芯片的 RC 寄生参数对探测芯片带宽的影响, 可以从光电探测芯片等效电路方向分析。RC 时间常数与带宽的关系可以通过以下公式研究 [5]:

$$f_{\mathrm{RC}} = \frac{1}{2\pi R C_{\mathrm{pd}}} \tag{6.17}$$

$$C_{\mathrm{pd}} = \frac{\varepsilon_0 \varepsilon_{\mathrm{r}} A}{d_{\mathrm{dep}}} \tag{6.18}$$

其中, C_{pd} 为光电探测芯片结电容; R 为负载阻抗和内部阻抗的总电阻; A 为截面积; ε_0 为真空介电常数; ε_{r} 为相对介电常数; d_{dep} 为耗尽区厚度。

光生载流子渡越时间对探测芯片带宽有直接的影响, 载流子渡越时间指光生载流子从吸收层运动到电极所需的时间, 其限制带宽可以写成

$$f_{\mathrm{tr}} = \frac{3.5v}{2\pi d_{\mathrm{dep}}} \tag{6.19}$$

$$\frac{1}{v^4} = \frac{1}{2}\left(\frac{1}{v_e^4} + \frac{1}{v_h^4}\right) \tag{6.20}$$

其中，v_e 为电子饱和速率；v_h 为空穴饱和速率；v 为载流子平均速度。

对于可见光探测芯片，其 -3 dB 带宽可由 RC 时间常数及载流子渡越时间所对应的带宽耦合。可以由以下公式计算得到：

$$\frac{1}{f_t^2} = \frac{1}{f_{tr}^2} + \frac{1}{f_{RC}^2} \tag{6.21}$$

对于 GaN 光电探测芯片而言，提升探测芯片带宽的手段如下。①优化探测芯片结构：改进光电探测芯片的结构设计，降低内部电容和电感，减小载流子的传输时间，从而提高带宽。可以采用微细加工技术，减小探测芯片尺寸，缩短载流子传输距离，提高响应速度。②优化光学系统：设计高效的光学系统，提高光电转换效率，并确保光信号能够充分地聚焦到探测芯片上。使用适当的光学组件，如透镜、反射镜等，可以减小光信号的空间展宽，提高探测芯片的时间响应。

6.2.3 Si 基 GaN 光电探测芯片的制备工艺

光电探测芯片制备过程中的损伤对芯片性能有着关键性的影响，如大的表面态会捕获光生载流子，降低光电转换效率，接触不均匀的金属电极影响光生载流子的输运等。因此，制备工艺的把控也是实现高性能 GaN 光电探测芯片的关键。Si 基 GaN 光电探测芯片制备工艺主要包括以下五个步骤：①光刻；②刻蚀；③表面钝化；④金属镀膜；⑤封装。以 pin 型光电探测芯片为例，其主要制备工艺流程如图 6.5 所示。

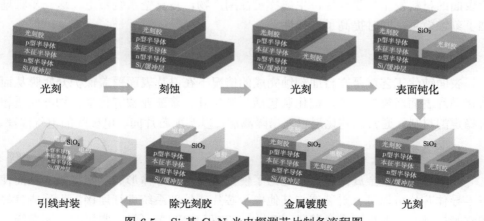

图 6.5 Si 基 GaN 光电探测芯片制备流程图

1. 光刻

光刻工艺的主要目的是将掩模版上的图形精确地转移到外延片表面。标准的光刻工艺流程包括以下几步：外延片表面清洗和烘干、旋涂光刻胶、前烘、对准、曝光、后烘和显影。首先，外延片表面需要经过丙酮、无水乙醇和去离子水等有机、无机溶剂的清洗，以去除表面的杂质。接着，外延片进行烘干处理，去除表面的水蒸气，使其从亲水性变为疏水性，从而增强光刻胶的附着力。在旋涂光刻胶步骤中，利用高转速匀胶机将光刻胶均匀覆盖在外延片表面。随后进行前烘，以去除光刻胶中的溶剂并释放内部应力。光刻对准步骤使用光刻机的对准机构，将掩模版上的对准图案与外延片上的对准标记精确匹配，以确保套刻的质量。接下来是曝光，利用紫外线能量使未被掩模图案遮盖的区域的光刻胶发生交联反应，使这些区域的光刻胶能够溶解于显影液中。后烘步骤旨在减少光刻胶中的驻波效应，优化图形质量。最后一步是显影，将曝光后的外延片浸入显影液中，溶解不需要的光刻胶以完成图形的转移。通过这些步骤，掩模版上的图形得以准确转移到晶片表面。

2. 刻蚀

Si 基 GaN 光电探测芯片主要采用干法刻蚀中的电感耦合等离子体 (inductively coupled plasma，ICP) 刻蚀方法来获得所需台面。ICP 刻蚀需要预先旋涂光刻胶并曝光显影我们所需要的图案，同时该层光刻胶也将成为刻蚀的掩模，避免非刻蚀区域被刻蚀。通常刻蚀所用等离子体气体包括氩气 (Ar)、氧气 (O_2)、六氟化硫 (SF_6) 等。通过施加射频偏压或直流偏压，将等离子体中的离子加速并引导至晶片表面。高能离子轰击晶片，物理刻蚀去除材料。活性离子和自由基与晶片表面的材料发生化学反应，生成挥发性副产物，被真空系统带走。这一步骤增强了刻蚀效果，同时提高了选择性。

3. 表面钝化

表面钝化工艺就是在台面刻蚀完成的情况下在晶片表面覆盖保护介质膜从而防止晶片表面污染的工艺，钝化层包括二氧化硅、聚酰亚胺等化学、物理性质相对稳定的材料。通常该钝化层也充当隔离层，以实现芯片间、电极间的电气隔离。

4. 金属镀膜

在半导体上镀金属薄膜主要是为了使得金属与半导体形成欧姆接触，从而使得半导体芯片可以进行封装或与其他电子芯片或外部系统进行连接。为形成良好的欧姆接触，一般采用合金薄膜 (Ti/Au、Ti/Al/Ni/Au 等)，常用的金属薄膜沉积设备有磁控溅射、电子束蒸发等。

5. 封装

光电探测芯片封装是指将光电探测芯片保护起来，并提供电气连接和机械支撑的过程。封装不仅要保护光电探测芯片免受环境影响，还要确保其稳定性和可靠性。引线键合技术是半导体芯片制造过程中的关键环节，主要用于在集成电路中连接半导体芯片和引脚架，以及完成半导体芯片的封装。例如，它可以用于连接半导体芯片和印刷电路板 (PCB)。这种技术被认为是半导体芯片封装过程中最高效且最灵活的一种连接方法。引线键合可使用多种材料的导线，包括金、铜和铜钯合金等。其中，金丝虽然价格较高，但通常用于小电流、小功率的应用，因为其接触性能最佳，工艺控制相对容易且成熟，异常率较低。而铜丝和铜钯合金虽然成本较低，但硬度较高，对工艺的要求也更为苛刻，其灵活性和可靠性较金丝稍逊一筹。引线键合后的芯片采用具备良好的光学透明性的材料 (如环氧树脂、硅胶、有机玻璃等) 进行封装保护。

6.3 Si 基 GaN 光电探测芯片性能调控技术

6.3.1 Si 基 GaN 光电探测芯片面临的瓶颈

Si 基 GaN 光电探测芯片具有显著的产业化优势。一方面，Si 晶圆可以达到较大的尺寸，如 8 英寸或 12 英寸，这有助于提高 Si 基 GaN 光电探测芯片的生产效率和降低成本。而且，Si 基 GaN 光电探测芯片可以与现有的 Si 基电子元件 (如 CMOS 电路) 集成，形成单片集成系统，从而提高系统的集成度和性能。这种集成度对于光电集成电路 (OEIC) 的发展有重要意义。另一方面，Si 衬底可以充当功能层 (电子/空穴传输层)，与 GaN 构成 Si/GaN 异质结，显著增强载流子输运，提高载流子收集效率。

然而，Si 基 GaN 光电探测芯片仍面临巨大的挑战。由于 Si 衬底与 GaN 间存在大的晶格失配以及在生长过程中存在严重的 "回熔刻蚀" 问题，所以生长的 GaN 材料中存在较高的缺陷密度。这些缺陷会捕获光生载流子，充当光生载流子非辐射复合中心，使得光生载流子在未参与有效光电转换之前就发生复合，降低光电探测芯片的量子效率。光生载流子的捕获和解捕获过程也会严重影响载流子的输运过程，降低光响应速度，而且这些缺陷会充当电流的漏电通道，导致光电探测芯片暗电流和噪声的增加，降低光电探测芯片的信噪比和灵敏度。另外，GaN 与 Si 衬底之间的高温界面反应会引入非晶层，这也会极大地阻碍光生载流子的输运。

上述问题一直制约着高性能 Si 基 GaN 光电探测芯片的实现，使得性能不足的光电探测芯片无法满足实际应用的需求。近年来，以解决上述问题及实现高性能 Si 基 GaN 光电探测芯片的目的，一些具有显著成效的性能调控技术得到了大量的研究和报道。

6.3.2　局域表面等离激元共振技术

当金属纳米颗粒的尺寸或维度和入射光波长相当或小于入射光波长时，金属导带的自由电子会在光照射下发生集体振荡，并在特定匹配条件下形成共振，这一特有的光响应特性即被称为局域表面等离激元共振 (localized surface plasmon resonance，LSPR) 现象，如图 6.6(a) 所示。近年来，局域表面等离激元共振技术被广泛应用于增强 Si 基 GaN 光电探测芯片的性能。表面等离激元结构与有源层耦合的工作过程如图 6.6(b) 所示。

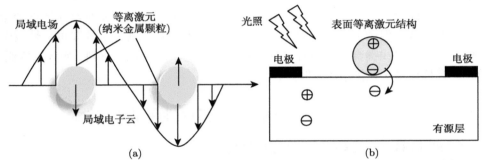

图 6.6　(a) 入射光和金属纳米颗粒的共振耦合作用；(b) 表面等离激元结构增强光电探测芯片光电转换的原理图

以金属纳米粒子结构诱导的局域表面等离激元共振效应为例，光照时入射光电磁场迫使金属纳米颗粒导电电子向表面发生移动。由于电子只能局限在纳米颗粒上运动，最终导致电子积累在一边，正电荷积累在另一边，产生一个电偶极子。这种偶极子会在纳米颗粒周围产生一个电场，该电场与入射光电场方向相反，迫使电子回到平衡位置，电子偏移越大造成的电偶极矩越大，最后导致电子回复平衡位置处的力越大。这一过程类似于线性振荡器。每一种金属材料都有它固有的等离激元振荡频率。当金属表面电子振荡及与金属核复合这一相反作用的固有频率与入射光的频率匹配时将满足共振条件，产生共振吸收。金属纳米颗粒的极化率可表示为 [6]

$$\alpha = 4\pi a^3 \frac{\varepsilon_m(\omega) - \varepsilon_0}{\varepsilon_m(\omega) + 2\varepsilon_0} \tag{6.22}$$

其中，a 为金属纳米颗粒的半径；ε_m 为随频率 ω 变化的介电常数；ε_0 为环境介电常数。当 $\mathrm{Re}\left[\varepsilon_m(\omega)\right] = -2\varepsilon_0$ 时，极化取最大值。通过调控金属纳米粒子的特性，主要是金属纳米颗粒种类、金属纳米颗粒尺寸、金属纳米颗粒形状及金属纳米颗粒周围媒介等，可以实现局域表面等离激元共振波长的调控，进而匹配 Si 基 GaN 光电探测芯片的吸收波长。常采用 Au、Ag 和 Al 等贵金属纳米颗粒实现局域表面等离激元共振，不同金属共振峰值波长不同。而采用不同的制备方法，可实现对金属纳米颗粒的形貌尺寸的调控。金属纳米颗粒的制备方法常分为物理法和化学法。物理法包括纳米球光刻、电子束光刻和电子束蒸发再退火等技术。纳米球光刻技术通过改变纳米球尺寸，能够获得不同间距的金属纳米阵列，从而有效改变共振波长。该方法具备大面积制备的优势，然而，形成的纳米阵列形状和排列方式单一，成本较高。电子束光刻则可自主设计金属纳米阵列的尺寸、形状、分布和密度等参数，但制备耗时且难以大面积制备。电子束蒸发再退火方法操作简便，但精度较低。化学法则通过调整化学过程参数来控制金属纳米颗粒的形貌尺寸，尽管成本较低，但可靠性也相对较低。

制备金属纳米颗粒常用的方法是通过真空蒸镀金属薄膜并结合退火工艺。真空蒸镀方法可以很容易地调控金属膜的厚度，而通过改变退火条件，如退火温度、退火时间和退火的金属薄膜厚度等，可以实现金属纳米颗粒尺寸、密度和分布的调控，从而调节其等离激元共振波长。2012 年，Li 等首次将金属等离激元效应应用于 GaN 紫外探测芯片，采用的就是真空蒸镀并结合退火工艺的方法 [6]。研究了未沉积 Ag、蒸镀 Ag、蒸镀 Ag 并退火这三种方式得到的探测芯片的响应率，结果表明，经过蒸镀和退火处理的 Ag 纳米颗粒的探测芯片的响应率比未镀 Ag 探测芯片的响应率提高了近 30 倍。镀 Ag 后未退火的探测芯片也出现了这种增强现象，但增强因子低于退火后的探测芯片。

本团队 [7] 通过采用 Ag 纳米线导电网络的局域表面等离激元共振技术手段以实现高响应度的 InGaN 可见光探测芯片。图 6.7(a) 所示为 Si 基 InGaN 可见光探测芯片基本结构图，该结构克服了传统 Si 基 InGaN 可见光探测芯片响应度不足的问题，同时还能够有效地钝化 InGaN 材料的表面态，提升 Si 基 InGaN 可见光探测芯片的响应度和响应速度，光电探测芯片的光谱响应如图 6.7(b) 所示。研究发现，相比于 Si/InGaN 结构的可见光探测芯片，本团队设计的芯片的暗电流显著降低，响应度提升了 8.5 倍 (达 2.9 A/W)，同类芯片中该性能处于较高水平。另外，本光电探测芯片的响应度提升超 4 个数量级 (达 0.439 μs/0.725 μs)，其主要原因可归为三方面。①PEDOT: PSS 的引入有效地减少了 InGaN 表面的载流子陷阱，避免了光生载流子被缺陷能级捕获和释放载流子的过程；②InGaN NR/PEDOT: PSS 异质结界面处存在的巨大的内建电场有利于光生载流子的快速分离，缩短载流子传输时间；③Ag 纳米线网络的引入提高了 PEDOT: PSS 传输层的导电性，有利于载流子的快速传输和收集。该项工作提出的 Si 基 InGaN 光电探测芯片设计为低成本、高光响应、高速可见光光电探测芯片的开发提供了一种新的思路，并且进一步推动了 Si 基 InGaN 光电探测芯片及可见光通信系统的商业化应用。

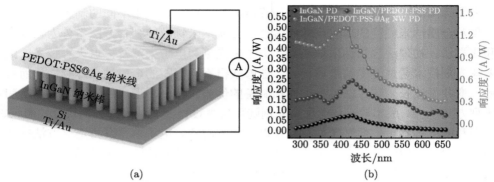

(a)   (b)

图 6.7   (a)Si/InGaN 纳米棒/PEDOT: PSS@Ag 纳米颗粒探测芯片结构图；(b) 三种芯片结构的光谱响应 [7]

6.3.3   新型异质结技术

由于异质外延过程中引入了大量缺陷，所以 Si 基 GaN 光电探测芯片暗电流较大，灵敏度低，在工作时需要外接电源，能耗较大，同时也不适用于微型化、长运行的应用场景。目前，常见的策略是构建肖特基结、pn 结或异质结，通过光伏效应驱动光生载流子输运，有望实现自供电型探测芯片制备。首先，基于肖特基结的 GaN 光电探测芯片可以有效抑制暗电流，但金属与 GaN 之间较弱的内建电场往往会导致很低的响应度，所以仍然需要外加电源才可以实现正常工作；其次，基于 pn 结的 GaN 光电探测芯片制备工艺复杂，GaN 的 p 型掺杂较为困难，需要很高的退火温度，容易出现相分离，影响芯片的工作稳定性；而通过引入更易 p 型掺杂或天然 p 型掺杂的配体材料与 GaN 结合构建异质结型材料体系是实现高性能、自供电型探测芯片低成本制造的有效途径。异质结体系将不同的材料组合，能够耦合多种物理特性，如光电、热电、压电等性能，已经被广泛用于制备各种多功能芯片。

异质结材料体系中，根据两种单体材料的导带和价带的相互关系，可以将能带类型分为跨立型 (I 型)、错开型 (II 型) 和破隙型 (III 型) 这三种，具体如图 6.8 所示。

首先是 I 型异质结，该异质结能带对齐类型中，一类单体材料的导带和价带分别低于和高于另一类单体材料，呈现出包围的特性。这类异质结能带结构可以有效促使电子和空穴聚集在异质结的同一侧，从而增大了电子和空穴的复合概率。这种异质结往往被运用在发光芯片当中，能够增加发光效率；而 III 型异质结则恰恰相反，两种单体材料的价带与导带不产生任何交集，这类能带结构中产生的电子和空穴都无法发生迁移，一般需要额外的插入层才可以发挥作用，最为常见的一个应用就是光解水制氢产氧。本章着重介绍 II 型异质结能带结构，它的两种单体材料的能带结构呈现出交错的特征，即一种单体材料的导带和价带分别高于另一种，但同时又会产生一定的交集。这种结构产生的内建电场能够促进光生电子和空穴分离，有效提高载流子传输效率，因此，基于 II 型异质结能带结构的光电探测芯片能够实现自供电和超快响应。

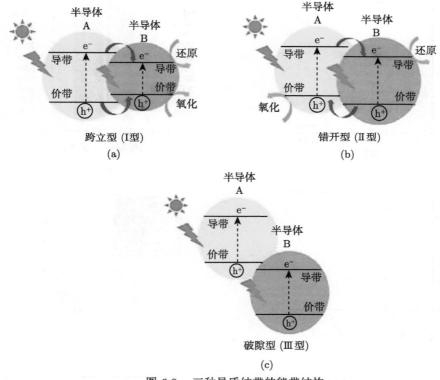

图 6.8 三种异质结带的能带结构

　　其中，基于薄膜材料构建的异质结光电探测芯片因其易于制备、集成兼容性较好等优势获得了研究人员的青睐，同时也是应用最为广泛的一类芯片。在选择 GaN 的配体材料上，可以把它们分类成氧化物材料、钙钛矿材料和层状材料，具体如下所述。

　　(1) 基于氧化物/GaN 异质结的光电探测芯片得到了广泛的研究。2019 年，印度新德里大学 Mishr 等 [8] 报道了基于 ZnO/GaN 异质结的紫外探测芯片，研究了芯片探测性能与界面性质的联系，室温下的光致发光光谱如图 6.9(a) 所示，有限的表面反应和不饱和配位作用导致更高波长黄绿色发射光谱 (560 nm)。位于 361 nm 和 377 nm 处的峰分别归因于 GaN 和 ZnO 薄膜的近带边 (NBE) 发射。近带边与缺陷态的强度比如图 6.9(b) 所示，说明位于 361 nm 处的峰强度 (对应于

GaN) 随着叠层厚度的增加而降低，显示出 ZnO 的强烈发射。响应度等参数与界面状态/性质的关系如图 6.9(c) 所示，图中显示了 225 mA/W 和 4.83×10^{13} Jones 的峰值响应度和探测率。2023 年，东北师范大学 Han 等 [9] 通过 GaN 热氧化法合成 $\beta\text{-Ga}_2\text{O}_3$，如图 6.9(d) 所示，构建了 $\beta\text{-Ga}_2\text{O}_3/\text{n-GaN}$ 异质结构。如图 6.9(e)

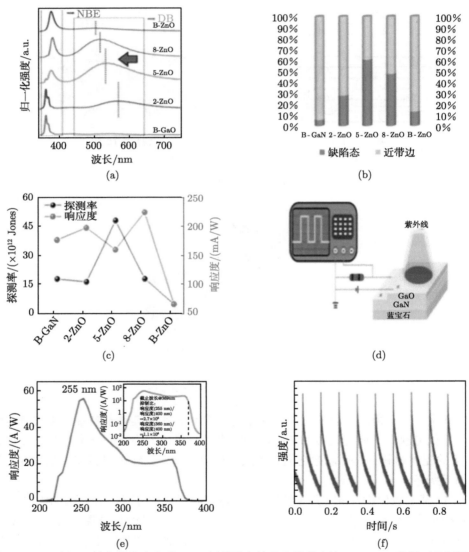

图 6.9　(a) 室温下的化学发光光谱；(b) 近带边与缺陷态的强度比；(c) 1 V 偏置下的探测率与响应度 [8]；(d) p-β-Ga$_2$O$_3$/n-GaN 异质结光电探测芯片的光响应测量结构；(e) 探测器在 −5 V 时的光谱响应；(f) −5 V 偏置下 248 nm 的响应速度图 [9]

所示, 在 $-5\,\mathrm{V}$ 偏置电压、$255\,\mathrm{nm}$ 和 $360\,\mathrm{nm}$ 光源照射下, 光响应度分别达到 56 A/W 和 22 A/W, 探测率分别达到 2.7×10^{15} Jones 和 1.1×10^{15} Jones, 其 $I\text{-}T$ 曲线如图 6.9(f) 所示, 显示出循环稳定的光响应性能。

近年来, 钙钛矿材料作为一种新型材料, 具有高吸收系数、长激子扩散距离、高载流子迁移率等优异的性质, 构建钙钛矿与 GaN 的有机–无机杂化体系具有工艺简单、生产成本低、光电性能突出等优点。2021 年, 郑州大学的 Yin 等 [10] 通过构建基于 $GaN/Cs_2AgBiBr_6/NiO$ 的 pin 异质结构, 制备出了自供电型紫外–蓝光光电探测芯片。在 $365\,\mathrm{nm}$ 紫外线照射, 零偏压条件下, 该芯片的响应度高达 $33\,\mathrm{mA/W}$, 探测率可达 3.28×10^{11} Jones, 开/关比达到 1.16×10^3, 响应速度 (上升/下降) 低至 $151\,\mu\mathrm{s}/215\,\mu\mathrm{s}$。此外, 如图 6.10(a) 所示, $NiO/Cs_2AgBiBr_6/GaN$ 异质结探测芯片能够对 $350\sim550\,\mathrm{nm}$ 的宽光谱波段的光源响应, 未封装的探测芯片在 $10\,\mathrm{h}$ 下的光电流变化如图 6.10(b) 所示, 该结构具有良好的热稳定性、湿度稳定性和氧气稳定性, 为宽光谱探测芯片的制造提供了思路。2022 年, 山东大学的 Li 等 [11] 将 $MAPbBr_3$ 嵌入纳米多孔 GaN, 研究了基于 $MAPbBr_3/$ GaN 混合结构的高性能紫外线电探测芯片。该芯片在 $325\,\mathrm{nm}$ 紫外线、$5\,\mathrm{V}$ 电压下具有优异的

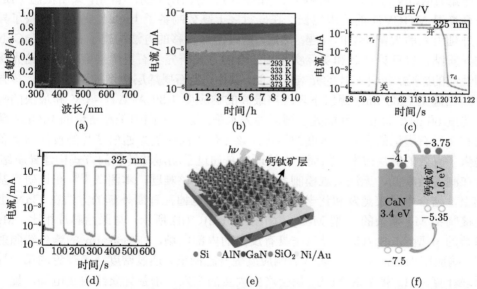

图 6.10 (a) $NiO/Cs_2AgBiBr_6/GaN$ 异质结探测芯片的光谱响应; (b) 在 293 K(紫色线)、333 K(粉色线)、353 K(橙色线) 和 373 K(红线) 下, 测量了未封装的 $NiO/Cs_2AgBiBr_6/GaN$ 异质结构探测芯片在 $10\,\mathrm{h}$ 下的光电流变化 [10]; (c) 在 $325\,\mathrm{nm}$ 光照射下, $MAPbBr_3/NP$ GaN 混合结构紫外探测芯片的电流上升和衰减过程的放大图; (d) $MAPbBr_3/NP$ GaN 混合结构的探测芯片在 $325\,\mathrm{nm}$ 的光照射下的 $I\text{-}t$ 曲线 [11]; (e) 钙钛矿/GaN 微线阵列异质结构光电探测芯片示意图; (f) $CH_3NH_3PbI_{3-x}Cl_x/GaN$ 异质结构的能级图 [12]

光响应特性,电流开/关比约为 5000,响应速度为 0.21 s/0.44 s。其 MAPbBr$_3$/NP GaN 混合结构紫外探测芯片的电流上升和衰减过程的放大示意图如图 6.10(c) 所示,它表明 MAPbBr$_3$/NP GaN 异质结具有响应快速变化的光信号的能力。I-T 曲线如图 6.10(d) 所示,该探测芯片在响应稳定性上表现出优异的特性,该工作在紫外辐射监测、空间光通信和生物医学等领域具有巨大的应用潜力。2021 年,华南师范大学的 Liu 等[12] 制备了高性能 CH$_3$NH$_3$PbI$_{3-x}$Cl$_x$/GaN 纳米柱阵列异质结型光探测芯片,如图 6.10(e) 所示,在 325 nm 紫外线照射下,光电探测芯片具有光电流大 ($1.04×10^{-5}$ A)、开/关比高 ($>10^4$)、响应速度快 (0.66/0.71 ms)、响应度高达 188.94 A/W、探测率达到 $5.84×10^{12}$ Jones 等优点。图 6.10(f) 揭示了该异质结 II 型能带对齐,该类型有利于光生载流子的传输,从而抑制了载流子的复合并产生了较大的光电流。

(2) 构建层状材料如石墨烯、二维过渡金属硫化物 (TMD)、MXene 等与 GaN 的范德瓦耳斯异质结,不考虑严格的晶格匹配,是实现高性能探测芯片制备的最有效途径。针对传统的 InGaN 基探测芯片响应速度慢,无法满足光通信应用需求的问题,本团队[13] 从材料生长、异质结构建和插入层调控三个层面出发,提出了石墨烯/InGaN 肖特基型探测芯片,如图 6.11(a)、(b) 所示。首先,采用低温 PLD 结合高温 MOCVD 的两步生长法在硅衬底上高效制备了 InGaN 薄膜,解决了异质外延引入的大量缺陷的问题;然后,通过湿法转移的方法构建了石墨烯/InGaN 的异质结,以理论计算和实际实验相结合的方式研究了石墨烯层数对异质结光探测性能的影响,提升芯片的光响应性能,其中,当石墨烯层数增加至三层时,该异质结在蓝光 (460 nm) 照射下表现出最高的响应度 1.39 A/W@-3 V 和最快的响应速度 60 μs/200 μs,性能处于国际领先水平,这主要归因于高质量的 InGaN 薄膜和三层石墨烯的有限态密度的结合,该工作为高性能光通信芯片的设计与制备提供了有效的解决方案。然而,上述研究是通过手动湿法转移的方式构建异质结,存在制备效率低、无法大规模制备等问题。针对该难题,本团队[14] 在该研究基础上,结合电子束蒸发和化学气相沉积,采用范德瓦耳斯外延的方法在 GaN 上直接制备 Mg 掺杂的 p 型 MoS$_2$,如图 6.11(c)、(d) 所示,与原始芯片相比,Mg 掺杂的 p 型 MoS$_2$/GaN 异质结具有反向的内部电场,在 365 nm 的紫外线照射下,响应度为 260 mA/W@2 V,响应度提升超两倍,通过密度泛函理论的第一性原理计算,Mg 掺杂的 MoS$_2$ 层会产生大量的空穴,增强异质结内建电场,提升芯片光探测性能,该方法不仅为制备高性能、低成本和大尺寸光探测芯片提供了发展思路,而且能够与现有的 Si 基 CMOS 工艺兼容,提升光探测模块的集成度。

此外,层状材料与 GaN 的范德瓦耳斯异质结已经被证明能够实现自供电光探测,在这方面本团队取得了突破性进展。针对该类型异质结在自供电模式下响应度低的问题,本团队[15] 提出了新型的基于 MXene/InGaN 的可见光探测芯片,首先通过调控 MXene 溶液浓度平衡穿透深度与吸光能力的竞争关系，确立了合适的浓度；其次研究了 MXene/InGaN 异质结在 470 nm 蓝光下的光响应性能，得益于该异质结的 Ⅱ 型能带对齐，有效地分离了光生电子/空穴对，进一步提升了载流子的输运性能，如图 6.11(e) 所示，在无偏压下芯片响应度高达 6 A/W，上升/衰减时间为 7.1 μs/183.2 μs，性能远超同类型芯片；最后通过理论与实验结合，验证了该芯片在光通信系统、传感器网络等应用中具有巨大潜力。本团队[16]在该研究基础上，针对自供电深紫外探测芯片响应度低、响应速度慢的难题，提出了 MXene/AlGaN 范德瓦耳斯异质结结构，解决了 AlGaN 本征迁移率低和异质结势垒宽度大的问题；制备的深紫外线探测芯片在 254 nm 紫外线照射下，如图 6.11(f) 所示，无偏压下表现出 101.8 mA/W 的高响应度和 21 ms/22 ms 的

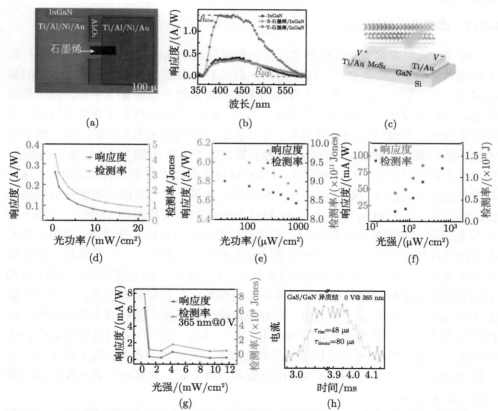

图 6.11 (a) 石墨烯/InGaN 光电探测芯片示意图；(b) 光响应性能[13]；(c)MoS$_2$/InGaN 光电探测芯片示意图；(d) 光响应性能[14]；(e) 基于 MXene/GaN 光电探测芯片的光响应性能[15]；(f) 基于 MXene/AlGaN vdWH 深紫外光电探测芯片光响应性能[16]；(g)GaS/GaN 异质结基紫外光电芯片光响应性能及 (h)I-t 曲线[17]

快速响应；此外，研究了该芯片在紫外通信与字母编码器中的应用，该芯片在 −2 V 偏压下还表现出 70 dB 的大线性动态范围，输出的波形没有出现失真。这项研究为制造自供电深紫外探测芯片提供了一种简单的加工路线，推动了其在紫外通信领域的发展。

　　然而，上述自供电光探测芯片的研究均是采用旋涂 MXene 溶液构建异质结，与大规模制造工艺不兼容，制备效率较低。针对该难题，本团队[17]在 n 型 GaN 上通过范德瓦耳斯外延的方式制备了 GaS 薄膜，如图 6.11(g)、(h)，GaS 是天然的 p 型材料，与 GaN 能够形成 II 型能带对齐，能够驱动光生载流子自发分离，实现高灵敏、自供电紫外探测，该芯片在无电源驱动，365 nm 的紫外线照射下，响应度可达 6.26 mA/W，响应时间低至 48 μs/80 μs。这项工作为超快响应自供电紫外探测芯片的大规模制备提供了可行的方案。

6.3.4　低维纳米材料技术

　　Si 基 GaN 薄膜型光电探测芯片在光探测领域面临诸多挑战。首先，Si 衬底上异质外延的 GaN 薄膜存在较多缺陷、晶界甚至裂纹，这不仅会形成电流的漏电通道，导致较大的暗电流，还会成为光生载流子的非辐射复合中心，形成散射作用，导致低量子效率和慢响应速度；其次，薄膜表面的光学俘获位点较少，光反射率较高，导致较低的光探测率，尤其在弱光探测领域劣势明显。随着纳米技术的不断发展，低维 GaN 纳米材料由于其在电子传输方面的优异且新颖的特性，在光电芯片领域得到了广泛的研究。GaN 材料在空间维度中为纳米级尺寸，这使得电子能量出现能级分裂从而引发新的现象，如量子尺寸效应、界面效应和体积效应等。其中，一维纳米结构 GaN 材料在光探测领域具有巨大优势。一是一维 GaN 材料不考虑严格的晶格匹配，不存在异质外延导致的穿透位错，避免了对光生载流子的散射作用，能够实现高量子效率的光电探测芯片；二是形貌上具有较大的比表面积，提升了光的多重反射和散射，大大增强了纳米结构的光吸收，有利于制备高灵敏度的光探测芯片，尤其在弱光探测方面具有显著优势；三是光生载流子限制在一维的有源区通道内，具有快速输运的特性，能够减小渡越时间，从而能够在理论上实现快速光响应的光电芯片；四是一维 GaN 材料特别适合在价格低廉、大尺寸的 Si 衬底上制备，具有低成本和可集成的优势。综上所述，Si 基一维 GaN 纳米结构光电探测芯片在低成本、高灵敏、快速响应的光探测领域具有巨大的发展前景。

　　在早期实验研究中，科研人员都是集中在基于单根 GaN 纳米柱的紫外探测芯片。通常的制备路线是通过剥离的手段提取出单根 GaN 纳米柱，然后转移至 Si 衬底上制备探测芯片。Calarco 等[18]采用分子束外延法在 Si 衬底上制备了 GaN 纳米线，通过水浴超声的方式释放纳米柱，并转移在 SiO_2/Si 衬底上，沉积

Ti/Au 电极形成欧姆接触,构建了基于单根 GaN 纳米柱的紫外探测芯片。经过光电测试,该芯片在 2 V 偏压下暗电流低至 3 μA,在紫外线照射下光电流迅速增加,表现出较高的增益,如图 6.12(a) 所示;Lee 等[19] 采用电场辅助法将一根根 GaN 纳米线组装在电极上构建紫外探测芯片,如图 6.12(b)、(c) 所示,在紫外线照射下,获得了显著的光电流增益,光暗比高达到 300。Zhang 等[20] 创新性地制备了一种双晶 GaN 纳米线并用于紫外探测,该芯片在紫外线照射下的响应度高达 1.74 ×10^7 A/W,该大电流增益可归因于独特的双晶畴 GaN 纳米线结构,如图 6.12(d) 所示。然而,上述芯片均为基于单根纳米线的光电导型工作模式,由于持续的光电导效应,其响应速度非常慢,并且在多次光照后,芯片的暗电流很难恢复到初始值,性能逐渐衰减,稳定性差。

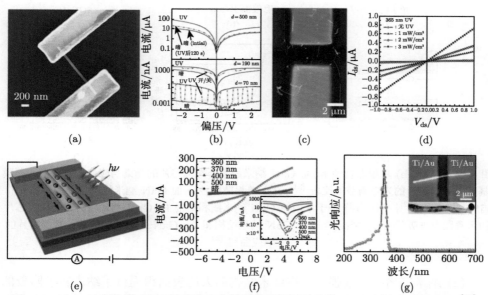

图 6.12 (a)、(b) 单根 GaN 纳米线光电导型紫外探测芯片的 SEM 图及光电流曲线[18];
(c)、(d) 单根 GaN 纳米线紫外探测芯片的 SEM 图及其在紫外线照射下的 I-V 特性曲线[19];
(e)、(f)、(g) 双晶 GaN 纳米线紫外探测芯片的示意图、I-V 特性曲线和光谱响应曲线[20]

科研人员从结构设计、材料合成以及能带角度出发提出了多种研究方案以改善单根纳米线型紫外探测芯片的光电性能。

(1) 非极性 GaN 纳米线。与极性 GaN 基光电芯片对比,非极性 GaN 基芯片由于克服了压电和自发极化效应引起的量子限制斯塔克效应,在光探测方面展现出了更高的量子效率和更快的响应。例如,Chen 等[21] 通过 CVD 设备,采用气固液的方法制备了 m 面非极性 GaN 纳米线用于紫外探测,与非极性 GaN 薄膜结构对比,一维纳米线结构的芯片具有更大的增益,这主要归因于非极性材料的强表面电场，如图 6.13(a)、(b) 所示。另外，Wang 等 [22] 在图形化 Si 衬底上制备了平行排列的 a 面非极性 GaN 纳米线阵列，在阵列两端沉积了 Ag 电极制备了金属–半导体–金属型紫外探测芯片，得益于多通道平行的载流子传输方式以及肖特基结噪声低、响应速度快的优点，该芯片在 325 nm 紫外线照射下的响应度达到了 4000 A/W，上升时间和衰减时间小于 26 ms，如图 6.13(c) 所示。

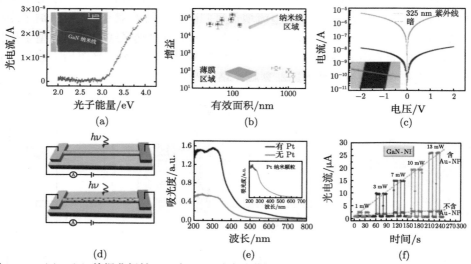

图 6.13　(a)、(b) 单根非极性 m 面 GaN 纳米线紫外探测芯片的光谱响应曲线以及其与薄膜基紫外探测芯片的光电增益的比较 [21]；(c) 单根非极性 a 面 GaN 纳米线基紫外探测芯片的响应时间曲线 [22]；(d)、(e) 基于单根纯 GaN 纳米线和单根 Pt-GaN 纳米线的紫外探测芯片的示意图及光吸收曲线 [23]；(f) 基于 GaN 纳米结构和 Au-GaN 纳米结构的紫外探测芯片的光响应曲线 [24]

(2) 纳米等离激元增强。一维纳米结构的大比表面积提供了纳米粒子附着的位点，利用纳米粒子的表面等离激元效应，使入射光子与纳米粒子表面的自由电子产生共振以增强光吸收，该方法是提高光响应的有效手段。Zhang 等 [23] 将 Pt 纳米粒子与 GaN 纳米线结合使得芯片对紫外线的吸收增加了数倍，光暗开关比提高了 10 倍，响应度从 773 A/W 提升至 6.39×10^4 A/W，如图 6.13(d)、(e) 所示，这主要归因于 Pt 与 GaN 界面处形成了有效的热电子注入区、光散射区以及产生的局域表面等离子体共振效应 (LSPR)。同样的，Goswami 等 [24] 研究了 Au 纳米颗粒对 GaN 纳米结构光响应性能的提升作用，利用纳米粒子的 LSPR 向纳米材料注入了额外的共振热电子，使得紫外探测芯片的光电流提高了 10 倍，如图 6.13(f) 所示。

尽管单根 GaN 纳米线紫外探测芯片得到了长足发展，但仍然面临诸多瓶颈。

首先，横向结构的低维材料组合有效吸光面积太小，光响应性能受限；其次，该芯片的制备方案是通过手动的方式将单根纳米线进行机械转移，制备效率差且良率低，与 CMOS 工艺不兼容，无法实现大规模、低成本制备。与之相比，垂直的一维纳米阵列结构在光探测领域具有更大的潜力与前景。一是垂直的阵列结构具有超大的比表面积，使得入射光线发生多重反射/散射，能够极大地增强光吸收；二是一维纳米阵列结构的集成相当于有着无数个光生载流子传输通道，减少了载流子的再复合，极大地提高了光生电流密度；三是垂直的载流子传输路径缩短了光生载流子的渡越时间。在 Si 衬底上通过自组装的方式直接外延 GaN 纳米柱阵列是常见策略与手段，该方案与现有的 Si 基工艺兼容，具有大规模制备、易于集成的特点，而且该异质结的构建有利于制备自供电探测芯片，具有微型化、低能耗的应用特征。在这方面，Song 等研究人员[25] 提出了一种基于 GaN 纳米线阵列/p-Si 异质结的宽光谱自供电探测芯片，他们在图形化 Si 衬底上直接外延生长横向排列的 GaN 纳米线阵列，所制备的垂直结构的自供电探测芯片对紫外线、可见光和近红外线都有光响应，在 325 nm 光照、0 V 偏压下的响应度可达 131 mA/W，这得益于异质结的内建电场高效分离了光生电子–空穴对，如图 6.14(a)~ (c) 所示。本团队[26] 在 p-Si 衬底上通过 PA-MBE 的方法实现了垂直的 GaN 纳米柱阵列制备，揭示了 Si/GaN 之间的 II 型能带对齐，能够实现光生载流子在无偏压下的电子–空穴分离，在自供电模式下，其光响应高达 6.7 A/W，响应速度低至

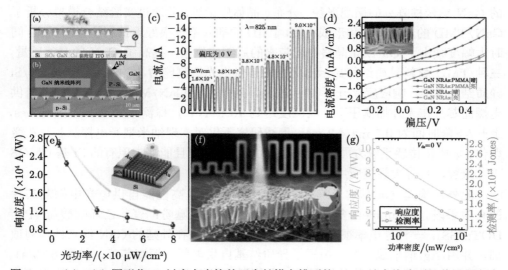

图 6.14 (a)、(b) 图形化 Si 衬底上直接外延生长横向排列的 GaN 纳米线阵列及其 (c) 光响应曲线[25]；(d)Si/GaN 异质结的自供电性能[26]；(e) 石墨烯/GaN 纳米柱阵列/石墨烯异质结构的自集成紫外探测芯片的光探测性能[27]；(f)、(g) 基于垂直结构 GaN 纳米柱阵列/TMD 的自供电探测芯片的结构示意图及光探测性能[2]

0.29 ms/3.07 ms，如图 6.14(d) 所示。然而，由于 GaN 纳米柱阵列生长采用的分子束外延和化学气相沉积方法需要 700~1000 ℃ 的高温，容易在 Si/GaN 的界面处引入非晶态的 SiN_x 层，这会在异质结界面引入过多缺陷，成为光生载流子的非辐射复合中心，影响芯片的自供电光响应性能。此外，由于非晶层的存在，纳米柱生长过程中会发生合并，引入大量的表面缺陷。因此，针对 Si 衬底上 GaN 纳米柱阵列界面与表面的调控是需要进一步探索的。

针对 GaN 纳米柱底部界面反应与顶部合并的问题，传统的制备手段很难精确控制外延条件以消除晶界和界面缺陷，本书作者带领研究团队在 GaN 和 Si 衬底之间插入二维材料来调控纳米柱阵列生长，并取得了诸多成果和进展。如图 6.14(e) 所示，本团队插入石墨烯作为 GaN 纳米柱阵列的外延模版避免氮源与 Si 衬底反应，通过调控石墨烯的厚度来实现纳米柱阵列高质量生长。二维材料的插入不仅很好地抑制了界面反应，同时大幅度减小了 GaN/Si 晶格失配带来的后续的位错，提高了 GaN 的晶体质量。在此基础上，制备了一种石墨烯/(In)GaN 纳米柱阵列/石墨烯 (GSG 型) 异质结构的自集成紫外探测芯片，将一维与二维材料集成到纳米系统中，这种独特的一维/二维杂化系统集成紫外线电探测芯片同时具有超快响应时间 (~50 μs) 和超高光敏性 (~10^5 A/W)。类似地，如图 6.14(f)、(g)，本团队在生长衬底界面处插入了二维 TMD(MoS_2、WS_2 和 $MoSe_2$)，并实现了 GaN 纳米柱阵列的准范德瓦耳斯外延生长，研究了 TMD 上生长的和 Si 上生长的 GaN 纳米柱阵列的微观形貌、分布、晶体质量等，并通过实验结合模拟分析了 GaN/TMD 的界面特性和形成机制。TMD 的插入不仅很好地抑制了界面反应，同时大幅度减小了 GaN/Si 晶格失配带来的后续的位错，提高了 GaN 的晶体质量。三种 TMD 材料异质结都显示出优秀的自供电光探测能力，并远远优于 GaN/Si 异质结的性能，响应度提升了 40~55 倍，其中基于 GaN/MoS_2/Si 异质结的自供电探测芯片在无外加偏压下，响应度达到 10.1 A/W，探测率为 2.3×10^{13} Jones，上升/下降时间为 0.5 ms/4.2 ms。上述研究不仅对实现纳米型光电探测芯片在微型化、集成化传感系统方面的发展具有重要意义，而且能够与现有的 Si 基 CMOS 工艺兼容，具有大规模应用潜力。

此外，构建 GaN 纳米阵列的核壳结构是实现高性能自供电光电探测芯片的有效手段。Pasupuleti 等 [28] 将聚 3,4-乙烯二氧噻吩：聚苯乙烯磺酸盐 (PEDOT:PSS)，一种导电率很高的高分子聚合物，旋涂在外延的 GaN 纳米柱阵列顶部，并用 Ag 纳米线修饰，组成了异质结基自供电紫外探测芯片，如图 6.15(a)、(b) 所示，在 382 nm 紫外线照射、无偏压的作用下，该混合结构芯片的响应度为 3100 A/W，探测率为 3.19×10^{14} Jones，这种高光响应也得益于 Ag 纳米线网络的 LSPR 效应产生的强的光吸收。Sun 等 [29] 则采用了聚苯胺 (PANI)，π 共轭 p 型有机聚合物，将其原位生长在 GaN 纳米线的一端，形成 GaN/PANI

纳米线异质结自供电探测芯片，在无外加偏压及紫外线照射下的探测率最高可达 4.67×10^{14} Jones，如图 6.15(c)。然而，上述研究采用的有机半导体在实际应用中由于材料性质的不稳定，往往会出现性能大幅衰减的情况。针对上述问题，本团队构建了 MoO_{3-x}/GaN 纳米柱阵列异质结，在 GaN 纳米柱阵列上沉积了均匀的 MoO_{3-x} 薄膜，形成核壳结构；通过调控沉积时间，探索最佳的 MoO_{3-x} 薄膜厚度；通过高温退火提升 MoO_{3-x} 薄膜的晶体质量，减少氧化物缺陷的影响；最终，该芯片在无电源驱动和 355 nm 的紫外线照射下，表现出超高的探测率 2.7×10^{15} Jones 和极具竞争力的响应度 160 A/W 以及超快的响应速度 73 μs/90 μs，如图 6.15(d)、(e) 所示，该项工作不仅为制造高性能、自供电紫外探测芯片提供了有效方案，而且具备大规模制造潜力，对新一代光电探测系统提供了芯片支撑。

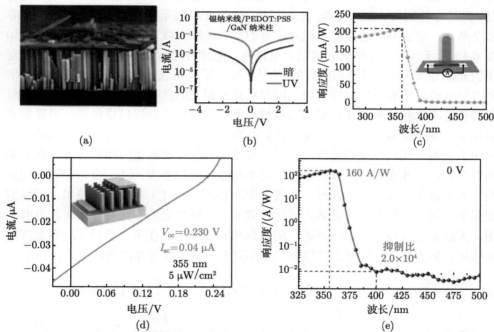

图 6.15　(a)、(b) 银纳米线/PEDOT:PSS/GaN 纳米柱的 SEM 图及其 *I-V* 曲线 [28]；(c)GaN/PANI 纳米线异质结自供电探测芯片的光响应曲线 [29]；(d)、(e)MoO_{3-x}/GaN 纳米柱阵列的自集成紫外探测芯片的光探测性能 [30]

6.4　Si 基 GaN 光电探测芯片的应用

近年来，随着互联网技术以及人工智能的发展，万物互联的应用需求得到空前高涨。物联网指的是利用互联网技术和传感器等设备，将现实世界中的各种物

理对象 (如家居设备、工业设备、汽车、健康设备等) 连接起来，实现设备间的信息交换和互动，而光电探测芯片在物联网大系统中扮演着重要的角色，是现代物联网技术的 "核芯"。一方面，光电探测芯片应用于光通信系统，这使得一些家居设备以及工业设备的通信互联变得更加高效和安全。另一方面，光电探测芯片应用于成像感知系统，这使得生物医疗设备以及遥感监测设备的感知成像更加精准。近些年，Si 基 GaN 光电探测芯片在光通信及光学成像领域的应用得到了一定程度的研究与发展。

6.4.1　光通信

无线光通信是一种利用光波在空气或真空中传输信息的先进通信技术，通过光波的传播，实现高速数据传输和广域覆盖。光通信系统的组成主要包括光发射器、光纤传输网络、光接收器、光调制器、信号处理单元以及控制器和管理系统等多个部分，它们共同协作以实现光信号的高效传输。以可见光通信系统为例，如图 6.16 所示，将信息编码并调制为电信号，电信号通过 LED 终端转化为明暗变化的光信号，从而实现通信的目的 [31,32]。相比于较传统的通信方式，无线光通信具有更低的延时和更好的安全性，同时也具备很强的抗干扰能力，能够有效应对各种信号干扰和窃听。在军事通信领域，无线光通信可以提供更加安全可靠的通信保障，保障敏感信息的传输安全性。在短距离通信方面，无线光通信也被广泛应用于室内、飞机机舱等场景，为用户提供更加稳定和高速的网络连接。在卫星通信领域，无线光通信可以提高通信效率和数据传输速度，进一步完善卫星通信系统的覆盖范围和质量。同时，在智能交通领域，通过无线光通信技术，可以实现车辆之间、车辆与道路设施之间的高效通信，提高交通安全性和效率。总的来说，无线光通信技术具有广阔的应用前景和发展空间，在多个领域都能够发挥重要作用，为人类社会的通信网络提供更加高效、安全和可靠的通信方式。

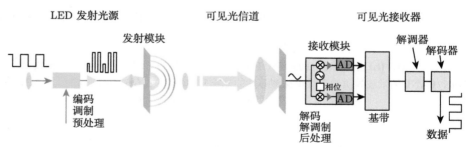

图 6.16　　无线可见光通信系统的基本结构 [31]

光电探测芯片主要负责将接收到的光信号转换为电信号，然后再进行解析和处理，将信息传递给目标终端设备。作为光通信系统接收端的核心组成部分，光电探测芯片扮演着至关重要的角色，其性能优劣直接决定了整个系统的通信效果和稳定性。新一代无线光通信系统要求具备微型化、长距离以及高速等特点。由于 Si 基 GaN 光电探测芯片具有高的响应度和响应速度、长寿命、能与 Si 基 CMOS 工艺相兼容以及低成本和可用于大尺寸硅衬底等优势，是下一代光通信用核心光电接收芯片的理想结构。本团队[15] 设计了一种高性能的 Si 基 MXene/InGaN 可见光探测芯片，并将其应用于可见光通信系统中，如图 6.17 所示。通过构建 MXene/InGaN 新型异质结来改善载流子输运特性，超快的光响应速度 (7.1 μs/183.2 μs) 使其可满足一些可见光通信系统的应用需求，同时，本团队以理论计算和实际实验相结合的方式研究了光电探测芯片的性能和通信性能。该光电探测芯片可以工作在零偏压下，且具有优异的性能，自驱动的特性可以有效降低该芯片应用于可见光通信系统中的成本，而且无需外部供电，将减少能源需求以及设备体积，这对系统的微型化设计至关重要。该芯片的 −3 dB 带宽达到了 17.15 kHz，在较高传输速率的条件下，光电探测芯片接收的数据信号完整度高。在此基础上，本团队[16] 设计了 MXene/AlGaN 紫外光电探测芯片，该芯片同样表现出优异的自驱动特性，有效解决了传统薄膜结构的紫外光电探测芯片 AlGaN 基异质结构势垒宽度大，难以实现高效的自发分离而导致芯片响应能力较低，响应速度慢的问题。基于该芯片，本团队进行了简易紫外光通信系统的搭建基应用延时，研究表明该芯片可实现连续字符串信息的传输。以上研究成果将极大地推动 Si 基 GaN 光电探测芯片的发展及其在光通信系统中的应用。

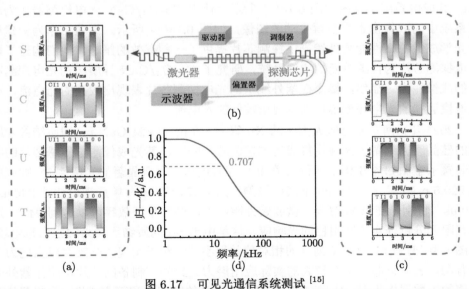

图 6.17 可见光通信系统测试[15]

(a) 通过激光器传输的信号波形；(b) 可见光通信系统示意图；(c) 光电探测芯片接收到的信号；(d) 光电探测芯片的交流频率曲线

　　总的来说，Si 基 GaN 光电探测芯片在未来的光通信领域将扮演至关重要的角色，将为光通信技术的发展提供重要支持。其优异性能和稳定性使其成为光电探测芯片领域的热门选择，并为光通信系统的高效运行和高质量传输提供可靠基础。Si 基 GaN 光电探测芯片的出色表现与其广阔的应用前景相辅相成，预示着 Si 基 GaN 光电探测芯片将在光通信领域有着广泛的应用并推动光通信技术进一步发展。

6.4.2　光学成像

　　光学成像技术在现代科学和工程中发挥着日益重要的作用，特别是在光电子学领域。Si 基 GaN 光电探测芯片因其在紫外光谱范围内的高灵敏度和高速响应而备受关注。本节将探讨光学成像技术在 Si 基 GaN 光电探测芯片中的应用，包括成像原理、成像系统设计和性能优化等方面。

　　光学成像的原理在于通过控制光线的传播路径和光学元件的性质，使得来自被观察对象的光线在成像平面上会聚，形成清晰的图像。这一过程依赖于光的折射、反射等基本规律，利用光学透镜系统、成像传感器以及图像处理技术，将物体的光学信息转化为可观测的电信号或图像。通过光学成像，我们能够实现对目标的高分辨率、高质量成像，并将其广泛应用于医学、工程、科学研究等领域。

　　2021 年，沈阳材料科学国家研究中心的 Feng 等 [33] 设计了 n-Ga$_2$O$_3$/p-GaN 垂直异质结，构建了高性能的紫外光电探测芯片。在自供电模式下，光电探测芯片的光响应、探测率和光响应速度分别为 44.98 mA/W、5.33×10^{11} Jones 和 383 ms。其成像系统示意图如图 6.18(a) 所示，使用 Ga$_2$O$_3$/GaN 光电检测器作为成像系统中的成像像素来获得生动的图像，如图 6.18(b) 所示。这项工作为构建用于光学成像的高性能紫外线光电探测芯片提供了一种有效的策略。他们构建了以光电探测芯片为传感单元的成像系统，研究了 Ga$_2$O$_3$/GaN 异质结构光电探测芯片的成像能力。显然，暴露在紫外线下的光电探测芯片表现出较高的光电流，而被掩模遮挡的光电探测芯片则表现出较低的光电流。

　　2024 年，南京航空航天大学的 Xu 等 [34] 在由 21×21 GaN pn 同质结像素组成的硅晶圆上制备了大规模集成光电探测芯片阵列，其光成像测量传感芯片的实验装置示意图如图 6.18(c) 所示。在 0 V 偏置电压下具有显著的光伏性能，响应度为 229.5 mA/W，在 365 nm 下其比检测率为 45.7 μW/cm^2，响应速度快达 240 μs/290 μs。特别是在 0 V 偏置、微弱紫外照明下，外部量子效率可以达到 94%。通过有限元分析证实了其出色的光响应，这是由于 pn 同质结界面处的强内建电场。如图 6.18(d) 所示，GaN 列阵的相对偏差很小，这对于实现高分辨率成像能力十分有利，表明该芯片具有较大的实际应用潜力。此外，制备的芯片可用作紫外光通信的光数据接收器。凭借与 Si 基光电子平台的兼容性和可集成性，这些芯片在传感、成像和通信领域展现出良好的应用前景。

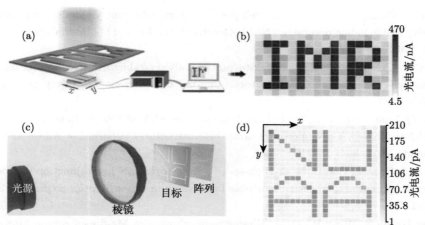

图 6.18   (a)Ga_2O_3/GaN 光电探测芯片成像系统示意图；(b)Ga_2O_3/GaN 成像系统获得的"IMR" 图像 [33]；(c) 使用 GaN 光电探测芯片作为光成像测量传感芯片的实验装置示意图；(d) 在 360 nm 紫外线照射下获得的 "NUAA" 形状的映射光电流 [34]

参 考 文 献

[1] 翟雨生. 面向可见光通信的 Si 基氮化物同质光电子集成芯片研究. 南京：东南大学，2019.

[2] Zheng Y, Cao B, Tang X, et al. Vertical 1D/2D heterojunction architectures for self-powered photodetection application: GaN nanorods grown on transition metal dichalcogenides. ACS Nano, 2022, 16: 2798-2810.

[3] Sulaman M, Yang S, Bukhtiar A, et al. Hybrid bulk-heterojunction of colloidal quantum dots and mixed-halide perovskite nanocrystals for high-performance self-powered broadband photodetectors. Advanced Functional Materials, 2022, 32: 2201527.

[4] George J, Vikraman H K, Reji R P, et al. Novel ternary nitride thin film-based self-powered, broad spectral responsive photodetector with a high detectivity for weak light. Advanced Materials Technologies, 2023, 8: 2200645.

[5] 陈冠宇. Si 基光电探测芯片及其应用. 武汉：华中科技大学，2018.

[6] Li D, Sun X, Song H, et al. Realization of a high-performance GaN UV detector by nanoplasmonic enhancement. Advanced Materials, 2012, 24: 845-849.

[7] Chen L, Xie S, Lan J, et al. High-speed and high-responsivity blue light photodetector with an InGaN NR/PEDOT:PSS heterojunction decorated with Ag NWs. ACS Applied Materials & Interfaces, 2024, 16: 29477-29487.

[8] Mishra M, Gundimeda A, Garg T, et al. ZnO/GaN heterojunction based self-powered photodetectors: influence of interfacial states on UV sensing. Applied Surface Science, 2019, 478:1081-1089.

[9] Han Y, Wang Y, Fu S, et al. Ultrahigh detectivity broad spectrum UV photodetector with rapid response speed based on p-β -Ga_2O_3/n-GaN heterojunction fabricated by a reversed substitution doping method. Small, 2023, 19: 2206664.

[10] Yin S, Cheng Y, Li Y, et al. Self-powered ultraviolet-blue photodetector based on GaN/double halide perovskite/NiO heterostructure. Journal of Materials Science, 2021, 56: 13633-13645.

[11] Li Q, Liu G, Yu J, et al. A perovskite/porous GaN crystal hybrid structure for ultrahigh sensitivity ultraviolet photodetectors. Journal of Materials Chemistry C, 2022, 10: 8321-8328.

[12] Liu Q, Yang Y Q, Wang X, et al. High-performance UV-visible photodetectors based on $CH_3NH_3PbI_3$-Cl/GaN microwire array heterostructures. Journal of Alloys and Compounds, 2021, 864: 158710.

[13] Chai J, Chen L, Cao B, et al. High-speed graphene/InGaN heterojunction photodetectors for potential application in visible light communication. Optics Express, 2022, 30: 3903.

[14] Cao B, Ma S, Wang W, et al. Charge redistribution in Mg-doped p-type MoS_2/GaN photodetectors. The Journal of Physical Chemistry C, 2022, 126: 18893-18899.

[15] Kong D, Lin T, Chai J, et al. A self-powered MXene/InGaN van der Waals heterojunction mini-photodetector for visible light communication. Applied Physics Letters, 2023, 122: 142104.

[16] Li L, He Y, Lin T, et al. MXene/AlGaN van der Waals heterojunction self-powered photodetectors for deep ultraviolet communication. Applied Physics Letters, 2024, 124: 132105.

[17] Lin Z, Lin T, Lin T, et al. Ultrafast response self-powered UV photodetectors based on GaS/GaN heterojunctions. Applied Physics Letters, 2023, 122: 131101.

[18] Calarco R, Marso M, Richter T, et al. Size-dependent photoconductivity in MBE-Grown GaN-Nanowires. Nano Letters, 2005, 5: 981-984.

[19] Lee J W, Moon K J, Ham M H, et al. Dielectrophoretic assembly of GaN nanowires for UV sensor applications. Solid State Communications, 2008, 148: 194-198.

[20] Zhang X, Liu B, Liu Q Y, et al. Ultrasensitive and highly selective photodetections of UV-A rays based on individual bicrystalline GaN nanowire. ACS Applied Materials & Interfaces, 2017, 9: 2669-2677.

[21] Chen R S, Chen H Y, Lu C Y, et al. Ultrahigh photocurrent gain in m-axial GaN nanowires. Applied Physics Letters, 2007, 91: 223106.

[22] Wang X, Zhang Y, Chen X, et al. Ultrafast, superhigh gain visible-blind UV detector and optical logic gates based on nonpolar a-axial GaN nanowire. Nanoscale, 2014, 6: 12009-12017.

[23] Zhang X, Liu Q, Liu B, et al. Giant UV photoresponse of a GaN nanowire photodetector through effective Pt nanoparticle coupling. Journal of Materials Chemistry C, 2017, 5: 4319-4326.

[24] Goswami L, Aggarwal N, Krishna S, et al. Au-nanoplasmonics-mediated surface plasmo-nenhanced GaN nanostructured UV photodetectors. ACS Omega, 2020, 5: 14535-14542.

[25] Song W, Wang X, Chen H, et al. High-performance self-powered UV-vis-NIR photode-tectors based on horizontally aligned GaN microwire array/Si heterojunctions. Journal of Materials Chemistry C, 2017, 5: 11551-11558.

[26] Zheng Y, Tang X, Yang Y, et al. Vertically aligned GaN nanorod arrays/p-Si het-erojunction self-powered UV photodetector with ultrahigh photoresponsivity. Optics Letters, 2020, 45: 4843.

[27] Zheng Y, Wang W, Li Y, et al. Self-integrated hybrid ultraviolet photodetectors based on the vertically aligned InGaN nanorod array assembly on graphene. ACS Applied Materials & Interfaces, 2019, 11: 13589-13597.

[28] Pasupuleti K S, Reddeppa M, Park B G, et al. Ag nanowire-plasmonic-assisted charge separation in hybrid heterojunctions of ppy-PEDOT: PSS/GaN nanorods for enhanced UV photodetection. ACS Applied Materials & Interfaces, 2020, 12: 54181-54190.

[29] Sun Y, Song W, Gao F, et al. *In situ* conformal coating of polyaniline on GaN microwires for ultrafast, self-driven heterojunction ultraviolet photodetectors. ACS Applied Materials & Interfaces, 2020, 12: 13473-13480.

[30] Zheng Y, Li Y, Tang X, et al. A self-powered high-performance UV photodetector based on core-shell GaN/MoO_{3-x} nanorod array heterojunction. Advanced Optical Materials, 2020, 8: 2000197.

[31] Kong D, Zhou Y, Chai J, et al. Recent progress in InGaN-based photodetectors for visible light communication. Journal of Materials Chemistry C, 2022, 10: 14080-14090.

[32] Chai J, Kong D, Chen S, et al. High responsivity and high speed InGaN-based blue-light photodetectors on Si substrates. RSC Advances, 2021, 11: 25079-25083.

[33] Zhang B, Hou W, Jin G, et al. Simultaneous improvement of field-of-view and resolution in an imaging optical system. Optics Express, 2021, 29: 9346.

[34] Xu T, Fan X, Zhu G, et al. Integrated GaN prism array self-powered photodetector on Si for ultraviolet imaging and communication. Advanced Optical Materials, 2024, 12: 2400237.

第 7 章 Si 基 GaN 光电解水芯片

7.1 引　言

"开发新型清洁、可再生能源" 是实现《中华人民共和国国民经济和社会发展第十四个五年规划和 2023 年远景目标纲要》[1] 的重要发展方向。在众多新型可再生能源中，氢气具有能量密度高 (120 MJ/kg)、燃烧热值大 (1.43×10^5 kJ/kg)、绿色环保、可循环与可存储等优点，被誉为 21 世纪最具发展前景的二次能源 [2]。据我国国家发展改革委、国家能源局发布的《氢能产业发展中长期规划 (2021—2035年》[3] 报道，氢能源将是未来 30 年内可再生能源领域的发展重点。

然而，自然界中并不以氢气分子的形式存在，发展氢能源至关重要的就是探索可持续的氢气制备技术。目前氢气的制备方法主要有以下几种：化石燃料 (煤、石油、天然气) 制氢、甲醇或氨裂解制氢、水分解制氢等。虽然利用化石燃料制氢成本相对较低，但其过程复杂，而且产品纯度不高。此外，利用化石燃料制备氢气的过程需要消耗大量的化石燃料，会产生如 CO_2 等温室气体，不符合可持续发展的要求。甲醇或氨裂解制氢虽然流程比较简单，但制氢过程中分别伴随有 CO_2、N_2 等气体的生成，降低了氢气的纯度，难以达到商业要求。水分解制氢以水作为原料易于获取，而且氢气燃烧放出能量后，最终产物水不会对环境造成任何的污染。因此，从长远来看，水分解制氢是最有前途的方式。

水分解制氢技术包括光解水、电解水与光电解水。光解水制氢所需要的催化剂材料的成本低，且尺寸可控，是三种太阳能制氢技术中最廉价的方法。但是，要同时获得既具有高氧化活性又具有高还原活性的物质是相当困难的，所以其太阳能转换氢能 (STH) 效率不到 1%，且光催化产生的 H_2 和 O_2 的气体分离问题也较难攻克。多年来，电解水制氢技术进展不大，其主要原因是过高的电能消耗增加了制氢成本。每制取 1 m³ 氢气需要耗电 5~8 kW·h，且电解水所需的过电势较大 (~2.0 V)，即使使用高催化效率的贵金属基电催化剂也会引起较大的能量损失。在光电化学 (photoelectro chemical, PEC) 水分解体系中，通过施加一定的偏压来补偿水氧化/还原的过电势，在低于水的氧化电势 (1.23 V vs. RHE) 或高于水的还原电势 (0 V vs. RHE) 下就可以实现水的氧化反应 (oxygen evolution reaction，OER) 和还原反应 (hydrogen evolution reaction，HER)，且氢气和氧气由于在两个电极上产生，易分离，因此 PEC 水分解技术是实现大规模氢气生产的理想途径。

目前，用于光电解水芯片的光电极材料大多是在 Si 衬底上制备的。Si 是一种常见的半导体材料，具有良好的电学性质和易于获取的特点。使用 Si 衬底可以降低生产成本，提高芯片的制造效率；Si 衬底与现有的 Si 基半导体技术具有很好的兼容性，在开发和生产过程中更加稳定和可靠，可利用现有的生产设备和技术，减少转型成本；尽管 Si 衬底本身不具备高电子迁移率等优良特性，但在 Si 衬底上生长材料，可以结合两者的优势，提高芯片的整体性能。并且，可以利用 Si 衬底良好的散热性能，防止芯片过热失效。利用现有的 Si 基材料进行规模化生产有利于降低成本并提高产品的市场竞争力。

Si 基 GaN 光电解水芯片主要利用 GaN 优异的光电特性和 Si 衬底的低成本、高兼容性等优势，推动了光电解水技术的发展。GaN 的带隙宽度约为 3.4 eV，能够在较宽的光谱范围内吸收太阳光，从而提高光电转换效率；GaN 具有较强的耐腐蚀性，可以在较为苛刻的环境下稳定工作，提高了系统的可靠性；GaN 在高温下的稳定性较好，可以在较高的工作温度下保持较高的光电转换效率；GaN 可以很容易地与 Si 衬底结合，利用现有 Si 基半导体技术进行生产，有利于降低生产成本并提高产量；GaN 是一种环境友好型材料，不含重金属等有害物质，有利于环境保护和可持续发展。

然而，目前仍存在以下问题限制了其 PEC 性能无法进一步突破：高质量 Si 基 GaN 材料的获取困难，生长过程中所产生的缺陷会捕获载流子；在生长高质量 Si 基 GaN 的过程中，还需要使用一些昂贵的设备和技术 (如 MOCVD、分子束外延等)，这可能会抵消部分成本优势；GaN 材料与 Si 衬底之间较大的失配导致较差的界面耦合，使得载流子输运困难；单一 Si 基 GaN 材料的内驱动力不足，限制了载流子向电解液转移的效率。

7.2 Si 基 GaN 光电解水芯片的工作原理与结构参数

7.2.1 光电解水芯片的工作原理

以光阳极为例，PEC 水分解过程可描述为：①在光照下，n 型半导体吸收大于或等于其禁带宽度能量的光子，产生光生电子和空穴；②少子光生空穴和电子在体材料中发生复合，抑或在外加电场和界面内建电场的作用下传输到光阳极–电解液界面，而多子光生电子在外加偏压和界面内建电场的作用下通过外电路到达对电极；③到达界面处的光生空穴氧化水得到氧气，即发生析氧反应。即 PEC 水分解原理可简述为，半导体光电极材料吸收能量等于或大于其禁带宽度的光子，产生光生电子和空穴，光生电子和空穴在外加电场或者界面内建电场的作用下传输到光电极–电解液界面，分别发生水还原和水氧化反应得到氢气和氧气，原理图如

图 7.1 所示。

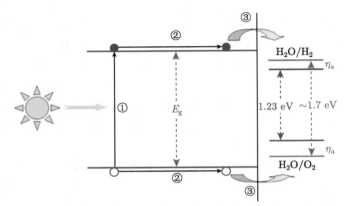

图 7.1   光电解水制氢原理图 [4]

PEC 水分解反应如下面方程所示 [4]：

$$2H_2O \longrightarrow 2H_2 + O_2, \quad \Delta G^{\ominus} = 237.2 \text{ kJ/ mol}, \quad E = 1.23 \text{ V} \tag{7.1}$$

水分解需要消耗的标准吉布斯自由能为 237.13 kJ/mol，即转移 1 mol 电子所消耗的能量为 1.23 eV。由此可见，PEC 水分解反应是一个吸热过程，属于热力学非自发过程，需要外部能量来克服反应能垒。驱动该反应所需的能量由太阳光和外加电压提供。原理上，半导体的费米能级与电解质的水氧化还原电势之间的差异导致半导体空间电荷层的能带弯曲，然后偏压进一步促进能带弯曲，从而加速光生电子-空穴对的分离和转移。最后，氧化反应通过光生空穴在光阳极上进行，而还原反应发生在对电极上。光生电子空穴对的水氧化还原能力取决于价带和导带对水氧化还原电势的位置，这与半导体的能带结构密切相关。

PEC 水分解涉及两个电极半反应，在不同电解液中的反应如下 [5]。

光阳极：在酸性条件下，

$$2H_2O \longrightarrow O_2 + 4H^+ + 4e^- \tag{7.2}$$

在碱性条件下，

$$4OH^- \longrightarrow O_2 + 2H_2O + 4e^- \tag{7.3}$$

$$E_{\text{anodic}} = 1.23 \text{ V} - 0.059(\text{pH}) \text{ V vs. RHE} \tag{7.4}$$

光阴极：在酸性条件下，

$$4H^+ + 4e^- \longrightarrow H_2 \tag{7.5}$$

在碱性条件下，

$$2H_2O + 4e^- \longrightarrow 2H_2 + 2OH^- \tag{7.6}$$

$$E_{\text{cathodic}} = 0\,\text{V} - 0.059(\text{pH})\,\text{V vs. RHE} \tag{7.7}$$

光生电子空穴对的水氧化还原能力取决于半导体导带 (VB) 和价带 (CB) 对水氧化还原电势的位置。理想情况下，半导体催化剂的带隙应与水的氧化和还原电势相匹配。此外，催化剂的能带位置应具有 1.23 eV 的最小电势差，导带底部的负值大于 H^+/H_2 的还原电势 (0 V vs. RHE)，并且价带边缘的正电势高于 O_2/H_2O 的氧化电势 (1.23 V vs. RHE)。在由光阳极、光阴极同时组成的串联系统中，水分子可以同时在两电极上发生氧化还原。根据光电极半反应的能斯特方程可知，还原或氧化反应的电势取决于电解液的 pH 值，因此，用于 PEC 光电解水的半导体带隙应大于 1.23 eV，并跨越 H_2O 的氧化或者还原电势。然而，在实际 PEC 水分解中需要考虑过电势所引起的能量损失，所以用于水分解的半导体带隙通常大于 1.8 eV。为了增强光吸收，半导体的带隙应尽可能窄，但这势必会减小氧化还原反应的驱动力，因此，半导体的能带工程在 PEC 水分解中尤为重要。

7.2.2 Si 基 GaN 光电解水芯片的结构

Si 基 GaN 光电解水芯片通常有着垂直的电极分布形式，如图 7.2。下面我们来对 Si 基 GaN 光电解水芯片各个部分的功能进行简要的描述。

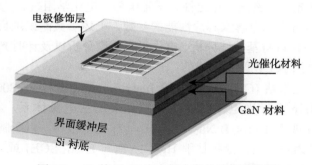

图 7.2 Si 基 GaN 光电解水芯片结构示意图

已经指出，大多数光电解水芯片的光电极材料在 Si 衬底上制备。除此之外，Si 晶片尺寸大 (商用级别最大达到 300 mm) 与现有标准 Si 基 CMOS 生产工艺兼容，为大规模工业化量产提供保障，从这个角度看，Si 材料是最佳异质衬底选择。并且，Si 的禁带宽度为 1.12 eV，具有优良的导电性能和稳定性，可以满足多种电子芯片的应用需求。Si 基集成电路、晶体管、太阳能电池等都是基于 Si 材料制造的。由于 Si 衬底具有成本低廉、工艺成熟、性能稳定等优点,因此,Si 衬底上 GaN 基纳米材料的生长大大节约了成本,有利于工业化 PEC 应用。

在 Si 基 GaN 光电解水芯片结构中,可以看到 Si 衬底与 GaN 之间存在界面缓冲层。由于 GaN 与 Si 衬底之间存在较大的晶格失配,以及 GaN 本体和表面的快速电荷重组,所以 GaN 的综合性能受到了很大的限制,载流子输运能力差。因此,寻找有效的界面缓冲层,既能加速 GaN 的电荷分离,又能消除 GaN/Si 的界面电阻,从而提高 STH 效率和芯片的稳定性。

此外,工艺生产中通常会对 Si 基 GaN 光电解水芯片的顶部进行修饰处理。这是因为,尽管通过在衬底与 GaN 之间加入中间层已经解决了晶格失配的问题,但在材料生长过程中会不可避免地引入高密度表面态,并且这些表面态在芯片后续暴露于空气中时会捕获电子。这些被捕获的电子会与光生空穴重新结合,从而导致光生载流子的高损失。因此,为了实现较高的 STH 效率,需要解决这些表面态对电极的有害影响。近年来,通过超薄膜沉积和化学处理等方法,对材料进行了各种表面处理,以钝化表面状态。采用合适的涂层 (如 TiO_2、H_3PO_4、Al_2O_3、CeO_2 等) 进行表面处理是减少表面捕获态的有效方法。除此之外,GaN 材料表面和体中载流子的严重复合阻碍了高效水分解的实现。众所周知,异质结结构可以通过在结内产生的内置电场为载流子的分离提供额外的驱动力,如 pn 结、肖特基结等。

7.2.3 Si 基 GaN 光电解水芯片的性能参数

本节主要从光电流密度、稳定性、平带电势、电化学阻抗、光转换效率出发,介绍衡量 Si 基 GaN 光电解水芯片性能的参数,上述参数测试项目,包括线性扫描伏安测试、莫特–肖特基曲线分析、电化学阻抗谱分析以及计时光电流稳定性测试等,均是在电化学工作站上完成的。

通过电化学工作站 (CHI 760E,CH Instruments Inc.),在 300 W 氙灯 (100 mW/cm^2) 辐射下进行光电化学性能测试。采用三电极体系,在 0.5 mol/L H_2SO_4(pH = 0) 或者 1 mol/L Na_2SO_4(pH = 7) 电解液中,以所制备的电极作为工作电极,铂丝为对电极,饱和甘汞 Hg_2Cl_2(饱和 KCl,SCE) 或 Ag/AgCl(饱和 KCl) 作为参比电极进行测试。

1. 线性扫描伏安曲线测试

线性扫描伏安 (linear sweep voltammetry,LSV) 法通过在电极上施加线性变化的外加电压,测量光电极上电化学反应过程中光电流的变化,得到 J-V 曲线,也称极化曲线,从而对半导体光电极的 PEC 活性进行分析表征。通过 LSV 法测量所获得的 J-V(电流密度–电压) 曲线,可以用于评估不同的光电极的光电性能。

具体方法是，在相同的外加电压下，比较不同光电极所产生的电流密度；或者在相同的电流密度下，比较所需施加的外加电压。

值得注意的是，只有当扫描速率足够小时才能获得稳态的极化曲线 (电压扫描速率为 50 mV/s)。为了便于比较，在所有的测试中，相对于参比电极饱和甘汞电极 Hg/Hg_2Cl_2(SCE) 的电极电势都转换成了可逆氢电极 (reversible hydrogen electrode，RHE) 电势，其转换关系为[6]

$$E_{RHE} = E_{Hg_2Cl_2} + E_{Hg_2Cl_2}\,(\text{Ref.}) + 0.0591 \times \text{pH} \tag{7.8}$$

其中，参比电极电势 $E_{Hg_2Cl_2}\,(\text{Ref.})$ 通常情况下以测试所得值为准，且参比电极电势值在长期使用中容易发生偏移，需要经常校准。以在 0.5 mol/L H_2SO_4 电解液中的校准为例，具体过程如下：在室温下，往电解液中通入高纯的 H_2 直至饱和，用两个 Pt 电极分别作为工作电极和对电极，SCE 作为参比电极组成的三电极系统在 1 mV/s 扫描速率下进行循环伏安扫描，获得的循环伏安扫描曲线与 x 轴两个交点的中点即为 SCE 相对于 RHE 电势的热力学电势，一般情况下，在 0.5 mol/L H_2SO_4 电解液中[6]

$$E_{RHE} = E_{Hg_2Cl_2} + 0.22\ \text{V} \tag{7.9}$$

2. 光电化学稳定性测试

恒定电压下电流–时间曲线 (I-t) 是评估芯片电化学稳定性与电极性能最直观的测试方法。它通过在恒定点位下，通过光电流随时间的变化判断光电极表面的反应特性。一般 I-t 测试的具体过程为：采用电化学工作站的安培 I-t 曲线，进入到参数设置界面，首先设置测试电压。采样间隔 (Sample Interval，单位：V)、静置时间 (Quiet Time，单位：s)、数据灵敏度 (Sensitivity，单位：A/V，设置需与光电流–电压即 I-V 曲线测量保持一致)、运行时间 (Run Time，根据实验要求设置测试时长) 以及运行期间的测试循环次数 (Scales during Run，一般默认为一次)。

通过测试分析 I-t 曲线，研究人员可以了解材料或光电化学器件的性能，包括电化学反应速率、反应速率常数、电化学反应的类型、反应的机理以及反应的稳定性等关键参数。这些信息对于光伏电池、光催化材料、光电化学传感器等应用的研究和优化非常重要。另外，恒定电压下，按一定周期通、断光源来测试瞬态光电流响应曲线是评估电极载流子分离效率的一种手段。

3. 光转换效率评估方法

STH 效率是评估光电极产生氢气最直接的方法，同时也是 PEC 水分解实际应用的评估手段。STH 测试主要在以下标准条件下进行[6]：将辐照光谱校准为大

气压下太阳光谱 (AM 1.5G, 100 mW/cm²); 采用两电极体系, 除了光源和电解质 (无牺牲剂) 外, 没有任何外部能量输入; 孤立工作电极和对电极, 防止生成的 O_2 和 H_2 产生副反应。在上述前提下, 通过以下公式可以计算出 STH 效率 [7]:

$$\eta_{\mathrm{STH}} = \frac{J_{\mathrm{ph}}\,(\mathrm{mA/cm^2}) \times 1.23\,(\mathrm{V}) \times \eta_{\mathrm{F}}}{P_{\mathrm{light}}(\mathrm{mW/cm^2})} \tag{7.10}$$

其中, J_{ph} 是零偏置电势下的光电流密度; P_{light} 为入射光的功率密度; η_{F} 为制氢的法拉第效率。在实际研究过程中, 大部分光电化学电池的 STH 效率较小。因此, 引入偏压光电转换效率 (applied bias photoconversion efficiency, ABPE) 来评估单阳极或阴极的 PEC 特性, ABPE 主要在三电极体系中通过以下公式计算 [6]:

$$\mathrm{ABPE} = \frac{J_{\mathrm{ph}}\,(\mathrm{mA/cm^2}) \times [(1.23 - V_{\mathrm{app}})\,(\mathrm{V})]}{P_{\mathrm{light}}(\mathrm{mW/cm^2})} \tag{7.11}$$

$$\mathrm{ABPE} = \frac{|J_{\mathrm{ph}}\,(\mathrm{mA/cm^2})| \times V_{\mathrm{app}}\,(\mathrm{V})}{P_{\mathrm{light}}(\mathrm{mW/cm^2})} \tag{7.12}$$

其中, V_{app} 是相对于参比电极的电压, 1.23 是水的氧化还原电势。另外, 为反映整个 PEC 体系的光电转换效率, ABPE 测试需采用双电极系统, 根据公式 (7.12) 计算而得, 然而, 此时的 V_{app} 是相对于对电极的电压。

4. 莫特–肖特基测试

莫特–肖特基 (Mott-Schottky, M-S) 测试是测量半导体电极平带电势 (flat band potential, E_{fb}) 的一种电化学测试方法。M-S 测试采用三电极体系, 在暗态条件下, 于开路电压正负 0.5~0.8 V 的范围内进行线性电势扫描。在此过程中, 会叠加一个固定频率的交流阻抗测试, 该测试的频率通常选定在 5~20 kHz。平带电势反映的是半导体能带不发生弯曲时的电极电势, 与半导体材料和电解液性质有关。由于半导体光电极与电解液之间的费米能级差, 且半导体载流子浓度远小于电解液中的载流子浓度, 因此半导体表面会发生电荷转移, 从而形成空间电荷层 (space charge layer), 使得半导体在空间电荷区发生能带弯曲。外部偏压 (电注入) 可以调控半导体载流子浓度, 当施加一定外部偏压时, 半导体的费米能级能量与溶液的氧化还原电势相同, 半导体能带弯曲被拉平, 此时施加的电极电势即为平带电势, 同时半导体不会发生电荷转移, 不会产生电流。

平带电势可以帮助确定半导体的费米能级相对于参比电极的位置, 以及半导体的导带位置。平带电势稍微低于导带, 这对于分析电解液的光电转换反应至关重要。通过平带电势, 可以获取半导体电子芯片的相关性能参数, 进而更好地控制其工作状态, 提高其稳定性和可靠性。平带电势由半导体电极电容与外加电压之间的关系得出。半导体电极电容由两部分构成——空间电荷层电容 (C_{sc}) 和亥姆霍兹层 (Helmholtz layer) 电容 (C_H)。亥姆霍兹层是半导体表面过剩电荷与半导体/溶液界面间相反电荷所形成的薄电荷层,与半导体空间电荷层相比,亥姆霍兹层厚度忽略不计,因此,半导体空间电荷层电容 C_{sc} 等效于电极电容。由 M-S 曲线可知,空间电荷层电容 C_{sc} 与外加电压 E 和平带电势 E_{fb} 的关系如下所示[7]:

$$\frac{1}{C_{sc}^2} = \frac{2}{eN\varepsilon\varepsilon_0 A^2}(E - E_{fb}) - \frac{kT}{e} \tag{7.13}$$

其中 e、N、A、ε、ε_0 分别指电荷常数、载流子浓度、电极面积、半导体的相对介电常数和真空介电常数;k 与 T 是玻尔兹曼常量和绝对温度。由此可知,M-S 曲线的线性部分外推至 x 轴,所得截距即为半导体电极的平带电势 E_{fb},且半导体的载流子密度也可以通过曲线线性部分斜率得出。此外,通过斜率正负可以判断半导体的导电类型 (n 型半导体的斜率为正,p 型半导体的斜率为负)。

5. 电化学阻抗测试

电化学阻抗谱 (electrochemical impedance spectroscopy,EIS) 通过测量系统阻抗随正弦波频率的变化,进而研究半导体光电极界面反应和动力学过程。电化学阻抗谱也称为交流阻抗谱,阻抗测量原本是电学中研究线性电路网络频率响应特性的一种方法,引用到研究电极过程,便成了电化学研究中的一种实验方法。一般 EIS 测试的具体过程为:采用电化学工作站的 AC 阻抗技术,设置振幅为 10 mV,频率范围为 0.1~100000 Hz,并根据实际情况设置测试电压,首先测得伯德 (Bode) 图,然后自动转换成奈奎斯特 (Nyquist) 图。图 7.3 是典型的奈奎斯特图,由实部 (Z') 和虚部 (Z'') 组成,是研究界面电荷转移阻抗的重要方法。插图为系统阻抗

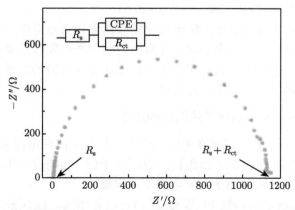

图 7.3　电化学阻抗谱测试中的奈奎斯特图,插图为简单的等效电路图

的简单等效电路图，其中 R_s 为电解液和电极的内阻，恒相位原件 CPE 是一个电容元件，表示双电层电容，R_{ct} 表示半导体–电解液界面上的电荷转移阻抗。在高频情况下，R_{ct} 即为半导体–电解液界面电荷传输阻抗。该简单等效电路图中 Z' 和 Z'' 之间的关系为 [8]

$$\left(Z' - R_s - \frac{R_{ct}}{2}\right)^2 + (Z'')^2 = \left(\frac{R_{ct}}{2}\right)^2 \tag{7.14}$$

7.3　Si 基 GaN 光电解水芯片的发展意义

7.3.1　Si 基 GaN 光电解水芯片的优势

Si 基 GaN 光电解水芯片综合了 GaN 优异的光电特性和 Si 衬底的低成本、高兼容性等优势。如 7.1 节所述，Si 基 GaN 光电解水芯片在水分解领域展现出巨大的应用前景。下面是还没有讲到的 Si 基 GaN 光电解水芯片独特的优势。

(1) 更好的稳定性。大多数 III 族 As、P 化合物为共价键，而 III 族氮化物中 GaN 的化学键是强离子性的。这种强离子性使 GaN 更能耐受结构缺陷，使其在酸性和中性 pH 电解质中具有更好的稳定性，这对于水分解应用而言是一个显著的优势。

(2) 能带的可调性。GaN 材料是一种具有较高载流子迁移率的直接带隙材料。通过掺杂 In、Zn、Mg、Al 等元素，能实现禁带宽度在整个太阳光谱可调，且其能带边缘电势可跨越水分解的氧化还原电势，从而有望实现在可见光范围内的光电解水制氢。

(3) 更强的光吸收。GaN 材料具有较大的比表面积，不仅可以显著增强光吸收，还可以减小光生载流子到半导体/电解液界面的迁移距离，降低光生载流子的复合概率，有效提高 STH 效率。

综上所述，Si 基 GaN 光电解水芯片凭借其优异的稳定性、可调的能带和强光吸收能力，有望在未来的光电解水和清洁能源生产中发挥重要作用。这些优势不仅有助于提高光电解水的效率和稳定性，还能推动氢能的广泛应用，为实现可持续发展的能源解决方案提供有力支持。

7.3.2　Si 基 GaN 光电解水芯片面临的瓶颈

目前，Si 基 GaN 光电解水在光电化学水分解领域展现出巨大的应用前景，但是距大规模氢气生产还存在一定距离。限制其 PEC 性能进一步提高最主要的原因是 Si 基 GaN 的光生载流子易复合的瓶颈问题。

(1) 用于光电解水的传统 Si 基 GaN 材料质量堪忧。在众多的 Si 基 GaN 材料中，国内外科学家已经成功制备出了高质量的 GaN 薄膜并且投入商业应用，但是单一的 GaN 薄膜对太阳光的利用效率低下，驱动力不足，因此高质量低维 Si 基 GaN 纳米材料的研制都十分迫切。然而，高质量 GaN 材料生长过程中往往会出现合并、细化等现象，所形成的缺陷成为载流子复合中心，导致材料光生电荷分离缓慢。

(2) 单一的 Si 基 GaN 光电解水芯片驱动力低下。单一的 Si 基 GaN 在光电解水制氢时极容易发生载流子的复合、积累，导致光电解水效率低下和光腐蚀。其中，构建异质结等复合结构能有效促进半导体载流子分离，大大促进单一半导体 PEC 水分解的发展。此外，与 Si 基 GaN 组成异质结的其他半导体的催化活性位点、光电化学阻抗等性质也必须要纳入考虑。因此，探索适宜的半导体材料并制定简便的耦合策略，以设计应用于光电解水的 Si 基 GaN 异质结构，显得极为关键和重要。

(3) 传统 Si 基 GaN 光电解水芯片的表界面缺陷较多。在 Si 衬底上制备 GaN 材料，可以大幅度节约生产成本，有利于工业化发展。然而，Si 基 GaN 材料与 Si 衬底之间存在较大的晶格失配，导致界面耦合较差，限制了载流子迁移速率并且降低了稳定性。此外，在传统 Si 基 GaN 材料的外延生长过程中，高温下 Si 衬底会产生界面反应，所形成的高阻氮化硅层极大地损耗了光电解水芯片的性能。因此，迫切需要需求一种改善 Si 衬底上 GaN 材料的简单方法。目前较为先进的解决方案是低温 PLD 结合高温 MOCVD 两步生长法，通过低温生长缓冲层，借助缓冲层对 Si 衬底的保护实现高质量 Si 基 GaN 材料的异质外延生长。

(4) Si 基 GaN 光电解水芯片的稳定性较差。尽管 Si 基 GaN 光电解水芯片具有优异的能带结构，在污染物降解、海水电解等方面也有着较高的应用价值，但是由于强氧化剂 (如氯和次氯酸盐) 的存在，芯片的稳定性在海水中较差，即使在淡水中，也很容易被光照下积累的表面空穴腐蚀，此外，Si 基 GaN 带隙较宽，容易在光照下发生光催化衰减。因此，为了实现高效的 Si 基 GaN 光电解水芯片应用，提高其应用稳定性显得尤为重要。

综上所述，Si 基 GaN 光电解水芯片的大规模产业化需要克服技术挑战、降低成本以及实现广泛应用等。随着技术的进步和生产效率的提高，Si 基 GaN 光电解水芯片有望在未来实现商业化应用，为清洁能源和环保技术的发展做出贡献。

7.4 Si 基 GaN 光电解水芯片的制备及性能

7.4.1 Si 基 GaN 光电解水芯片的制备工艺

Si 基 GaN 光电解水芯片的制备工艺一般包括以下几个主要过程：衬底处理、电极蒸镀、外延生长、封装。

衬底处理：衬底处理是整个工艺的重要组成部分，Si 衬底表面淀积的金属或者氧化物影响着最终的芯片特性。一般未经清洗的衬底表面含有无机和有机污染物以及 SiO_2 氧化层，需要在芯片制备之前将其清除。首先分别在无水乙醇、丙酮、去离子水溶液中超声 5 min，以去除表面污染物，再在 10% 质量浓度的 HF 溶液中超声处理 1 min，以除去表层氧化物，之后用高纯氮气吹干。

电极蒸镀：电极蒸镀的目的是使金属和 Si 衬底之间形成欧姆接触。欧姆接触对半导体芯片非常重要，形成良好的欧姆接触有利于电流的输入和输出，对不同半导体材料常选择不同配方的合金作为欧姆接触材料。具体为：采用电子束蒸发技术在常温下、10^{-4} Pa 真空环境下，以 1Å/s 的蒸镀速率在 Si 衬底背面先后沉积 20 nm、80 nm 的 Ti、Au 金属层，即沉积 Ti/Au 层，并在快速退火炉中 400 ℃ 下、N_2 气氛中快速退火 30 s，以形成欧姆接触。

外延生长：在处理好的 Si 衬底上生长 GaN 材料。首先将 2 英寸的 Si 衬底分别用 10%HF、超纯水、丙酮进行清洗，以除去衬底表面的氧化层与有机污染物；然后立即用高纯 N_2 吹干并迅速放入分子束外延进样室中。当进样室中达到要求的真空度后，打开高真空阀，将衬底转移到高真空的 (4.0×10^{-9} Torr①) 分子束外延生长室中，并在 900 ℃ 下退火 30 min，以进一步除去表面氧化层并重构衬底表面，为 GaN 材料的生长提供洁净的衬底表面。在生长过程中，校准的衬底温度为 780 ℃，射频等离子体的正向功率为 400 W，N_2 流量为 2.0 sccm。通过由高温计校准的热电偶监测衬底温度，以及通过离子规以束流等效压力 (beam equivalent pressure, BEP) 测定固体源炉被设置不同温度时 Ga 束流的大小。

封装：Si 基 GaN 光电解水芯片的稳定性不足，封装处理可以隔离芯片与环境之间的接触，从而保护芯片免受外界环境的影响，防止氧化、腐蚀、磨损等现象的发生，同时还可以提高电极的稳定性和寿命。具体为：在金属层上粘接导电导线，并用绝缘环氧树脂覆盖整个背电极防止漏电，以此制备得到 Si 基 GaN 光电解水芯片。

在整个外延生长工艺中，使用射频等离子体辅助的分子束外延法自组装生长 Si 基 GaN 材料受到了广泛的关注。本团队 [9,10] 通过分子束外延技术手段，制备了 Si 基 GaN 光电解水芯片，系统地研究了生长条件对 Si 基 GaN 形貌演变的影响机制，分析了不同 Ga 通量以及 In 通量下 (In)GaN 材料的形态演变，由图 7.4 可以看出，Ga 通量的增加对 (In)GaN 材料的形貌有显著影响。从图 7.4(a)∼(c) 样品的俯视图和侧视图 SEM 图像可以清楚地看出，增加 Ga 通量不仅会导致 (In)GaN 材料直径变大，而且会导致其高度变高。当 Ga 通量为 8.83×10^{-8} Torr 时，(In)GaN 材料沿材料生长方向直径增大，且顶部直径较大。相比之下，这种方法生长的 (In)GaN 材料直径相对均匀。在上述基础上，根据理论计算和实际实验

---

　　① 1 Torr=1.333×10^2 Pa。

相结合研究了不同形态的 (In)GaN 材料的光电化学性能, 可以发现, 光电流密度与材料形貌结构有着密切关系, Ga 通量增大, 材料结核早, 其表面积减小, 从而使光电流减小。材料表面积越大, 越有利于对太阳光的吸收, 以及半导体/电解质界面的电荷输运, 增强 PEC 性能。除此之外, 通过分子束外延制备的 Si 基 GaN 材料由于径向斯塔克效应, 具有更宽的光谱吸收范围。由此可见, 可以通过控制其形貌来增加总表面积, 也可以利用径向斯塔克效应来扩大光谱吸收范围, 共同增强 Si 基 GaN 的 PEC 性能。

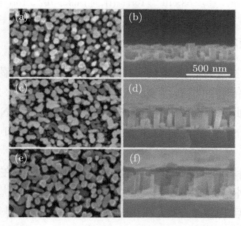

图 7.4　不同 In 通量下, 生长的 (In)GaN 的俯视图和侧视图 SEM 图像 [9]

(a)、(b) 样品 A, 3.96×10^{-8} Torr; (c)、(d) 样品 B, 5.44×10^{-8} Torr; (e)、(f) 样品 C, 8.83×10^{-8} Torr

同样, 铟 (In) 助熔剂对 (In)GaN 材料形貌也有影响。在不同生长条件下, (In)GaN 材料的不同阶段如图 7.5 所示 [10], 从图 7.5(a) 和 (b) 中可以清楚地看到材料聚结, 并且在其顶部有一个致密层, 该层是在没有提供 In 通量的情况下生长的。相反, 我们可以看到在提供 In 通量的情况下生长的 (In)GaN 分离良好且垂直排列, 如图 7.5(c)~(j) 所示。显然, In 通量的供应在 (In)GaN 的生长中起着重要的作用。此外, 从图 7.5(b)~(e) 和 (g)~(j) 可以看出, 随着 In 通量的增加, 材料不仅变得更长, 而且更厚, 这在其俯视图和侧视图的 SEM 图像中可以清楚地观察到。即 In 通量的存在有助于抑制材料聚结, 获得分离良好的 (In)GaN。通过增加供给的 In 通量, 可以降低 (In)GaN 的密度, 提高轴向生长速率。通过理论计算可以发现, 材料中 In 含量的增加可以增强 Ga 在材料侧壁上的扩散, 从而导致轴向生长速率增加。因此, 相邻材料合并被显著抑制。该工作系统地证明了 In 辅助生长出结构优异的 (In)GaN 材料的机制, 也为光电器件开辟了新的可能性。

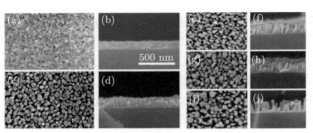

图 7.5 不同 In 通量下，生长的 (In)GaN 的俯视图和侧视图 SEM 图像 [10]

(a)、(b) 0；(c)、(d) 7.8×10^{-8} Torr；(e)、(f)1.44×10^{-7} Torr；
(g)、(h) 2.68×10^{-7} Torr；(i)、(j) 4.92×10^{-7} Torr

7.4.2 低失配外延技术

GaN 与 Si 衬底之间的界面差以及 GaN 本体和表面电荷的快速复合使 PEC 水分解过程中载流子传输面临着巨大挑战，这极大地降低了 Si 基 GaN 光电解水芯片的综合性能。因此，开发有效的电子传输层来降低 GaN/Si 的界面电阻以实现 GaN 的电荷快速分离，从而提高太阳能–氢能转换效率和 GaN/Si 异质结的稳定性是极其重要的。

目前的研究中，利用单晶石墨烯和 SiO$_2$ 作为中间层，在 Si(100) 上实现了连续单晶 GaN 薄膜的外延，外延工艺示意图如图 7.6 所示 [11]。单晶石墨烯通过化学气相沉积生长，然后转移到 SiO$_2$/Si(100) 表面。发现石墨烯表面形成的 sp^3 杂化 C—N 键触发了 GaN 的成核。此外，通过物理表征和第一性原理计算研究了石墨烯上单晶 GaN 薄膜的面内取向演变机制。单晶 GaN 的成功外延归功于石墨

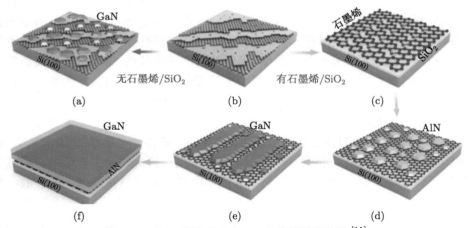

图 7.6 GaN 薄膜在 Si(100) 上的外延示意图 [11]

(a) 在 Si 上生长的 GaN/AlN(100)；(b)Si(100) 的表面构造；(c)NH$_3$ 预处理后转移石墨烯；(d) 石墨烯上的 AlN 成核岛；(e)AlN 成核层上的 GaN；(f)Si(100) 衬底上单晶–石墨烯/SiO$_2$ 中间层的 GaN 膜

烯通过 C—N 共价键形成的模板效应。这些结果验证了二维石墨烯在 GaN 上的取向效应，从而实现了 GaN 基芯片在 Si(100) 和其他非晶或柔性衬底上的外延。

　　MXene($Ti_3C_2T_x$) 是一种新型的二维过渡金属碳化物和碳氮化物材料，通常由几层 Ti_3C_2 组成，其表面有不同种类的终止基团 (T_x)(如氟、氧和羟基)。由于比二维石墨烯的导电性更为优异，因此被广泛地用作电化学能源芯片 (如电极电池、超级电容器和太阳能电池) 的衬底材料。并且 $Ti_3C_2T_x$ 基面晶格常数 ($\alpha =$ 3.071 Å) 与 GaN($\alpha = 3.189$ Å) 接近，有助于 GaN 在 MXene 上的生长。与此同时，MXene 表面官能团 (T 代表—O、—OH 和—F) 的差异使得其功函数可调，有望改善 GaN/Si 异质结载流子传输问题 [12]。针对 GaN 与 Si 衬底之间的晶格失配的问题，本团队 [13] 从 GaN 材料与 Si 衬底之间的界面结构调控视角出发解决这个问题，首先，采用化学剥离法在 Si 衬底上制备出高导电的二维 MXene 膜。其次，采用分子束外延自组装生长技术，实现了 MXene 上形貌均匀、高质量的 In 掺杂 GaN 材料的生长，制备出了高效载流子分离的 (In)GaN/MXene/Si 异质结光阳极。理论计算和实际实验研究表明，(In)GaN 与 MXene 之间形成的肖特基结和 MXene 与 Si 之间形成的欧姆结，使 MXene 成为理想的电子传输通道，促进了光生电子从 (In)GaN 材料转移到 Si 衬底，进而向对电极输运，从而增强了电荷分离和转移。MXene 的这种协同作用显著降低了 (In)GaN/Si 和 (In)GaN/电解质异质界面电阻，提高了光阳极表面快速的空穴注入效率 (82%)，从而避免了电极表面的空穴积累，提高了 (In)GaN 材料的抗光腐蚀稳定性。如图 7.7 所示的结果表明，优选的 (In)GaN/MXene 光阳极在 1.23 V vs. RHE 的光电流密度为 7.27 mA/cm^2，最大 ABPE 在 0.63 V vs. RHE 时达到了 2.36%，比 Si 衬底上生长的 (In)GaN 材料光阳极高约 10 倍。由此可见，相对于直接在 Si 衬底上生长 GaN 材料，MXene 二维材料的引入可以有效促进载流子在 Si 衬底与 GaN 之间的传输。该工作不仅为设计多尺度、多功能材料的高效光电极提供了有价值的指导，而且为引入界面改性剂实现高性能人工光合作用提供了新的策略。

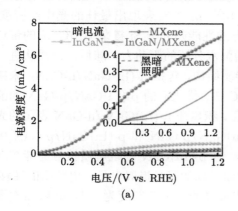

(a)

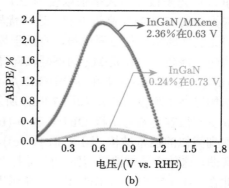

(b)

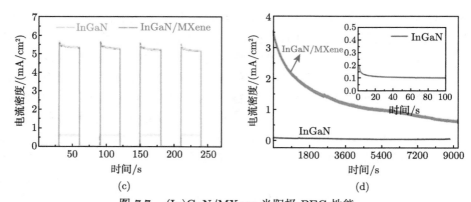

图 7.7 (In)GaN/MXene 光阳极 PEC 性能

(a)LSV 曲线, 插图为 MXene 的 LSV 曲线, 扫描速率为 50 mV/s; (b)ABPE 谱图; (c) 在 0.8 V vs. RHE 下的瞬时 *J-t* 曲线 [12]; (d) 在 0.6 V vs. RHE 与光照下的稳定性测试 [13]

从上述研究案例可以看出, 对界面层材料进行设计, 可以进一步强化界面的耦合作用, 加快载流子的分离、减少光生载流子的积累引起的材料光电化学腐蚀问题, 最终增强芯片的稳定性以及强化芯片的 PEC 光电解水性能。

7.4.3 掺杂工程

由于在 GaN 生长过程中引入的高密度缺陷很容易捕获光生电子和空穴。杂原子掺杂可以通过改变电子结构, 从而提高光学、电学性能和催化动力学。杂原子掺杂一方面通过改变带隙, 提高光吸收能力; 另一方面通过增加载流子浓度, 有效增强导电性; 除此之外, 通过改变价带最大值 (VBM) 和导带最小值 (CBM) 的位置来调整能带结构, 可以增强光电极的氧化还原反应动力学。

基于合适的掺杂可以提高 Si 基 GaN 光电解水芯片的性能, Zhang 等 [14] 利用 PAMBE 制备了 Si 掺杂 (In)GaN 光阳极用于水分解。研究发现, 增加掺杂浓度可以促进材料的轴向生长, 而大量掺杂会导致其轻微聚并。此外, Si 掺杂的 (In)GaN 光阳极在最大掺杂浓度为 2.1×10^{18} cm^{-3} 时表现出最佳的光电流密度, 比未掺杂的 (In)GaN 高近 9 倍。这些优异的性能归因于 Si 掺杂 (In)GaN 的带边电势无缝横跨水氧化还原电势, 有助于增强水分解的驱动力。随后, 该团队进一步构建了掺杂 Si 和/或 Mg 的不同轴向异质结构, 包括 n-(In)GaN/n-GaN、未掺杂 (u)-(In)GaN/p-GaN 和 p-(In)GaN/p-GaN。优化后的 p-(In)GaN/p-GaN 的能带结构提高了阳极 HER。如图 7.8(a) 所示, 积累在 n-(In)GaN /n-GaN 表面的光提取空穴很容易参与阴极 OER。在 u-(In)GaN/p-GaN 和 p-(In)GaN/p-GaN 中观察到类似的能带结构 (图 7.8(b)、(c)), 但 p-(In)GaN 与电解质接触的能带向上弯曲。这种由导带偏移所驱动的向上弯曲可以加速光提取电子向电解质的转移, 因此在 −1.0 V 时与 RHE 相比, 显示出最高的光电流密度为 −17 mA/cm^2(图

7.8(d))。此外，在 10 h 内表现出优异的稳定性 (图 7.8(e)、(f))。该工作也为通过掺杂策略来提高光电耦合性能的带工程设计提供了途径。

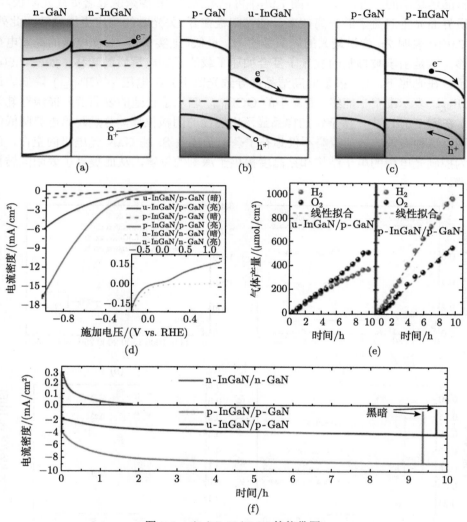

图 7.8　(In)GaN/GaN 的能带图

用 PC1D 软件模拟的能带配置为：(a)n-(In)GaN/n-GaN；(b)u-(In)GaN/p-GaN；(c)p-(In)GaN/p-GaN；(d)LSV 曲线；(e) 计时电流测量；(f)(In)GaN/GaN 光电极的析氢和产氧 (分别在 pH 为 7 和 pH 为 0 的电解质中，在 6 个太阳、1.5 G 光照下测试光阳极和光阴极)[14]

　　针对 Si 基 GaN 材料制备存在许多生长条件的限制等问题，本团队 [15] 通过在高 In 组成的 (In)GaN 材料中梯度掺杂 Zn 原子，用第一原理密度泛函理论 (DFT) 揭示了掺杂 Zn 降低了 In 原子的吸附，其中在材料生长阶段，掺杂 Zn 和

In 原子的动态竞争是获得可控能带对准和内置能带弯曲的关键。Zn 原子减少的 In 组成和诱导的深能级，共同导致带隙增大和价带位置的显著正位移，从而导致材料晶体缺陷的意外减少。由图 7.9(a) 可以观察到 Zn 掺杂能显著提高光阳极/电解质界面光生载流子的分离效率，使光阳极在开/关光时的响应更加灵敏。此外，图 7.9(b) 表明 Zn 含量最大的光阳极的 R_{ct} 最低，证实了掺 Zn 光电极的高效电荷转移。这是由于被抑制的载流子复合加速了载流子向电解质的转移。如图 7.9(c) 所示，在光照下，Zn 掺杂的高结晶性导致光照下开路电压 (OCP$_{light}$) 降低。该 OCP$_{light}$ 表示准费米能级，而减小的 OCP$_{light}$ 暗示了松弛的表面费米能级钉轧效应。在图 7.9(d) 中，掺杂锌的样品显示出明显的阴极位移，这是起始电势降低的原因。这种高效的掺杂策略不仅弥补了杂原子掺杂 Si 基 GaN 光电极的空白，而且为控制光电极的电子结构和结晶度提供了深刻的见解，从而提高了太阳能转换效率。

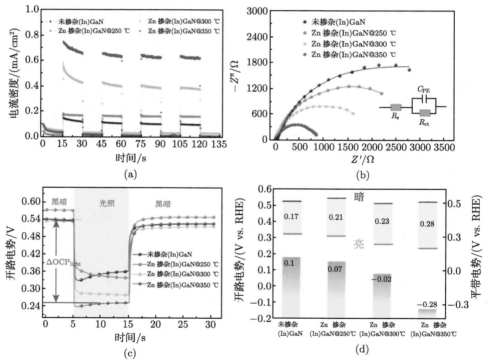

图 7.9　(a) 1.0 V vs. RHE 时瞬态光电流谱；(b) 所有光阳极的奈奎斯特图；(c) 所有光阳极在光照和黑暗条件下的开路电势测量；(d) 不同锌槽温度下核磁共振区的开路电势和平带电势分布[15]

　　综上所述，在材料生长过程中引入的高密度缺陷，对 Si 基 GaN 光电解水芯片的解水性能构成了严重影响。然而，杂原子的掺杂策略为这一问题提供了双重解决方案：一方面，它增加了活性位点，从而提升了材料的催化活性；另一方面，通过精准调控能带结构，强化了光电极的氧化还原反应动力学。

7.4.4 异质结工程

光电阳极上的水氧化反应涉及复杂且动力学缓慢的四电子转移过程，限制了 PEC 水解制氢的发展，新型高效光电阳极的开发是 PEC 制氢研究的关键。目前，大多数研究工作都集中在通过能带工程、纳米结构策略、双电极串联系统等来增强基于光电极的光吸收。但是，实际水氧化光电流不仅受限于光吸收效率，光阳极的电荷分离和表面电荷转移效率也对光电流起关键作用。在 PEC 水分解中，光生载流子的快速复合和大的界面电荷转移阻抗严重阻碍了光阳极的性能。为了实现高效的 Si 基 GaN 的 PEC 水分解，关键问题之一是开发具有高效电荷分离和界面电荷转移的新型光阳极。众所周知，异质结结构可以通过在异质界面产生内建电场为电荷分离提供额外的驱动力，是实现高效电荷分离的有效策略。

GaN 作为一种极具潜力的 PEC 水分解光阳极材料，因其可调谐的能量带隙与太阳光谱范围的高度匹配而备受瞩目。然而，太阳光在其上的窄吸收光谱范围以及电子与空穴的快速复合速率成为阻碍 PEC 系统广泛应用的主要障碍。Gelija 等[16] 在 Si 衬底上生长 (In)GaN 材料，然后在其表面使用射频磁控溅射构建 WO$_3$，随后为了增强其载流子迁移效率与异质结导电性能，使用电沉积的

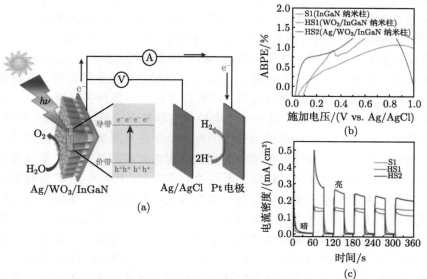

图 7.10 (a)Ag/WO$_3$/InGaN 的 PEC 水裂解机理示意图；(b) 由 J-V 曲线得到的光阳极的 ABPE；(c) 在 AM 1.5 G 条件下，InGaN、WO$_3$/InGaN 和 Ag/WO$_3$/InGaN 光阳极的 J-V 曲线[16]

方式沉积 20 nm Ag 薄膜，获得了独特的具有花椰菜状 WO_3 纳米结构的 Ag 纳米球。通过光致发光光谱、光电流测量和电化学阻抗光谱的综合分析表明，Ag/WO_3/(In)GaN 杂化异质结构显著提高了载流子分离和转移动力学，从而提高了整体 PEC 性能。如图 7.10 所示，Ag/WO_3/(In)GaN 光阳极的光电流密度为 1.17 mA/cm^2，成功构建异质结后，Ag/WO_3/(In)GaN 异质结 PEC 光电解水性能大约是可见光照射下纯 InGaN 的 2.72 倍，光阳极在约 12 h 内表现出良好的稳定性。

在各种半导体材料中，化学稳定且丰富的氮化碳 (C_3N_4) 纳米片是构建 GaN 异质结光电极的理想材料，其价带位置比水氧化电势更正，导带和价带位置均负于 GaN。针对单一 Si 基 GaN 载流子寿命短、迁移效率低等问题，本团队[17]使用不同质量的三聚氰胺前驱体，通过化学气相沉积法将二维的 C_3N_4 纳米片沉积在 (In)GaN 材料上，从而制备了负载不同质量 C_3N_4 的 (In)GaN，形成在 Si 衬底上的 (In)GaN/C_3N_4 异质结。一方面，(In)GaN 和 C_3N_4 纳米片在光的激发下，产生了电子–空穴对；异质结界面中的电势梯度驱动电子从 C_3N_4 层注入到 (In)GaN 中，并将空穴转移出 (In)GaN。另一方面，C_3N_4 纳米片的沉积通过表面钝化减少了 (In)GaN 表面上的陷阱态，降低了光电极–电解液界面的空穴传输阻抗，促进了空穴从 (In)GaN 表面向电解液的转移。如图 7.11 所示，在 1.23 V vs. RHE 下，负载 C_3N_4 重量为 0.38% 的 (In)GaN/C_3N_4(0.38%) 异质结光电流密度高达 13.9 mA/cm^2，是原始 (In)GaN(6.6 mA/cm^2) 的约两倍，原始 (In)GaN 光电极的光电转换效率 η 最大值约为 1.37%，而 (In)GaN/C_3N_4(0.38%) 异质结的最大效率高达 2.26%。此外，在 0.6 V vs. RHE 的外加电压下，光电极连续工作 1 h 后，原始 (In)GaN 光电解的光电流保持其初始值的 77%，而 (In)GaN/C_3N_4 异质结光电极的光电流保持了其初始值的 88%。结果表明，在所生长 (In)GaN 的表面沉积 C_3N_4 纳米片，有利于增强 (In)GaN 光电极的电化学稳定性。本研究为合理设计和构建异质结型光电极以提高光电性能开辟了一条新的途径。

对于典型的 II 型异质结，其中一个半导体的导带和价带均高于另一个半导体，受到光照时，其中一个半导体的导带中的光生电子在光照射下会迁移到另一个导带中。同时，另一个半导体的价带中的光生空穴将转移到其中一个半导体的价带上。由于光生电子和空穴分别积聚在不同的半导体上，因此使用 II 型异质结光催化剂可以实现电子和空穴的空间分离，以增强光电催化活性。然而，目前仍有一些因素限制着 II 型异质结的光电催化应用。II 型异质结光催化剂的还原和氧化反应分别发生在还原电势、氧化电势较低的两个不同的半导体上，这会大大影响 II 型异质结的氧化还原能力。此外，由于电子–电子或空穴之间的静电排斥，理想情况下的光生电子、光生空穴很难分别迁移到对应半导体的富电子导带、富空穴价带上。因此，新的异质结构光催化体系亟待研发。

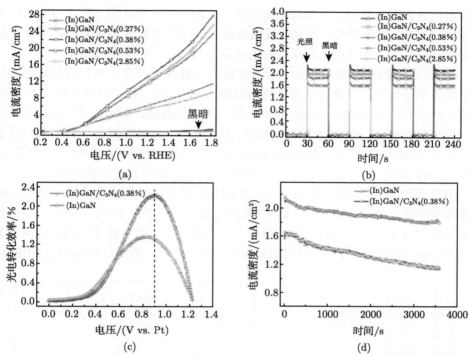

图 7.11 (a) 在 0.5 mol/L H_2SO_4 电解液中、100 mW/cm^2 光照下不同光阳极的线性扫描伏安曲线；(b) 不同光阳极在 0.6 V vs. RHE 外加电压下的瞬态光电流曲线；(c) 双电极体系中 (In)GaN/C_3N_4(0.38%) 的偏压光电转换效率；(d)(In)GaN/C_3N_4(0.38%) 在 0.6 V vs. RHE 下的电化学稳定性 [17]

面对 II 型异质结所面临的挑战，科学家们提出了 Z 型异质结作为光电催化的新方案，这一概念的起源可追溯至 2001 年，当时 Grätzel 等采用染料敏化 TiO_2 作为先例 [18]。Grätzel 等通过将纳米晶 WO_3 或 Fe_2O_3(自上而下的顶层) 与染料敏化 TiO_2(底层) 偶联制备串联电池，在可见光照射下，WO_3 或 Fe_2O_3 的价带空穴参与氧化反应放出氧气，同时其导带电子被注入染料敏化的 TiO_2 中。因此，染料敏化 TiO_2 保留的导带电子参与水还原反应生成氢。由于光电催化的氧化和还原反应分别发生在最高氧化还原电势的导带和价带上，并且没有回避结间的载流子复合，这种类似字母 Z 的载流子传输结构被称为 Z 型异质结。Z 型异质结与传统异质结在能带结构上呈现出相似的交错特征，然而，它们之间的根本差异在于构成这些异质结的高半导体材料的功函数 (即费米能级) 的相对大小不同。当导带、价带都更高的半导体的费米能级低于另一个半导体时，在费米能级发生漂移的过程中，由于费米能级上抬，所产生的内建电场使得导带、价带都更高的半导体的光生电子从其导带迁移到另一个半导体的导带，这就是传统异质结的载流子传输方式；与之相反，当导带、价带都更高的半导体的费米能级更高时，所产生的内建电场会阻止导带、价带都更高的半导体的光生电子从其导带迁移到另一个半导体的导带,这时析氢、产氧的反应就会在最高电势的位点发生,这就是 Z 型异质结能保证强大的氧化还原反应的根本原因。

GaN 是典型的 n 型半导体,费米能级深度钉扎于导带;当其遇到导带、价带更低的半导体时,只要该半导体费米能级比 GaN 低,就可以和其组成 Z 型异质结。p 型半导体 Cu$_2$O 就是符合条件的一个良好选择。本团队[19] 通过简单的电化学沉积法将 Cu$_2$O 纳米颗粒沉积在 (In)GaN 上,从而制备了负载不同质量 Cu$_2$O 的 (In)GaN,形成在 Si 衬底上的 (In)GaN/Cu$_2$O 异质结。如图 7.12 所示,负载 Cu$_2$O 的量为 1.5C 时,(In)GaN/Cu$_2$O-1.5C 的电极光电流密度在 1.23 V vs. RHE 偏压下达到 6.3 mA/cm^2,比 (In)GaN 电极的光电流密度高 12.5 倍;在不接入偏压时,(In)GaN/Cu$_2$O-1.5C 电极的光电流密度为 170 μA/cm^2,是原始 (In)GaN 的 4.3 倍。光电极光响应迅速,在光照下产生显著的光电流。以所制备的 (In)GaN 光阳极和 Pt 电极构成双电极 PEC 体系,测试了体系的 ABPE 以

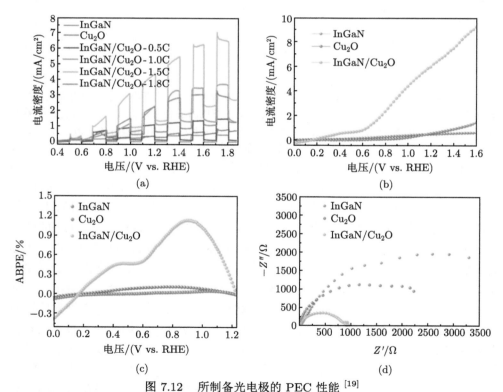

图 7.12　所制备光电极的 PEC 性能[19]

(a) 不同 Cu$_2$O 沉积量的 (In)GaN/Cu$_2$O 光电极斩波 LSV 曲线,扫描速率为 50 mV/s;(b)(In)GaN、Cu$_2$O 和 (In)GaN/Cu$_2$O 光电极的 J-V 曲线;(c)ABPE 曲线;(d) 在 1.23 V vs. RHE 下的 EIS 光谱;以上测试均在 300 W(100 mW/cm^2) 氙灯与 0.5 mol/L Na$_2$SO$_4$ 电解液中进行

评价光电极的光转换效率 (η)，原始 (In)GaN 光电极的 η 最大值约为 0.1%，而 InGaN/Cu$_2$O-1.5C 异质结的最大效率高达 1.15%。此外，通过测试时间分辨瞬态光致发光衰减 (TRTPD) 谱可以发现稳定性有着明显的提升。根据上述实验结果，为了研究 (In)GaN/Cu$_2$O 异质界面的电子结构和界面特性，基于 DFT 计算对 (In)GaN/Cu$_2$O 电子态密度进行了理论计算。团队通过沿 (In)GaN/Cu$_2$O 的 Z 方向的平面平均电荷密度差直观地评估特定的电荷转移方式，发现 Cu$_2$O 中存在电子积累和空穴耗竭现象，这与空穴从 (In)GaN 中转移到 Cu$_2$O 和电子从 Cu$_2$O 中迁移到 (In)GaN 上的典型 II 型电荷转移的结果正好相反，并且通过 XPS、UPS 结果证实了实验中电荷的转移方式，进一步证实了典型 Z 型异质结的形成。Z 型能带结构可以促进 (In)GaN/Cu$_2$O 异质结载流子分离，并在无外偏压下驱动电子参与水的还原制氢。因此，该异质结构可以实现无外部偏压下的 (In)GaN/Cu$_2$O 光电极的高效 PEC 水分解。

GaN 快速的体电荷和表面电荷重组，以及缓慢的氧化反应动力学，导致需要额外的偏压来促进光提取电荷转移。实现高效的 GaN PEC 水分解，关键问题之一是开发具有高效电荷分离和界面电荷转移的新型光阳极。众所周知，异质结结构可以通过在异质界面产生内建电场 (例如 pn 结、肖特基结等) 为电荷分离提供额外的驱动力。(In)GaN/C$_3$N$_4$ 构建 II 型异质结，(In)GaN/Cu$_2$O 构建 Z 型异质结等，不仅促进了电荷分离，而且增强了光电极内部的氧化还原自驱动力，两者协同作用实现了自供电光电解水。

7.4.5 表面改性技术

GaN 材料具有超高的表面积，因而不可避免地在其表面引入了表面态/缺陷。表面态/缺陷可以作为载流子捕获中心并诱导表面费米能级钉扎，大大损耗了光生载流子并且增大了载流子输运的起始电势，从而降低了 Si 基 GaN 光电解水芯片的 PEC 光电解水效率。III-V 族纳米材料的光电极性能受到传统生长工艺的严重限制，特别是由于表面积大和一定的局限性而引入的高密度表面状态。活性金属团簇的偏析会使电子困在这些状态中并与光生空穴重新结合，从而导致光生载流子的高损失，进一步造成较大的起始电势。

由上述可知，Si 基 GaN 表面体积比较大，表面复合率较高，存在局部缺陷和表面状态 (悬浮键、吸附物等)，影响芯片性能。研究表明，沉积薄膜和化学处理等手段是钝化表面态的有效方法。针对以上问题，本团队 [20] 采用简单的 H$_3$PO$_4$ 化学处理法对生长的 In 掺杂的 GaN 材料进行表面钝化，消除了材料表面态/陷阱的不利影响，显著提高了 (In)GaN 的 PEC 水分解性能，并揭示了表面钝化增强的载流子运输机制。使用 H$_3$PO$_4$ 表面处理极大地钝化了表面态，降低了表面电容，因此在较大的正偏压下 (In)GaN 光电极的暗电流显著降低；在光照下，H$_3$PO$_4$ 表面钝化有效抑制了表面电荷复合过程，降低了电荷分离所需的外加电压，增大了光电极的光电流密度。如图 7.13 所示，优化后 (In)GaN 在 1.23 V vs. RHE 外加电压下的光电流密度高达 18 mA/cm²，最大偏压光电转换效率为 1.09%，而未钝化的 (In)GaN 仅为 0.46%。此外，对于钝化后的 (In)GaN，PEC 氧化的起始电势相对于未钝化的光电极显著负移了约 0.4 V，达到 0.3 V vs. RHE。该工作与沉积薄膜的钝化方式相比，成本较低且工艺简单，并且目前绝大多数表面处理都集中在硫化物，如 $(NH_4)_2S$、乙二硫醇、十八烷基硫醇等，该工作为钝化表面态提供了新的思路。

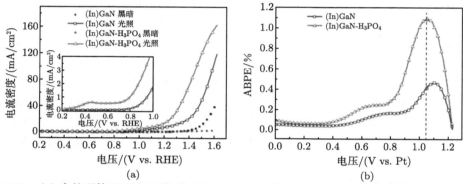

图 7.13　(a) 未处理的 (In)GaN 和 (In)GaN-H_3PO_4 在 1 mol/L HBr 溶液中的线性扫描伏安法 (LSV) 扫描和 (b)ABPE(光照下测量)[20]。所有 LSV 扫描均以 50 mV/s 的扫描速率进行

此外，由于材料生长过程中引入的高密度表面态，电子将被困在表面态中并与光产生的空穴重新结合，导致光产生的载流子的高损失，并且表面存在吸光性能差、转化效率低等问题，导致其光电解水性能的提升受到限制。用等离子体纳米粒子功能化半导体表面，辐照后可能引起表面等离子体共振 (SPR)，可进一步增强光吸收和载流子密度。本团队[21] 制备了以 Au 纳米粒子装饰的 (In)GaN 材料。首先通过分子束外延技术合成了 (In)GaN 材料，并沉积了不同负载密度的 Au 纳米粒子。与裸 (In)GaN 相比，Au 修饰的 (In)GaN 具有更好的 PEC 活性，并且可以通过不同的负载密度来优化性能。这种增强主要归因于 Au 的 SPR 效应。如图 7.14 所示，沉积 Au 后，光电极的光电流密度随着 Au 沉积密度的增加而显著增加。然而，随着 $HAuCl_4$ 水溶液浓度的增加，光电流密度会降低。这可以通过在相同条件下使用更高浓度的 $HAuCl_4$ 水溶液制备样品来解释，使得 (In)GaN 的表面大部分被大量的 Au 覆盖，从而阻止了 (In)GaN 表面吸收光，减少了光生电子–空穴对的产生。Au 的高覆盖率阻止了 (In)GaN 表面与电解质的接触，阻碍了水氧化反应。综上，Au 纳米粒子的沉积显著提高了 Si 基 GaN 的解水性能，本工作也为提高半导体 PEC 水分解效率提供了可行的方法，对 PEC 水分解的实际应用具有促进作用。

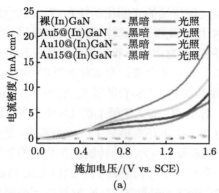
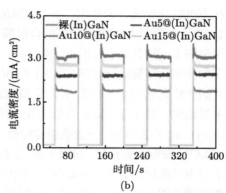

图 7.14 (a) 裸 (In)GaN、Au 5@(In)GaN、Au 10@(In)GaN 和 Au 15@(In)GaN 光阳极在 0.5 mol/L H$_2$SO$_4$ 溶液中黑暗和 100 mW/cm^2 辐照下的电流密度–电压曲线；(b) 与可逆氢电极 (RHE) 相比，裸 (In)GaN, Au 5@(In)GaN, Au 10@(In)GaN 和 Au 15@(In)GaN 在 0.6 V 下 J-t 曲线 [21]

综合以上工作，表面钝化以及表面等离子共振等方式能有效促进 Si 基 GaN 光电解水芯片的性能，一方面 GaN 的表面态可以作为俘获中心，在其表面累积电子，增大了材料的表面电容。使用 H$_3$PO$_4$ 表面处理极大地钝化了 GaN 表面态，降低了表面电容，因此在较大的正偏压下 GaN 光电极的暗电流显著降低；在光照下，表面态作为复合中心，极大地损耗了光生载流子，光电流受限于光生空穴与表面态中捕获电子的重新复合。另一方面，Au 作为等离子体纳米粒子功能化半导体表面，辐照后可能引起表面等离子体共振，可进一步增强光吸收和载流子密度。

7.5 Si 基 GaN 光电解水芯片的应用

7.5.1 污染物分解

进入 21 世纪以来，在科技进步、经济高速发展、生活水平不断提高的同时，人类不得不面临全球性的能源短缺和环境污染等重大问题。以半导体材料为核心的光催化技术为我们提供了一种比较理想的能源利用及污染治理的新思路。光催化技术不仅可以利用太阳能分解水制取绿色能源氢能，以缓解或部分解决能源危机，也可以利用太阳能降解有机污染物、还原重金属离子等，以保护土壤及水源，有效地改善我们的环境。其中，纺织工业产生的废水中含有大量偶氮染料，由于其具有毒性和潜在的致癌性，偶氮染料被认为是对周围生态系统的主要威胁。

染料亚甲基蓝 (MB) 在水中具有较高的溶解度，处理难度较大，并且 MB 会引起皮肤疾病和肠道问题，严重损害人体健康。Si 基 GaN 材料导带较高，光生电子具有高还原电势，可用于降解污染物。此外，与已知的光催化剂相比，Si 基 GaN 在酸性或碱性溶液中具有优异的化学稳定性，这使得它在极端 pH 条件下降解污染物的过程中可以起到重要的作用，并且 GaN 有望实现持续的光催化活性和高可回收性。2014 年，化学气相沉积法制备的自组装 GaN 用于光催化染料降解首次被报道[22]，采用缺陷工程制备的多波段 GaN 材料，对染料工业常用染料亚甲基蓝在紫外和可见光下的光催化降解进行了研究。图 7.15(a)~(c) 显示了自催化和催化剂辅助的 GaN 材料的光致发光 (PL) 光谱，在不同催化剂下生长的 GaN 材料的发光光谱中，3.4 eV 占主导地位，显示了 GaN 良好的光学质量。对于 Ni 催化剂辅助的 GaN 材料 (图 7.15(c))，除了 3.43 eV 下的能带边缘外，在 3.28 eV 下还观察到了广泛的施主–受主对 (DAP) 发射。浅 DAP 归因于 Si_{Ga} 和 O_N 等缺陷，因为这两种缺陷在我们的生长方法中很可能出现。具有缺陷诱导的中间能级和染料分子降解动力学的自催化 GaN 的能级图如图 7.15(d) 所示。在 3.42 eV 下，Ni 催化剂辅助的 GaN 材料在紫外辐射下的最大降解率为 93%。有趣的是，自催化的 GaN 材料在可见光下的光催化活性比催化剂辅助的 GaN 材料高 89%，因为在可见光区域存在辐射表面缺陷，光致发光研究证明了这一点。这项工作表明了 Si 基 GaN 在降解有机污染物领域的可行性应用。

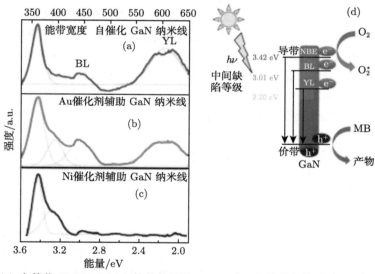

图 7.15　(a) 自催化 GaN；(b)Au 催化剂辅助 GaN；(c)Ni 催化剂辅助 GaN 的室温光致发光光谱记录；(d) 缺陷诱导的中间能级 GaN 能级图和 MB 分子降解动力学[22]

综上所述，在紫外和可见光照射下证明了 Si 基 GaN 材料对 MB 的光催化降解活性，并且电子和空穴最终都参与了羟基自由基的产生，羟基自由基会降解 MB，而且反应的程度可以通过光学吸收来监测。Si 基 GaN 材料作为一种环保的降解污染物材料，在降解污染物方面具有诸多优点，例如，降解没有选择性，不会产生二次污染；可以降低能量和原材料的消耗；光催化剂具有廉价、无毒、稳定，以及可重复利用等特点。因此，该材料在抗菌、防腐、净化空气、改善水质及优化环境等方面具有巨大的社会效益和经济效益，以及广阔的应用前景。

7.5.2 海水电解

可持续的绿色氢能源获取可以通过电解地球上丰富的海水来实现。酸性海水是由酸性电解质与海水混合制备的，由于阴极附近的质子浓度非常高，因此酸性海水是一种高效析氢反应 (HER) 水溶液。然而，在酸性海水中，与氯化物氧化反应 (COR) 和产氧反应 (OER) 在阳极上的竞争是不可避免的。由于产氧反应缓慢的 4 电子动力学导致低氧选择性，因此与产氧反应相比，与氯化物氧化反应在动力学上是有利的。通过将 pH 值提高到 7.55，产氧反应和与氯化物氧化反应的标准电极电势之差可以逐渐增加到 0.48 V。尽管海水电解为生产清洁氢燃料提供了一种可行的方法，然而，到目前为止，制备应用于海水制氢反应的高性能光阴极仍然具有挑战性。

早期的研究表明，生长在 Si 上的 GaN 材料可以有效地保护底层 Si 光阴极在酸性电解质中不被降解超过 3000 h。在 2018 年，Guan 等[23] 首次报告了一项重大突破，他们成功地在 p-GaN 材料上直接且高效地实现了整体太阳能驱动的海水分解过程，这一成就无需依赖任何外部偏压或来自各类模拟海水溶液中的牺牲剂。他们深入研究了 GaN 材料在商业 Si 晶片上无辅助光催化分解各种类型的模拟海水 (即不同浓度和 pH 的 NaCl 水溶液以及含有不同浓度不同离子的人工天然海水)。如图 7.16 所示，与纯水分解相比，H_2 生成性能显著增强，初步归因于氯氧化反应作为一个有益的中间过程，以及水电导率的提高。虽然在中性 NaCl 溶液中 H_2 的产量最高，但更复杂的天然海水成分仍然比纯水表现更好，这表明过量的矿物质不会显著干扰材料表面的催化活性位点。

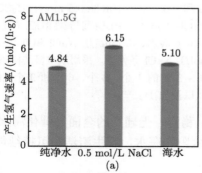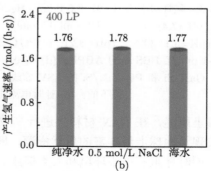

图 7.16 (a)AM 1.5 G 过滤器；(b)400 nm 长通 (LP) 过滤器的照明下，p-GaN/InGaN 纳米线阵列在纯水、0.5 mol/L NaCl 溶液和天然海水中氢气析出率 (约 10%) 精度的比较[23]

针对 Si 基 GaN 稳定性的问题，沉积 Pt 纳米团簇在 GaN 材料上可以提高光阴极的效率和稳定性[24]。GaN 材料负载 Pt 纳米团簇，生长在 Si 光阴极上，在水分解的同时保护光电极免受腐蚀。DFT 计算表明，Pt/GaN 界面上的 Pt-Ga 位点促进了水分子的吸附和活化。解离的 H* 原子溢出到邻近的 Pt 纳米团簇，促进了 H_2 的演化。如图 7.17 所示，Pt/GaN/Si 光阴极在 0.15 V 和 0.39 V 下相对于 RHE 的电流密度为 $-10 \ mA/cm^2$，在海水 (pH=8.2) 和磷酸盐缓冲海水 (pH=7.4) 中分别获得了 1.7% 和 7.9% 的高应用偏置光子电流效率 (ABPE)，并且在超过 120 h 的时间内稳定工作。在聚光太阳光下，以 $-169 \ mA/cm^2$ 的高电流密度连续产生高纯度氢气。

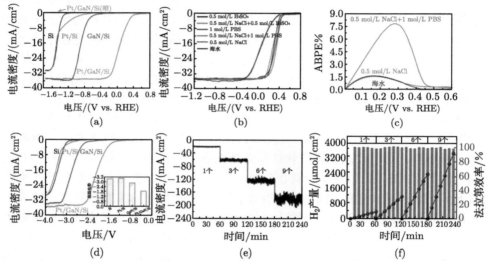

图 7.17　(a) 在 0.5 mol/L NaCl 溶液中，在 AM 1.5 G 光照和黑暗条件下，以 3 电极结构测量 Si、Pt/Si、GaN/Si 和 Pt/GaN/Si 的 LSV 曲线；(b)6 种不同水溶液中 Pt/GaN/Si 的 LSV 曲线。酸性溶液 (pH=0): 0.5 mol/L H_2SO_4 和 0.5 mol/L NaCl+0.5 mol/L H_2SO_4；中性溶液 (pH=7.4): 1 mol/L PBS 和 0.5 mol/L NaCl+1 mol/L PBS；弱碱性溶液: 0.5 mol/L NaCl(pH=9.1) 和海水 (pH=8.2)；(c)Pt/GaN/Si 在海水、0.5 mol/L NaCl 和 0.5 mol/L NaCl+1 mol/L PBS 中的 ABPE；(d) 在 0.5 mol/L NaCl 条件下，采用双电极结构测量 Si、Pt/Si、GaN/Si 和 Pt/GaN/Si 的 LSV 曲线；在 -3 V 的 1 个、3 个、6 个和 9 个太阳的光强下的；(e) 计时电流曲线以及 (f)H_2 产量[24]

　　综上所述，在 GaN 材料上进行高效、稳定、无辅助的全面光催化海水分解，可以实现从地球上最丰富的自然资源，即太阳和海水，产生清洁和可持续能源的梦想，同时尊重和关心环境和人类健康。

7.5.3　PV-PEC 耦合

　　传统单电极的水分解电池需要较大的外部偏压，制氢成本较大，为了克服该问题，自偏置 PEC 串联电池越来越受到关注。自偏置 PEC 水分解是在没有外部电压的情况下，仅利用太阳能驱动水的氧化还原反应，这对高效利用太阳能具有重大意义。自偏置 PEC 串联电池包括 PEC/光伏 (PV) 串联电池和 PEC/PEC 串联电池。在串联电池中，使用两个或多个吸光剂来增强光的吸收，并且光激发的载流子可以填充到更高的能级以促进水的氧化还原反应。如图 7.18(a)[25] 描绘了一个 n 型光阳极电解槽结构，其中 pn 结 PV 层直接连接到光电极上，并且标注了不同组分相对于析氢和析氧反应的能带位置。而图 7.18(b) 描绘了两个 pn 结 PV 电池串联在金属阴极和阳极。在这种配置中，大多数载流子从光伏电池注入金属阴极和阳极，分别进行水还原和氧化。

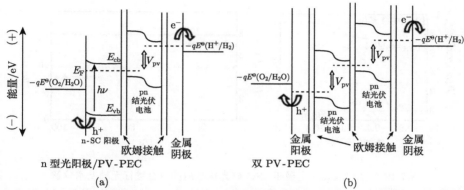

图 7.18 (a) n 型光电极与集成的 pn 结光伏电池串联以提供额外的偏置，并连接到金属阴极用于析氢；(b) 串联两个 pn 结光伏电池，并集成到金属阴极和阳极中，用于水的氧化和还原[25]

设计一种高效、稳定的光电化学串联电池用于无辅助太阳能水分解被认为是一种有前途的大规模太阳能储能方法。迄今为止，已经报道了各种串联装置配置。然而，由于两种光电极材料之间的不相容性，实现 10% 的 STH 效率仍然充满挑战。Fan 等[26] 通过简单的电沉积方法开发了一种 Ni-Mo 合金，作为 n^+np^+-Si 光阴极和 p^+pn^+-Si 光阳极的有效催化剂。当与两个普通 Si 光伏电池耦合时，实现了无辅助太阳能水分解的 PV-PEC 系统。它具有以下几个主要特点：①Ni-Mo 合金在碱性溶液中对 HER 和 OER 均具有催化活性；②10 nm 的 Ni 层可以同时保护 Si 光阴极和 Si 光阳极；③Ni 在 Ni-Mo 和 Si 之间形成有效的界面层，有利于载流子的转移；④光阴极和光阳极都允许来自 Si 衬底的反向照明，在空间和功能上解耦了光吸收和催化活性。该 PV-PEC(光电化学–光伏) 水分解电池的结构示意图如图 7.19(a) 所示，在平行光照明条件下，该电池展现出了 7.6 mA/cm² 的光电流密度，并且在无偏压条件下保持了超过 100 h 的稳定性。尤为重要的是，在仅采用地球丰富元素和普通太阳能电池构成的 Si 基 PV-PEC 串联电池系统中，该装置实现了 9.8% 的太阳能到氢能转换的最高值。这一成果为开发高效且低成本的太阳能水分解装置开辟了一条全新的、极具潜力的途径。

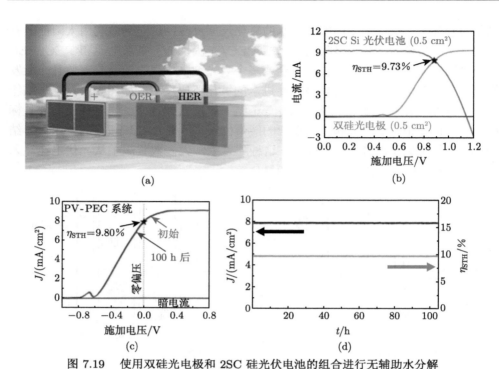

图 7.19　使用双硅光电极和 2SC 硅光伏电池的组合进行无辅助水分解

(a) 组合 PV-PEC 系统示意图[26]；(b) 双硅光电极在暗 (黑色) 和 AM 1.5G1 太阳光照条件下 (红色) 的双电极 LSV 曲线，图中还显示了 2SC Si 光伏电池在 AM 1.5G1 太阳光照下的 LSV 曲线 (蓝色)。组合 PV-PEC 系统的估计 STH 在交叉点被标记[26]；(c) 连续无辅助太阳能水分解前后 PV-PEC 联合系统的双电极 LSV 曲线[26]；(d)PV-PEC 组合系统在连续无辅助太阳能水分解 100 h 以上的长期 J-t 实验及相应的 STH 效率[26]

　　尽管 Si 光电极具有价格低廉等优点，但 Si 作为光电极材料也存在一些缺点，如仍不够高的光电流密度，在水溶液中易被氧化，以及较低的 OER 催化性能，这些都制约了 Si 的实际应用，该工作为 Si 基 GaN 在 PV-PEC 的应用提供了思路。

　　因此，如前所述，Si 基 GaN 材料不仅拥有卓越的光电解水制氢的特性，而且还具备一系列性能优化策略。更重要的是，它们在包括染料降解、海水淡化在内的多种应用场景中展现了广泛的潜力。这不仅为 Si 基 GaN 光电解水芯片的研究提供了新思路，也为其实现产业化发展铺垫了更为广阔的应用前景，与我国当前的发展战略高度契合，实现了强有力的协同效应。

参 考 文 献

[1]　中华人民共和国中央人民政府. 中华人民共和国国民经济和社会发展第十四个五年规划和 2035 年远景目标纲要.(2021-03-13)[2024-05-13]. https://www.gov.cn/xinwen/2021-03/13/content_5592681.htm.

[2] Chao W, Reshma R R, Jiayu P, et al. Recommended practices and benchmark activity for hydrogen and oxygen electrocatalysis in water splitting and fuel cells. Advanced Materials, 2019, 31(31): 1806296.

[3] 中华人民共和国中央人民政府. 氢能产业发展中长期规划 (2021—2035 年). (2022-03-24) [2024-05-13]. https://www.gov.cn/xinwen/2022-03/24/content_5680975.htm.

[4] Huang Q, Ye Z, Xiao X D. Recent progress in photocathodes for hydrogen evolution. Journal of Materials Chemistry A, 2015, 3(31): 15824-15837.

[5] Sumesh C K, Peter S C. Two-dimensional semiconductor transition metal based chalcogenide based heterostructures for water splitting applications. Dalton Transactions, 2019, 48(34): 12772-12802.

[6] Yu Z G, Liu H B, Zhu M Y, et al. Interfacial charge transport in 1D TiO_2 based photoelectrodes for photoelectrochemical water splitting. Small, 2019: 1903378.

[7] Fan R L, Cheng S B, Huang G P, et al. Unassisted solar water splitting with 9.8% efficiency and over 100 h stability based on Si solar cellsand photoelectrodes catalyzed by bifunctional Ni-Mo/Ni. Journal of Materials Chemistry A, 2019, 7(5): 2200-2209.

[8] Karthik P E, Jothi V R, Pitchaimuthu S, et al. Alternating current techniques for a better understanding of photoelectrocatalysts. ACS Catalysis, 2021, 11(20): 12763-12776.

[9] Xu Z Z, Zhang S G, Gao F L, et al. Correlations among morphology, composition, and photoelectrochemical water splitting properties of InGaN nanorods grown by molecular beam epitaxy. Nanotechnology, 2018, 29(47): 475603.

[10] Xu Z Z, Yu Y F, Han J L, et al. The mechanism of indium-assisted growth of (In)GaN nanorods: eliminating nanorod coalescence by indium-enhanced atomic migration. Nanoscale, 2017, 9(43): 16864-16870.

[11] Feng Y X, Yang Y L, Zhang Z H, et al. Epitaxy of single—crystalline GaN film on CMOS-compatible Si(100) substrate buffered by graphene. Advanced Functional Materials, 2019, 29(42): 1905056.

[12] Zhang C F, McKeon L, Kremer M P, et al. Additive-free MXene inks and direct printing of micro-supercapacitors. Nature Communications, 2019, 10(1): 1795.

[13] Lin J, Yu Y F, Zhang Z J, et al. A novel approach for achieving high-efficiency photoelectrochemical water oxidation in InGaN nanorods grown on Si system: MXene nanosheets as multifunctional interfacial modifier. Advanced Functional Materials, 2020, 30(13): 1910479.1-1910479.11.

[14] Zhang H F, Ebaid M, Tan J, et al. Improved solar hydrogen production by engineered doping of InGaN/GaN axial heterojunctions. Optics Express, 2019, 27(4): A81-A91.

[15] Lin J, Yu Y F, Xu Z Z, et al. Electronic engineering of transition metal Zn-doped InGaN nanorods arrays for photoelectrochemical water splitting. Journal of Power Sources, 2020, 450: 227578.

[16] Gelija D, Loka C, Goddati M, et al. Integration of Ag plasmonic metal and WO_3/InGaN heterostructure for photoelectrochemical water splitting. ACS Applied Materials &

Interfaces, 2023, 15(29): 34883-34894.

[17] Xu Z Z, Zhang S G, Gao F L, et al. Enhanced charge separation and interfacial charge transfer of InGaN nanorods/C_3N_4 heterojunction photoanode. Electrochimica Acta, 2019, 324.

[18] Grätzel M. Photoelectrochemical cells. Nature, 2001, 414(6861): 338-344.

[19] Lin J, Zhang Z J, Chai J X, et al. Highly efficient InGaN nanorods photoelectrode by constructing Z-scheme charge transfer system for unbiased water splitting. Small, 2021, 17(3): 2006666-1-2006666-10.

[20] Xu Z Z, Zhang S G, Liang J H, et al. Surface passivation of InGaN nanorods using H_3PO_4 treatment for enhanced photoelectrochemical performance. Journal of Power Sources, 2019, 419: 65-71.

[21] Liu Q, Shi J, Xu Z Z, et al. InGaN nanorods decorated with Au nanoparticles for enhanced water splitting based on surface plasmon resonance effects. Nanomaterials, 2020, 10(5): 912.

[22] Purushothaman V, Prabhu S, Jothivenkatachalam K, et al. Photocatalytic dye degradation properties of wafer level GaN nanowires by catalytic and self-catalytic approach using chemical vapor deposition. RSC Advances, 2014, 4(49): 25569-25575.

[23] Guan X J, Chowdhury F A, Pant N, et al. Efficient unassisted overall photocatalytic seawater splitting on GaN-based nanowire arrays. The Journal of Physical Chemistry C, 2018, 122(25): 13797-13802.

[24] Dong W J, Xiao Y X, Yang K R, et al. Pt nanoclusters on GaN nanowires for solar-asssisted seawater hydrogen evolution. Nature Communications, 2023,14(1): 179.

[25] Walter M G, Warren E L, McKone J R, et al. Solar water splitting cells. Chemical Reviews, 2010, 110(11): 6446-6473.

[26] Fan R L, Cheng S B, Huang G P, et al. Unassisted solar water splitting with 9.8% efficiency and over 100 h stability based on Si solar cells and photoelectrodes catalyzed by bifunctional Ni-Mo/Ni. Journal of Materials Chemistry A, 2019, 7: 2200-2209.

第 8 章　Si 基 GaN 集成芯片

8.1　引　　言

　　集成电路 (integrated circuit，IC) 将多个电子元件集成在一块半导体芯片上，使得电子设备更加小型化、高效化，极大地促进了半导体技术的发展。然而，随着晶体管尺寸的不断缩小，IC 芯片遇到了物理限制，如量子隧穿效应和通道长度缩放导致的电子迁移率下降。这限制了芯片的速度和功耗优化。同时 Si 基 IC 芯片的高密度集成带来了热管理的挑战，IC 芯片的功率密度增加，导致热量难以有效地散发，影响了性能和可靠性。尽管 Si 基互补金属氧化物半导体 (complementary metal oxide semiconductor, CMOS) 在功耗方面有所改进，但随着功耗需求的增加 (如移动设备和数据中心)，仍需要更多创新以提高功率效率和电池寿命。此外，传统 IC 芯片的电子迁移率、电子–电子散射和材料特性等方面存在的物理限制，影响了芯片性能和能效。为了克服这些瓶颈，需要从材料、工艺和先进散热等方面进行持续的研究和创新，以满足日益增长的应用需求和市场挑战。

　　GaN 基宽禁带半导体材料具有优异的物理特性和化学特性，尤其是高临界击穿场强、高电子饱和漂移速度等特性，这使得 GaN 基半导体材料在高速数字电路领域也具有独特的优势。GaN HEMT 器件具有很好的高温工作稳定性，可以极大地降低电路冷却带来的成本；同时 GaN 材料具有的高电子饱和速度和高击穿电压，使得器件可以有更高的工作电压，从而提高电路的驱动能力。GaN 基材料的这些优异特性使得其在制造大摆幅和在严酷环境下工作的数字/模拟电路方面有着 Si 基材料无法比拟的优势，基于 GaN 的 IC 芯片将会是下一代电路的重要发展方向。目前，Si 基 GaN 的研究已经取得了很大进展，①Si 基 GaN 价格便宜，大规模生产和处理 Si 衬底的技术已经非常成熟且成本效益高，这极大地促进了 Si 基 GaN 的普及。②Si 衬底可以实现更大直径 GaN 晶圆的生产，例如 12 英寸甚至更大的 Si 衬底晶片已经成为行业标准。这使得在相同的 Si 衬底上能够实现更多的 GaN 器件单元，从而提高了生产效率和降低了制造成本。③此外，Si 基 GaN IC 芯片可以更容易地与现有的 Si IC 芯片集成，且发展成熟的 GaN HEMT 芯片可以为 GaN IC 芯片提供工艺兼容和技术支撑，更有利于制备 Si 基 GaN IC 芯片，这对于在集成电路和系统级集成中尤为重要，有利于推进 Si 基 GaN 集成电路的商业化应用。

8.2　Si 基 GaN 集成芯片工作原理及工艺

作为功率开关器件，分立的 GaN HEMT 已经被用于调节数十安培 (或更高) 的电流和阻断高达 1 kV 左右的高电压。这些核心器件需要外围电路作为驱动、控制、传感和保护模块。单片集成可以创造更多的片上功能，增强鲁棒性，并有利于整个功率转换系统的小型化。GaN HEMT 三个器件终端 (源、栅和漏) 都位于上表面，这种结构有利于高密度集成。

目前，Si 基 GaN 单片集成芯片采用直接耦合的场效应晶体管逻辑（direct coupled FET logic，DCFL）的逻辑电路架构，利用 FET 的工作原理，用于实现低功耗、高速度的数字逻辑运算。传统的 FET 电路依赖于电压信号来控制电流的流动，而 DCFL 则通过调整栅极电压控制源极和漏极之间的电流，并利用这种电流控制来实现逻辑功能。DCFL 工作原理的关键要素主要包含 FET、电压驱动逻辑、无源元件与电流源三要素。其工艺主要包含①GaN 薄膜的生长；②芯片结构的设计与图案化；③金属化与电极接入。

8.3　Si 基 GaN 集成芯片的优势及应用

传统的 IC 芯片通常以 Si 为基材，是由多个电子器件 (如晶体管、电容器、电阻器等) 以及相应的互连电路组成的，集成在一个单一的芯片内。IC 芯片的基本形式是一个小而薄的 Si 片，通常呈正方形或矩形，表面光滑，尺寸可以从几毫米到几厘米不等，取决于集成度和功能需求。IC 芯片在生产完成后，需要进行封装以保护芯片、提供连接引脚和散热等功能。封装通常采用塑料或陶瓷材料，以及金属引脚或焊球来连接芯片与外部电路。IC 芯片通常在封装上标有型号、生产批次信息和厂商标识等，而芯片上的外部引脚或焊球用于连接到电路板上的其他电子组件。总的来说，传统 IC 芯片以其紧凑、高集成度和复杂的互连电路，为现代电子设备提供了基础的计算、控制和通信功能。随着技术的进步，IC 芯片的封装和外形可能会因应用需求和制造技术的改进而有所变化。

相较于传统的 IC 芯片，Si 基 GaN IC 芯片具有优异的高频特性和高功率密度，能够在高频段 (特别是微波频率) 实现高效的功率放大和处理。这使得它在雷达、通信系统 (如 5G 基站)、卫星通信等领域中有广泛的应用。此外，GaN 材料的特性使得 Si 基 GaN IC 芯片能够实现更高的能量转换效率和更低的功率损耗，相比传统的 Si 基或 GaAs 基，在高功率密度和高频率条件下表现更为优越；Si 基 GaN IC 芯片通常具有较高的集成度和更小的尺寸，这对于电子设备的小型化、轻量化和高效率非常有利。在功率电子器件领域，这意味着能够设计更紧凑、更高效的电路和系统；GaN 材料在高温环境下的性能稳定性较好，Si

基 GaN IC 芯片因此能够在极端环境中表现出色，包括军事、航空航天和工业应用等对可靠性要求极高的领域。目前，Si 基 GaN 单片集成芯片技术已经相对成熟，具备较快的开发周期和相对成熟的市场应用路径，这使得厂商能够相对迅速地将新技术转化为商业产品。

然而，Si 基 GaN IC 芯片的制造成本仍然较高，主要受到材料成本、制造工艺复杂性以及低产量的影响。这使得其在某些大规模消费市场上的普及受到限制。①高功率密度的 Si 基 GaN IC 芯片在工作时产生的热量较大，需要高效的散热设计和优良的封装技术以确保长期稳定运行，如何在高功率密度下有效管理热量是一个技术上的挑战。②尽管 Si 基 GaN 材料本身稳定性较好，但在实际应用中，Si 基 GaN IC 芯片的长期可靠性和寿命问题仍需要更多的实验验证和工程解决方案支持。③近年来，尽管 Si 基 GaN 技术发展迅速，但其在某些市场领域的接受度和标准化程度仍需要时间和行业合作来推动。这包括与传统技术的兼容性、标准制定以及产业链的成熟度等方面。④在设计 Si 基 GaN IC 芯片时，需要克服材料特性带来的新挑战，如电磁兼容性 (EMC)、布局设计优化以及控制开关电流的准确性等方面的复杂性。

综上，Si 基 GaN IC 芯片因其在高频、高功率、高效率、耐高温和小型化方面的优势，正逐步成为功率电子器件领域中的重要技术选择。然而，要成功实现其在更大范围及更多应用场景中的使用，需要克服成本、高集成度、可靠性和市场接受度等方面的挑战。

8.3.1 Si 基 GaN 数字芯片

GaN 基数字电路主要采用 DCFL 来实现。这些 IC 是使用商业的 GaN-on-Si 晶片制造的，适用于电力电子应用，其特点是 p-GaN/AlGaN/GaN 外延堆栈。利用氧等离子体处理 (oxygen plasma treatment，OPT) 技术，形成适用于互补逻辑 (complementary logic，CL) 电路特性的埋层 p 型沟道结构 E-mode 场效应晶体管 (FET)，为单片 p-FET 和 n-FET 集成提供了技术基础，如图 8.1 所示。目前，D-mode GaN HEMT 器件的工艺条件相对成熟，而高性能 E-mode GaN HEMT 器件的研制将是 GaN E/D 集成电路实现的关键。E-mode GaN HEMT 器件不仅是实现 DCFL 逻辑的需要，同时它的性能对数字电路的特性有着决定性的作用。实现 GaN E-mode HEMT 器件的工艺主要有以下几种：①F$^+$ 处理技术，其优点在于工艺简单，容易集成，缺点是阈值电压的不确定性，存在一定的损伤，具有潜在的可靠性问题；②栅挖槽技术，优点同样在于工艺简单，满足集成工艺要求，但是存在刻蚀深度控制要求高、阈值电压均匀性难控制的问题；③p-GaN 帽层技术，其优势在于阈值均匀性控制容易，由于其生长难度高且帽层较厚，不适合制造高频电路，一般应用于电力电子产品的制造中。

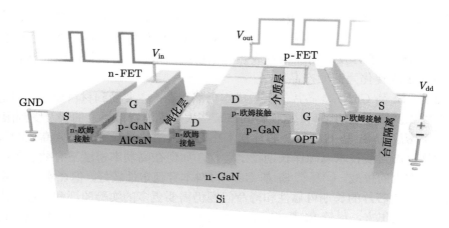

图 8.1　基于商用 p-GaN 栅极电源 HEMT 平台的氮化镓逻辑电路的示意图 [1]

　　图 8.2 展示了 GaN 单片集成互补逻辑门 "与非" 门、"或非" 门和传输门的显微照片、电路图及工作波形。基本互补逻辑门的演示表明，n-p 集成技术是构建复杂 GaN 基互补逻辑电路的一条可行途径。

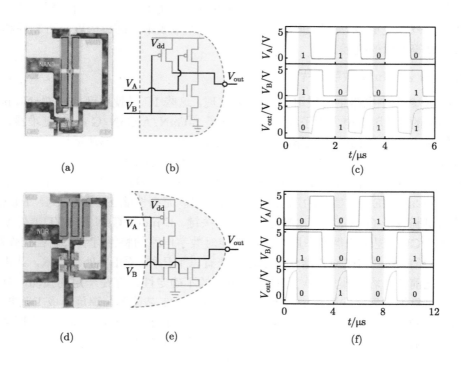

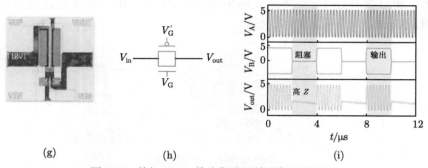

图 8.2 单级 GaN 单片集成互补逻辑门的演示

(a)~(c)"与非"门；(d)~(f)"或非"门；(g)~(i) 传输门；(a)、(d) 和 (g) 为显微照片；(b)、(e) 和 (h) 为电路图；(c)、(f) 和 (i) 为输入输出波形 [1]

反相器是功率变换电路中最基础的组成部分。基于反相器结构，可以实现缓冲器、驱动、环形振荡器等多种功能电路。其中，反相器为 GaN 单片集成电路早期研究的一种基础电路结构。图 8.3 所示为 n 沟道 GaN HEMT 器件的反相器电路结构 [2]。反相器由一个耗尽型 GaN HEMT 和一个增强型 GaN HEMT 构成。反相器作为模拟电路和数字电路中最常见的模块，可以实现信号 180° 相位翻转。在 NMOS 逻辑下，耗尽型 GaN HEMT 作为有源负载，而输入信号则施加在增强型 GaN HEMT 的栅极上。

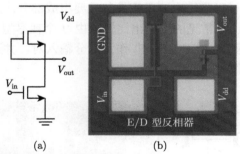

图 8.3 (a)E/D 型 GaN 反相器的典型电路示意图和 (b)E/D 型 GaN 反相器的俯视图 [1]

2005 年，香港科技大学团队[3]基于所提出的氟离子注入增强型技术实现了 GaN 基反相器集成电路，该反相器在 V_{dd} 为 1.5 V 时的输出逻辑摆幅为 1.25 V，低电平噪声容限为 0.21 V，高电平噪声容限为 0.51 V。2020 年，香港科技大学 [4] 利用新型 GaN E-mode n-/p-channel HEMT 工艺实现了反相器集成电路，电路示意图和器件结构如图 8.4 所示。该反相器由 GaN p-FET 和 n-FET 组成，p-FET 采用 MIS 凹槽栅埋层 p 沟道工艺，n-FET 则采用 p-GaN 栅增强型技术，得以首次在 GaN 集成电路中实现 CMOS 逻辑，该反相器可实现 5 V 的轨对轨输出。

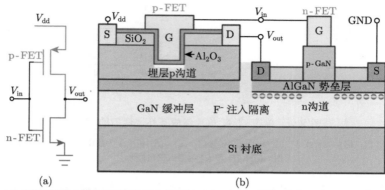

图 8.4　(a) 互补逻辑 (CL) 反相器的电路图；(b)p-GaN 栅极功率 HEMT 平台上单片集成 GaN-CL 反相器的示意图 [4]

8.3.2　Si 基 GaN 模拟芯片

1. 比较器

比较器是模拟电路实现比较和计算功能的基本单元,功率变换电路中的 PWM 信号发生器和反馈控制回路等比较器都是其重要组成部分。采用单输出结构的比较器电路如图 8.5 所示，常见的单输出比较器由 2 个耗尽型 MIS-HEMT 构成电流镜的有源负载，增强型 MIS-HEMT 作为差分输入对，并采用一个栅源短接的耗尽型 MIS-HEMT 作为电流偏置。

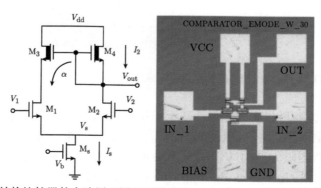

图 8.5　单输出结构比较器的电路原理图和显微照片。M_1 和 M_2 是形成差分对的两个相同 E 型 HEMT，负载 M_3 和 M_4 是两个相同的 D 型 HEMT[5]

2009 年，香港科技大学[6] 基于所开发的 GaN 智能功率集成平台设计制造了一款 GaN 基比较器，为用作电流偏置的 HEMT 器件栅极额外提供具有温度补偿特性的偏置电压电路，因此该比较器相比于传统比较器具有更好的温度稳定性，该比较电路示意图和器件结构如图 8.6 所示。2010 年，电子科技大学[7] 功率集成技术实验室则利用 MIS 凹槽栅工艺平台实现了采用单输出结构的 GaN 基比较器，该比较器的输入信号电压范围为 0~10 V。当参考电压 V_{ref} 为 2 V、3 V、4 V、5 V、6 V、7 V、8 V 时，该比较器均能实现比较功能。

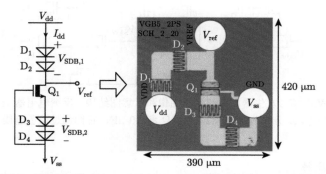

图 8.6 带有源极负反馈二极管的电压基准发生器的电路原理图和器件结构显微照片，用于温度和过程补偿[6]

2. PWM 信号发生器

PWM 信号发生器是功率变换器中的重要组成单元，主要用于为驱动提供栅信号，并且可通过反馈回路调制 PWM 信号的占空比从而控制功率变换输出电压。PWM 信号发生器由锯齿波发生器和 PWM 比较器两部分构成，将锯齿波发生器产生的锯齿波信号与反馈回来的变换器输出信号进行比较并输出相应的 PWM 信号，其中 PWM 信号的频率由锯齿波信号决定，占空比则由输出信号调制得到。

2015 年香港科技大学[8] 报道了所设计的 PWM 集成电路，该 PWM 信号发生器由锯齿波发生器和 PWM 比较器两块 GaN 基 IC 组成，该 GaN PWM 信号发生器工作频率为 1 MHz，且在 250 ℃ 高温下也能正常工作。2019 年电子科技大学[9] 功率集成技术实验室首次报道了全集成式的 GaN 基 PWM 信号发生器，芯片显微图像和电路拓扑结构如图 8.7 所示，包括了迟滞比较器、锯齿波单元和 PWM 比较器三部分。当 PWM 信号频率为 10.8 kHz，反馈电压范围为 3~8 V 时，该 PWM 信号发生器的输出信号占空比范围为 28.1%~76.8%。

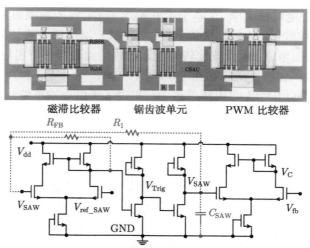

图 8.7　GaN PWM 信号发生器电路的光学图像和示意图结构。反馈电阻器 R_{FB}、R_1 和锯齿
　　　波电容器 C_{SAW} 分别为 100 kΩ、71 kΩ 和 10 nF，它们通过蓝色虚线连接 [9]

3. 基准电压源

　　基准电压源是一种能够提供稳定电压的电路，用于各种电子设备和系统中，以
确保电路在不同条件下的稳定运行。它是模拟电路和数模混合电路中至关重要的
部分。Si 基 GaN 集成芯片的优势非常明显。①高电子迁移率，GaN 材料的高电
子迁移率使得 Si 基 GaN 器件具有较高的开关速度和频率响应能力。②高击穿电
压，GaN 材料的宽禁带特性使得其能够在高电压下稳定工作，适用于高压基准电
压源。③高热导率，GaN 的高热导率有助于散热，确保基准电压源在高功率和高
温条件下的稳定性。

　　Si 基 GaN 基准电压源的实现可以通过以下三步完成。①电路设计，利用 Si
基 GaN 的优良特性，可以设计出低噪声、高稳定性的基准电压源。常见的设计
包括带隙基准电路和齐纳二极管基准电路。②温度补偿，通过精确的电路设计和
温度补偿技术，Si 基 GaN 基准电压源可以在宽温度范围内提供稳定的基准电压。
③集成工艺，利用 Si 基 GaN 集成工艺，可以将基准电压源与其他模拟和数字电
路集成在一个芯片上，减少外部组件，提高系统可靠性。

　　西交利物浦大学 [9] 制备了基于 AlGaN/GaN 金属-绝缘-半导体 (MIS) 高电
子迁移率晶体管 (HEMT) 技术的基准电压源，如图 8.8 所示。该基准电压源只有
两个晶体管，一个耗尽模式器件和一个增强模式器件。通过这个结构以产生一个
可预测的参考电压，同时在广泛的电源电压和温度范围内保持高稳定性。实验结
果表明，在 −25～250 ℃ 的温度范围内，实现 2.53 V 的基准电压，最大灵敏度

为 0.077%/V，温度系数为 26.2~33.9 ppm[①]/°C。基准电压源还具有快速初始化
功能，25 °C 时启动时间为 387 ns，250 °C 时为 841 ns。结果表明基准电压源可
以应用于偏置和传感电路，以实现 GaN 单片集成控制保护模块。

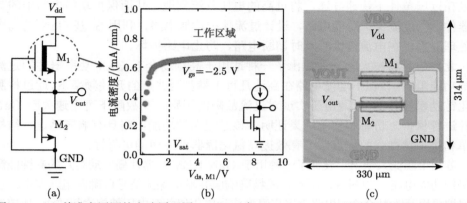

图 8.8 (a) 基准电压源的电路原理图；(b)M_1 在 $V_{gs} = -2.5$ V 下的输出特性，插图描述了
等效电路的原理图；(c) 基准电压源的显微照片[10]

中国电子科技集团公司第五十八研究所[11]基于 0.5 μm BCD GaN HEMT 工
艺，结合耗尽型 GaN HEMT 的阈值电压与绝对温度成反比且增强型 GaN HEMT
的阈值电压与绝对温度成正比的特性，提出了一种 GaN 基准电压源的设计方案。
电路中采用耗尽型晶体管取代大阻值电阻作为负载，有效减小了电路面积。当电
源电压为 5 V 时，通过仿真得到该 GaN 基准电压源电路在 −40~150 °C 范围内
可输出稳定的基准电压 2.04 V，温漂约为 0.008 mV/°C，温度系数为 3.7 ppm/°C。
在室温 27 °C 下，当电源电压由 5 V 增至 20 V 时，基准电压由 2.0393 V 增至
2.0803 V，基准电压漂移值为 41 mV，线性灵敏度为 0.13%/V。温度上升，基准
电压的线性灵敏度随之增大。该 GaN 基准电压源电路具有高温度稳定性，后续
可与不同的 GaN 基电路模块组合构成功能丰富的 GaN 基集成电路。

4. 保护功能电路

保护功能电路用于保护电子设备和系统免受过电压、过电流、静电放电 (ESD)
和其他电气异常的损害。常见的保护功能电路包括浪涌保护功能电路、过压保护
功能电路、过流保护功能电路等。Si 基 GaN 集成芯片的优势明显：①高击穿电
压，GaN 器件的高击穿电压使其在高压保护功能电路中具有显著优势，能够有效
吸收和抑制高压浪涌。②快速开关速度，GaN 材料的快速开关速度使得保护功能
电路能够迅速响应电气异常，提供及时的保护。③高热导率，GaN 器件的高热导
率有助于在高功率保护功能电路中有效散热，避免器件因过热而损坏。

----

① 1 ppm=10^{-6}。

Si 基 GaN 保护功能电路可以通过以下三步实现：①浪涌保护功能电路，利用 Si 基 GaN 的高击穿电压和快速开关速度，设计出高效的浪涌保护功能电路，保护敏感电子设备免受高压浪涌的损害。②过压保护功能电路，Si 基 GaN 器件可以在过压条件下快速导通，将过高的电压分流到地，从而保护功能电路中的其他器件。③过流保护功能电路，设计过流保护功能电路，利用 Si 基 GaN 的高电流处理能力，在电流过大时及时切断电路，防止电路损坏。

北京信息科技大学[12] 提出了一种适用于高频场合下 GaN 功率器件的过流保护功能电路。该保护功能电路在高达几百千赫甚至兆赫的开关频率下，通过检测氮化镓功率器件的漏–源电压实现对过流故障的识别，在故障下可迅速关断 GaN 器件进行保护。仿真和实验结果证明，该过流保护功能电路具有响应迅速、结构简单和抗干扰性强的优点，可有效提高氮化镓器件应用的可靠性。

苏州市职业大学[13] 设计了一种用于 GaN HEMT 器件栅驱动芯片的高性能温度保护功能电路，如图 8.9 所示，能精确响应并输出保护信号以确保电路安全。过温保护采用两路温度检测电路来采集温度信号电压值并对电压差值进行放大，比较滤波后经过具有滞回功能的施密特触发器输出整形保护信号，可以克服共模噪声和温度应力的影响。基于 CSMC 0.18 μm BCD 工艺，完成了电路设计验证与测试，结果显示电路功能正常，可满足 GaN HEMT 器件栅极驱动芯片应用要求。

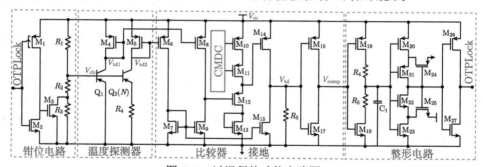

图 8.9   过温保护功能电路图

8.4   Si 基 GaN 集成芯片的发展趋势

Si 基 GaN IC 具有低寄生参数、高功率密度、高工作频率等优点，各种丰富的 GaN 基功能子电路的实现促进了 Si 基 GaN IC 芯片的发展，现有的研究报道成果也证明了 GaN IC 在高频功率变换领域中的优势。然而由于传统 GaN HEMT 主要为 n 沟道器件，所以大部分 GaN 基集成电路均采用 NMOS 逻辑，NMOS 逻辑与 CMOS 逻辑相比仍然存在一定的功耗损失，因此若要进一步提高全 GaN 集成电路的整体性能，除了改进工艺和电路拓扑结构外，另一个直接的方法则是采用 CMOS 逻辑。但 GaN p 沟道 HEMT 的性能与 n 沟道 HEMT 相差较大，难以匹配，若直接采用 CMOS 逻辑反而会拉低整个电路的性能，限制 Si 基 GaN 基 CMOS 逻辑集成电路发展的最大障碍就是 GaN p 沟道器件的性能。因此未来对 GaN p 沟道 HEMT 器件结构的改进及工艺水平的提升将是促进全 GaN 单片集成电路的发展和革新的方向之一。

参 考 文 献

[1] Zheng Z, Zhang L, Song W, et al. Gallium nitride-based complementary logic integrated circuits. Nature Electronics, 2021, 4: 595-603.

[2] Jia L F, Zhang L, Xiao J P, et al. E/D-mode GaN inverter on a 150-mm Si wafer based on p-GaN gate E-mode HEMT technology. Micromachines, 2021, 12: 617.

[3] Cai Y, Cheng Z, Tang W C W, et al. Monolithically integrated enhancement/depletion-mode AlGaN/GaN HEMT inverters and ring oscillators using CF_4 plasma treatment. IEEE Transactions on Electron Devices, 2006, 53: 2223-2230.

[4] Zheng Z, Song W, Zhang L, et al. Monolithically integrated GaN ring oscillator based on high-performance complementary logic inverters. IEEE Electron Device Letters, 2021, 42: 26-29.

[5] Liu X, Chen K J. GaN single-polarity power supply bootstrapped comparator for high-temperature electronics. IEEE Electron Device Letters, 2011, 32: 27-29.

[6] Wong K Y, Chen W, Chen K J. Integrated voltage reference generator for GaN smart power chip technology. IEEE Transactions on Electron Devices, 2010, 57: 952-955.

[7] Sun R, Liang Y C, Yeo Y C, et al. Au-free AlGaN/GaN MIS-HEMTs with embedded current sensing structure for power switching applications. IEEE Transactions on Electron Devices, 2017, 64: 3515-3518.

[8] Wang H, Kwan A M H, Jiang Q, et al. A GaN pulse width modulation integrated circuit for GaN power converters. IEEE Transactions on Electron Devices, 2015, 62: 1143-1149.

[9] Sun R, Liang Y C, Yeo Y C, et al. All-GaN power integration: devices to functional subcircuits and converter ICs. IEEE Journal of Emerging and Selected Topics in Power Electronics, 2020, 8: 31-41.

[10] Li A, Shen Y, Li Z, et al. A monolithically integrated 2-transistor voltage reference with a wide temperature range based on AlGaN/GaN technology. IEEE Electron Device Letters, 2022, 43: 362-365.

[11] Chen X, Wen H, Bu Q, et al. Design of GaN-based voltage reference circuit for a wide-temperature-range operation. 2019 International Conference on IC Design and Technology (ICICDT), 2019.

[12] 张雅静, 李建国, 李艳, 等. 基于氮化镓功率器件的过流保护电路研究. 电源学报, 2020, 18: 53-57.

[13] Li L, Zhou D, Huang W, et al. High performance over temperature protection circuit for GaN HEMT gate driver. Microelectronics & Computer, 2023, 40: 93-98.

《半导体科学与技术丛书》已出版书目

(按出版时间排序)